应用型本科院校规划教材

赵建新 主 编
张 炯 副主编
谭克竹 吴和静 郑灿香 参编

信号与系统

Signals and Systems

哈爾濱工業大學出版社

内容简介

本教材是作者在多年讲授信号与系统课程中总结的基础上完成的。全书内容丰富、全面、新颖、实用，叙述力求由浅入深，对信号与系统的关系进行了独立分析讲解并有机结合，对本门课程的应用尽量使其联系实际，使教材具有一定的使用和参考价值。本书突出应用性和针对性，强化实践能力的培养，将理论分析和实际电路与实验进行紧密结合，使学生能够较容易的接受大篇幅的理论分析，并能够将本门课程应用到后续课程的应用中。

本书共9章，内容包括概论、连续时间系统的时域分析、连续信号的频域分析、连续系统的复频域分析、系统函数域系统特性分析、离散系统的时域分析、离散系统Z域分析、离散傅里叶变换以及相关的实验内容。

本书适用面广，可作为高等院校电子、自动化、机电一体化、测控技术与仪器等专业本科相关专业教材，也可作为广大从事信号检测与分析及系统设计工程技术人员的自学用书。

图书在版编目(CIP)数据

信号与系统/赵建新主编. —哈尔滨：哈尔滨工业大学出版社，2011.2(2014.7重印)
应用型本科院校规划教材
ISBN 978-7-5603-3158-4

Ⅰ.①信… Ⅱ.①赵… Ⅲ.①信号系统-高等学校-教材 Ⅳ.①TN911.6

中国版本图书馆CIP数据核字(2010)第265296号

策划编辑 赵文斌 杜 燕
责任编辑 范业婷 李长波
出版发行 哈尔滨工业大学出版社
社 址 哈尔滨市南岗区复华四道街10号 邮编150006
传 真 0451-86414749
网 址 http://hitpress.hit.edu.cn
印 刷 哈尔滨市石桥印务有限公司
开 本 787mm×1092mm 1/16 印张11.75 字数266千字
版 次 2011年2月第1版 2014年7月第2次印刷
书 号 ISBN 978-7-5603-3158-4
定 价 22.80元

序

哈尔滨工业大学出版社策划的“应用型本科院校规划教材”即将付梓，诚可贺也。

该系列教材卷帙浩繁，凡百余种，涉及众多学科门类，定位准确，内容新颖，体系完整，实用性强，突出实践能力培养。不仅便于教师教学和学生学习，而且满足就业市场对应用型人才的迫切需求。

应用型本科院校的人才培养目标是面对现代社会生产、建设、管理、服务等一线岗位，培养能直接从事实际工作、解决具体问题、维持工作有效运行的高等应用型人才。应用型本科与研究型本科和高职高专院校在人才培养上有着明显的区别，其培养的人才特征是：①就业导向与社会需求高度吻合；②扎实的理论基础和过硬的实践能力紧密结合；③具备良好的人文素质和科学技术素质；④富于面对职业应用的创新精神。因此，应用型本科院校只有着力培养“进入角色快、业务水平高、动手能力强、综合素质好”的人才，才能在激烈的就业市场竞争中站稳脚跟。

目前国内应用型本科院校所采用的教材往往只是对理论性较强的本科院校教材的简单删减，针对性、应用性不够突出，因材施教的目的难以达到。因此亟须既有一定的理论深度又注重实践能力培养的系列教材，以满足应用型本科院校教学目标、培养方向和办学特色的需要。

哈尔滨工业大学出版社出版的“应用型本科院校规划教材”，在选题设计思路上认真贯彻教育部关于培养适应地方、区域经济和社会发展需要的“本科应用型高级专门人才”精神，根据黑龙江省委书记吉炳轩同志提出的关于加强应用型本科院校建设的意见，在应用型本科试点院校成功经验总结的基础上，特邀请黑龙江省9所知名的应用型本科院校的专家、学者联合编写。

本系列教材突出与办学定位、教学目标的一致性和适应性，既严格遵照学科

讲授理论，做到“基础知识够用、实践技能实用、专业理论管用”。同时注意适当融入新理论、新技术、新工艺、新成果，并且制作了与本书配套的PPT多媒体教学课件，形成立体化教材，供教师参考使用。

“应用型本科院校规划教材”的编辑出版，是适应“科教兴国”战略对复合型、应用型人才的需求，是推动相对滞后的应用型本科院校教材建设的一种有益尝试，在应用型创新人才培养方面是一件具有开创意义的工作，为应用型人才的培养提供了及时、可靠、坚实的保证。

希望本系列教材在使用过程中，通过编者、作者和读者的共同努力，厚积薄发、推陈出新、细上加细、精益求精，不断丰富、不断完善、不断创新，力争成为同类教材中的精品。

黑龙江省教育厅厅长

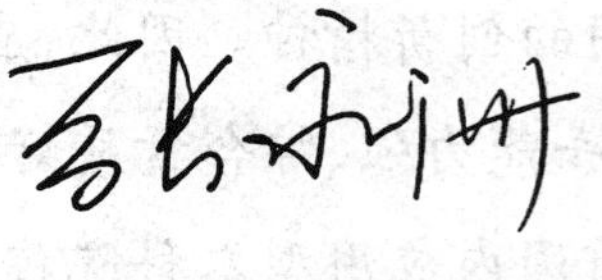

2010年元月于哈尔滨

前　言

随着微电子技术的迅速发展和电子计算机的广泛应用,系统理论的基本概念和研究方法几乎毫无例外地进入了电子科学技术领域,包括网络理论、通信工程、信息工程、自动控制以及计算机技术等学科。不同学科之间相互影响、相互渗透、相互促进、共同发展是现代科学技术发展的重要特点。实际上,系统理论的引入已经使上述学科发生了深刻的变化。新概念、新理论、新方法和新技术的大量涌现,推动了电子科学技术的巨大发展。信号与系统就是在上述学科发展基础上建立起来的一门理论课程,目前已成为电子科学技术领域各学科共同的理论基础课程。

本课程主要研究信号与系统理论的基本概念和基本分析方法。初步让学生建立信号与系统的数学模型,用适当的数学分析方法求解,对所得结果给以物理解释。

学习本教材,读者应有一定的数学基础和电路基础。教材中涉及到的数学内容主要包括微分方程、复变函数、线性代数等。本课程与先修课程电路分析联系密切,虽然有一些重复,但是分析问题的重点不同。

通过本课程的学习,希望能够激发学生对信号与系统学科方面的学习兴趣,使学生有信心适应这一领域日新月异发展的需求。本课程先修课程有模拟电子技术、电路分析、通信原理、自动控制、数字信号处理等等。

全书共包括九章。其中第 1 章讲述信号和系统的概念和分类,第 2 章讲述连续时间系统的时域分析,第 3 章、第 4 章讲述连续信号和连续系统的频域分析,第 5 章讲述连续系统的复频域分析,第 6 章讲述系统函数域系统特性分析,第 7 章讲述离散系统的时域分析,第 8 章讲述离散系统在 z 域分析,第 9 章讲述离散傅里叶变换。

本书附录附有信号与系统实验内容,可以根据所学理论知识做相关的实验巩固理论。

本书由赵建新任主编并统稿。第 1 章由王朋编写,第 2 章与吴和静编写,第 3、4 章由谭克竹编写,第 5、6 章由赵建新编写,第 7 ~ 9 章由郑灿香、张炯编写,实验及附录由胡金龙、张格森编写。

由于编写水平有限,错误和疏漏之处在所难免,希望各位专家、读者批评指正。

编　者

2010 年 12 月

目　录

第 1 章

概　论

高等数学研究的对象都是变动的量,也就是研究的对象是函数,本章对中学学过的函数做一小结。

1.1　引　言

人们相互问讯、发布新闻、广播图像或传输数据,其目的都是要把某些消息通过一定的形式传出去。信号是消息的表现形式;消息则是信号的具体内容。

很久以来,人们寻求各种方法,以实现信号的传输。我国古代利用烽火传送边疆报警。以后希腊人也以火炬的位置表示字母符号。这种光信号的传输构成原始的光通信系统。利用击鼓鸣金可以报送时刻或传达命令,这是声信号的传输。以后又出现了信鸽、旗语、驿站等传送消息的方法。然而,这些方法无论在距离、速度或可靠性与有效性方面仍然没有得到明显的改善。19 世纪初,人们开始研究如何利用电信号传送消息;1837 年莫尔斯发明了电报,他利用点、划、空适当组合的代码表示字母和数字,这种代码称为莫尔斯电码;1876 年贝尔发明了电话,直接将声信号转变为电信号沿导线传送,这一时代为有线时代;19 世纪末,人们又致力于研究电磁波传送无线电信号。开始时,传送距离仅数百米,1901 年马可尼成功地实现了横渡大西洋的无线电通信。从此,传输电信号的通信方式得到了广泛应用和迅速发展。如今,无线电信号的传输不仅能够飞越高山海洋,而且可以遍及全球并通向宇宙。例如,以卫星通信技术为基础构成的"全球定位系统"(Global Positioning System,GSM)可以利用无线电信号的传输,测定地球表面和周围空间任意目标的位置,其精度可达数十米之内;我们从电视上可以很清楚地看到杨立伟和"神舟"五号上天的实时情况;我们可以使用手机在任何时间、任何地方都能够和世界上其他人进行语音、图像、数据等各种信号的传输。还有,我们上网用 QQ 聊天工具、MSN 聊天工具可以不分时间、不分地点和其他人进行信息交换。

要指出的是,现代通信系统的通信方式往往不是任意两点间信号的直接传输,而是要利用某些集中转换设备组成复杂的信息网络,经所谓"交换"的功能以实现任意两点之间的信号传输,如

手机→基站→卫星→基站→手机

信号传输、信号交换和信号处理相互密切联系(也可认为交换是属于传输的组成部

分)，又各自形成了相对独立的学科体系。它们共同的理论基础之一是研究信号的基本性能(进行信号分析)，包括信号的描述、分解、变换、检测、特征提取以及为适应指定要求而进行信号设计。

"系统"是由若干相互作用和相互依赖的事物组合而成的具有特定功能的整体。

在信息科学与技术领域中，常常利用通信系统、控制系统和计算机系统进行信号的传输、交换与处理。实际上，往往需要将多种系统共同组成一个综合性的复杂整体，例如宇宙航行系统。

通常，组成通信、控制和计算机系统的主要部件中包括大量的、多种类型的电路。电路也称电网络或网络。

随着科学技术的发展，人工系统的规模日益庞大，内部结构也越来越复杂。人们致力于研究将系统理论用于系统工程设计，以期使较复杂的系统最佳地满足预定的要求。以此为背景，出现了一门边缘技术科学，这就是系统工程学。

在系统或网络理论研究中，包括系统分析与系统综合(网络分析与网络综合)两个方面。在给定系统的条件下，研究系统对于输入激励信号所产生的输出响应，这是系统分析问题。系统综合则是按某种需要先提出对于给定激励的响应，而后根据此要求设计(综合)系统。分析与综合二者关系密切，但又有各自的体系和研究方法，一般讲，学习分析是学习综合的基础。

本书的讨论范围着重系统分析。我们以通信系统和控制系统的基本问题为主要背景，研究信号经系统传输或处理的一般规律，着重基本概念和基本分析方法。

1.2 信号的基本概念

1.2.1 信号的定义及分类

1. 信号的定义

按照《现代汉语词典》的定义，信号是"用来传递信息或命令的光、电波、声音、动作等"。也就是说，信号是运载与传递信息的载体与工具。物质的一切运动或形态的变化，广义地说都是一种信号，即信号是物质运动的表现形式。例如，我国古代用烽火台上的烽火与狼烟传递敌军入侵的消息。

信号有两种定义:广泛地说，信号是物质运动的表现形式，在通信系统中，信号是传送各种消息的工具。例如钟摆，它在作运动时产生了力信号、位移信号和噪声信号；我们的大脑和心脏会产生脑电信号和心电信号，当我们在思考问题时，脑电波就会杂乱无章，且波形频率非常高，而当我们睡觉时，我们的脑电波就会呈现周期变化，且频率较低(不包括做梦时)。信号的第二个定义又引出了消息，消息是通过某种方式传递的声音、图像等信息。一般地说，信息是指具有新知识、新内容的消息，是排除消息中那些不确定性的东西。概括地说，信息与消息概念相同，但信息更抽象化。

在通信过程中，信号就是传送各种消息的工具。所谓消息，就是通过某种方式传送的声音、文字，图像、符号等。例如，电话中传送的声音是消息；电报中传送的电文是消息；电视系统中传送的图像是消息；雷达测出目标的距离、方位、速度等数据也是消息。通过各种消息的传递，使受信者获取各种不同的信息。信息既不是物质，也不是能量，但它必须依附于物质，依附于能量。

通常，传送消息的信号形式都是随时间变化的。如温度信号、压力信号、光信号、电信号等，它们反映事物在不同时刻的变化状态。由于电信号处理起来比较方便，所以工程上常把非电信号转变为电信号进行传输。

2. 信号的分类

(1)确定性信号与随机信号

若信号被表示为一确定的时间函数，对于指定的某一时刻，可确定一个相应的函数值，这种信号我们称为确定性信号或规则信号，如矩形波函数、指数函数、余弦函数等。

例如，对于一个正弦信号来说，只要给出一个确定的时间 ，就可以得到一个确定的函数值。可见，正弦信号是一个确定信号。

但是，实际传输的信号往往具有未可预知的不确定性，这种信号称为不确定信号或随机信号。如果通信系统中传输的信号都是确定信号，接收者就不可能由它得到任何新的信号，从而也就失去可通信的意义。所以对接收者而言，他所接收到的有用信号都是不确定信号。

此外，在信号的传输过程中，不可避免地要受到各种干扰和噪声的影响，这些干扰和噪声都具有随机特性。可见，严格意义上的确定信号实际上是不存在的，因此，随机信号的研究具有极为重要的实际意义。

对于随机信号，不能用确定的实际函数来加以描述，只可能知道其在某一时刻取某一函数值的概率。

本书只讨论确定信号，但应该指出的是，随机信号及其通过系统的研究，是以本书所讨论的确定信号通过系统的理论为基础，图 1.1 给出了几种信号波形，其中图 1.1 (a) ~ (e)所示为确定信号，图 1.1(f)所示为随机信号。

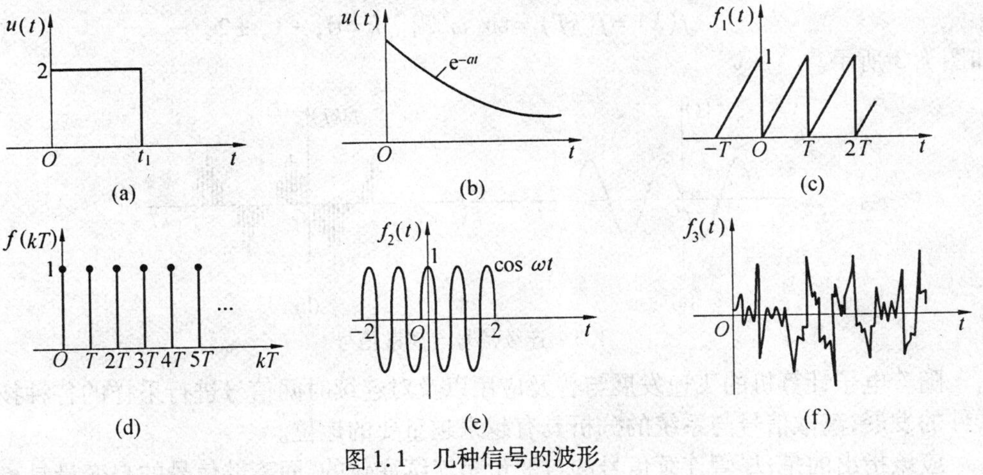

图 1.1 几种信号的波形

(2)周期信号与非周期信号

在确定性信号中又可分为周期信号与非周期信号。依一定时间间隔周而复始，而且无始无终的信号，称为周期信号。可写为

$$f(t)=f(t+nT), \qquad n=0, \pm 1, \pm 2, \cdots \tag{1.1}$$

满足此关系的最小 T 值称为信号的周期，对于周期信号，只要给出此信号在任一周期内的变化过程，便可确知它在任意时刻的数值。

已知 $f(t)$ 的一个周期为 4，即 $T=4$，还知 $f(t)$ 在 $[0,2]$ 为 1；在 $(2,4)$ 为 0（图 1.2），求 $f(5)$ 的值。

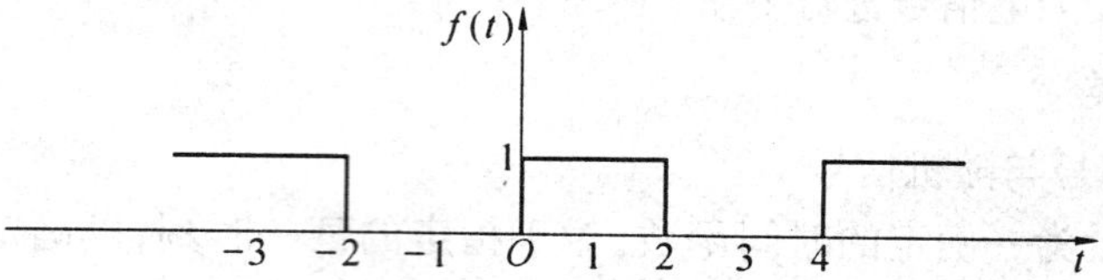

图 1.2　周期信号

$$f(5)=f(1+4)=f(1)=1 \tag{1.2}$$

而非周期信号在时间上不具有周而复始的特性，若令周期信号的周期 T 趋于无限大，则称为非周期信号。

(3) 连续时间信号与离散时间信号

若信号在所有连续时间值上均有定义，则称为连续时间信号，简称为连续信号或模拟信号。反之，若信号的取值仅在一些离散时间点上才有意义，则称为离散时间信号，简称为离散信号。

我们所熟悉的正弦信号，其表达式为

$$f(t)=\sin\omega t \tag{1.3}$$

显然，在时间 $-\infty<t<+\infty$ 内，它没有任何间断点，且在任意的确定时刻 t_0，都有确定的函数值 $\sin\omega t_0$。可见，正弦信号满足上述定义，因而是一个连续信号。

一个信号，如果只是在离散的时间瞬间才有确定的值，就称为离散时间信号，又简称为离散信号。将上述正弦信号通过一个开关，这个开关每隔时间 T 就合上，瞬间后又断开，就得到一个离散信号。

$$f(k)=f(kT)=\sin\omega kT,\quad k=0,\pm1,\pm2,\cdots \tag{1.4}$$

如图 1.3 所示。

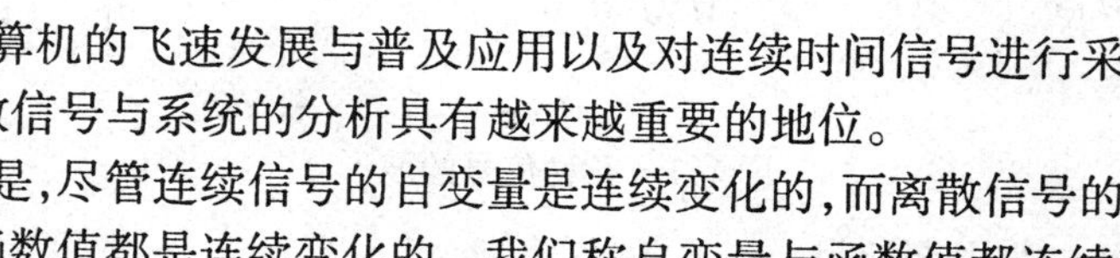

1.3　连续信号与离散信号

随着电子计算机的飞速发展与普及应用以及对连续时间信号进行采样的各种技术与器件的发展，离散信号与系统的分析具有越来越重要的地位。

应该指出的是，尽管连续信号的自变量是连续变化的，而离散信号的自变量是离散取值的，但它们的函数值都是连续变化的。我们称自变量与函数值都连续变化的信号为模拟信号。

1.2.2 阶跃信号与冲激信号

在信号与系统分析中,经常要遇到函数本身有不连续点(跳变点)或其导数与积分有不连续点的情况,这类函数统称为奇异函数或奇异信号。

通常,我们研究的典型信号都是一些抽象的数学模型,这些信号与实际信号可能有差距。然而,只要把实际信号按某种条件理想化,即可运用理想模型进行分析。本节将要介绍的奇异信号包括斜变、阶跃、冲激三种信号,其中,阶跃信号与冲激信号是两种最重要的理想信号模型。

1. 单位斜变信号

斜变信号也称斜坡信号或斜升信号。这是指从某一时刻开始随时间正比例增长的信号。如果增长的变化率是1,就称做单位斜变信号,其波形如图1.4所示,表示式为

$$f(t)=\begin{cases}0 & (t<0)\\ t & (t\geqslant 0)\end{cases} \tag{1.5}$$

如果将起始点移至 t_0,则应写做

$$f(t-t_0)=\begin{cases}0 & (t<t_0)\\ t-t_0 & (t\geqslant t_0)\end{cases} \tag{1.6}$$

波形如图1.5所示。

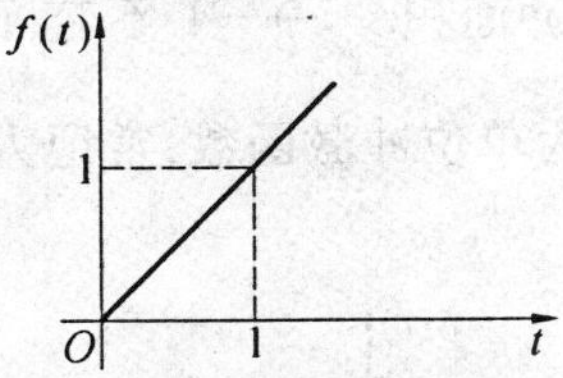

图1.4　单位斜变信号

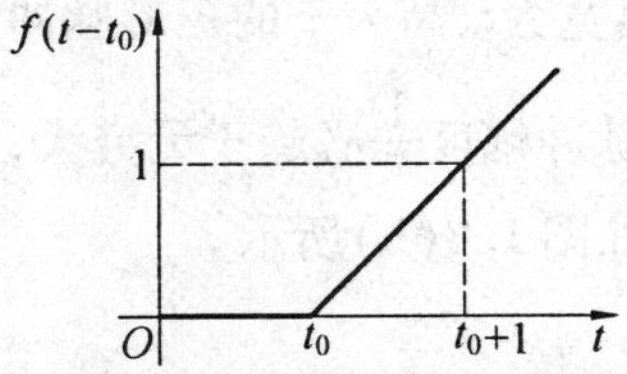

图1.5　延迟的斜变信号

2. 单位阶跃信号

单位阶跃信号的波形如图1.6所示,通常以符号 $u(t)$ 表示

$$u(t)=\begin{cases}0 & (t<0)\\ 1 & (t>0)\end{cases} \tag{1.7}$$

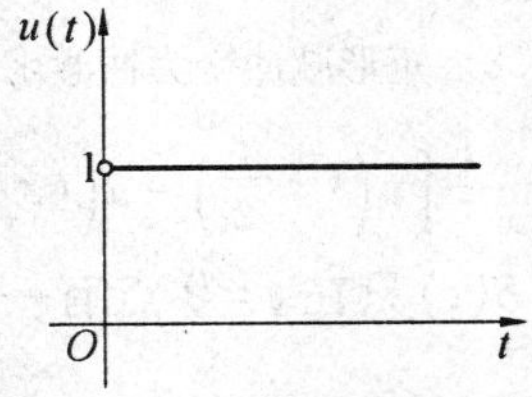

图1.6　单位阶跃信号

在跳变点 $t=0$ 处,函数值未定义,或在 $t=0$ 处规定函数值 $u(0)=\dfrac{1}{2}$。

对于这样的阶跃信号,当 $t<0$ 时,函数值为零,则称之为因果信号,否则称之为非因果信号。任何实际的物理信号总可以表示为一个因果信号。因为实际的信号总会有一个起始时间,如果把它的起始时间定为时间轴的零点,则它就是个因果信号。

任何非因果信号都可以乘以一个单位阶跃信号来变成因果信号。当 $t>0$ 时,不改变

信号原有的任何特性；当 $t<0$ 时，将原信号置为零，可以使其成为一个因果信号。按照周期信号的定义，因果信号不可能是周期的，因为因果信号都是有始的，而不像周期信号定义所要求的那样无始无终。图 1.7(a)所示的周期正弦信号就是一个非因果信号，乘以单位阶跃信号之后，变成图 1.7(b)中的因果信号。

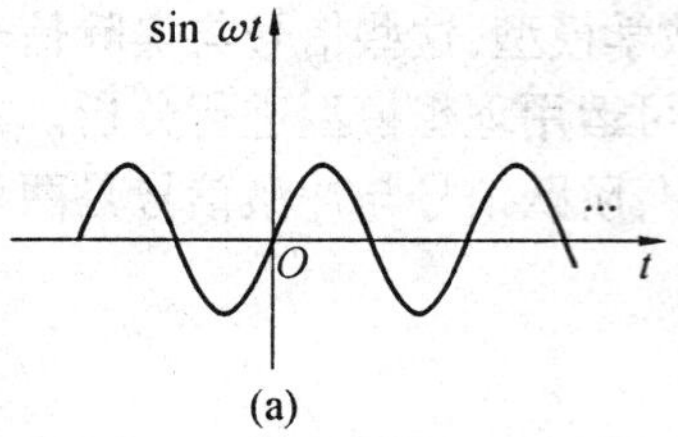

图 1.7　因果信号与非因果信号

3. **单位冲激信号**

冲激函数的提出有着广泛的物理基础。例如，怎样描述钉子在一瞬间受到的加大作用力的过程？打乒乓球时，如何描述运动员发球瞬间的作用力？如何描述在极短时间内给电容以极大的电流充电情形？如此等等，都需要定义一个理想函数以满足各种应用。冲激函数的概念就是以这类实际问题为背景而引出的。

冲激函数可由不同的方式来定义。首先分析矩形脉冲如何演变为冲激函数。图 1.8(a)示出宽为τ、高为$\frac{1}{\tau}$的矩形脉冲，当保持矩形脉冲面积$\tau\cdot\frac{1}{\tau}=1$不变，而使脉宽$\tau$趋近于零时，脉冲幅度$\frac{1}{\tau}$必趋于无穷大，此极限情况即为单位冲激函数，常记为 $\delta(t)$，又称为 δ 函数，如图 1.8(b)所示。

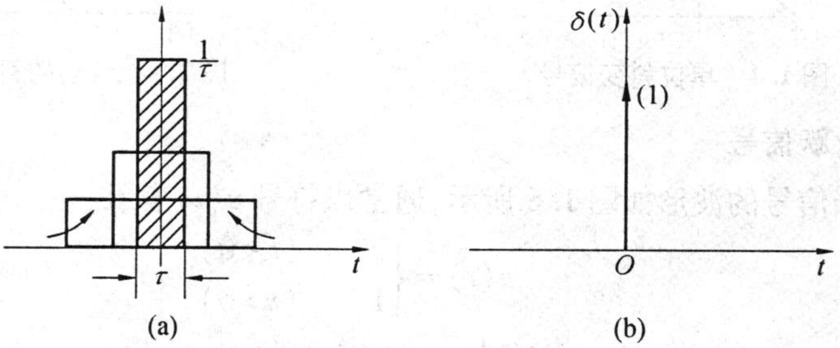

图 1.8　矩形脉冲变为冲激函数

$$\delta(t)=\lim_{\tau\to 0}\frac{1}{\tau}\left[u\left(t+\frac{\tau}{2}\right)-u\left(t-\frac{\tau}{2}\right)\right] \tag{1.8}$$

冲激函数用箭头表示，它表明 $\delta(t)$ 只在 $t=0$ 点有一“冲激”，在 $t=0$ 点以外各处，函数值都是零。

如果单位冲激信号 $\delta(t)$ 与一个在 $t=0$ 点连续的信号 $f(t)$ 相乘，则其乘积仅在 $t=0$ 处得到$f(0)\delta(t)$，其余各点的乘积均为零，得到冲激函数有如下的性质

$$\int_{-\infty}^{+\infty}\delta(t)f(t)\,\mathrm{d}t=\int_{-\infty}^{+\infty}\delta(t)f(0)\,\mathrm{d}t=f(0)\int_{-\infty}^{+\infty}\delta(t)\,\mathrm{d}t=f(0) \tag{1.9}$$

如果对于延迟 t_0 的单位冲激信号有

$$\int_{-\infty}^{+\infty}\delta(t-t_0)f(t)\,\mathrm{d}t=\int_{-\infty}^{+\infty}\delta(t-t_0)f(t_0)\,\mathrm{d}t=f(t_0) \tag{1.10}$$

以上两式表明了冲激函数的抽样特性（或称筛选特性）。连续时间信号 $f(t)$ 与单位冲激

信号 $\delta(t)$ 相乘并在 $-\infty$ 到 $+\infty$ 时间内取积分，可以得到 $f(t)$ 在 $t=0$ 点（抽样时刻）的函数值 $f(0)$，也即“筛选”出 $f(0)$。若将单位冲激移到 t_0 时刻，则抽样值取 $f(t_0)$。

冲激函数还具有以下的性质

$$\delta(t)=\delta(-t) \tag{1.11}$$

δ 函数是偶函数，可利用下式证明

$$\int_{-\infty}^{+\infty}\delta(-t)f(t)\,\mathrm{d}t=\int_{-\infty}^{+\infty}\delta(\tau)f(-\tau)\,\mathrm{d}(-\tau)=\int_{-\infty}^{+\infty}\delta(\tau)f(0)\,\mathrm{d}\tau=f(0) \tag{1.12}$$

冲激函数的积分等于阶跃函数，

$$\begin{cases}\int_{-\infty}^{t}\delta(\tau)\,\mathrm{d}\tau=1 & (t>0)\\ \int_{-\infty}^{t}\delta(\tau)\,\mathrm{d}\tau=0 & (t<0)\end{cases} \tag{1.13}$$

将式(1.13)与 $u(t)$ 的定义式比较，就可得出

$$\int_{-\infty}^{t}\delta(t)\,\mathrm{d}t=u(t) \tag{1.14}$$

反之，阶跃函数的微分应等于冲激函数，即

$$\frac{\mathrm{d}}{\mathrm{d}t}u(t)=\delta(t) \tag{1.15}$$

阶跃函数在除 $t=0$ 以外的各点都取固定值，其变化率都等于零。而在 $t=0$ 有不连续点，此跳变的微分对应零点的冲激。

1.3 信号的基本运算

1. 加法（图1.9）

$$f(t)=f_1(t)+f_2(t) \tag{1.16}$$

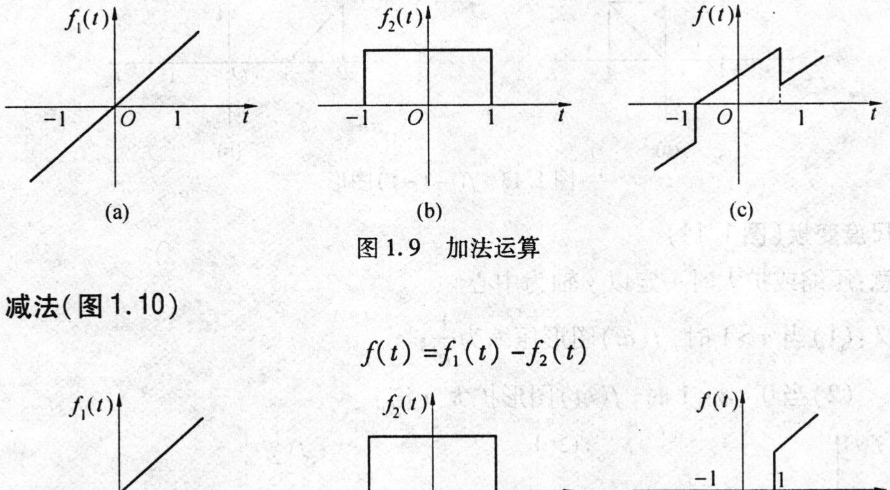

图1.9 加法运算

2. 减法（图1.10）

$$f(t)=f_1(t)-f_2(t) \tag{1.17}$$

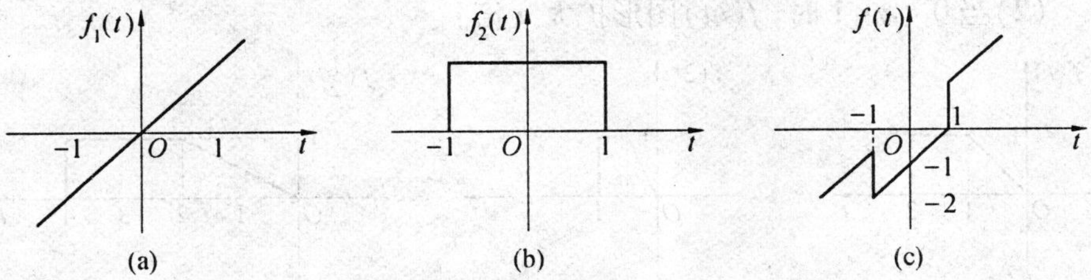

图1.10 减法运算

3. 相乘(图 1.11)

$$f(t)=f_1(t)\cdot f_2(t) \tag{1.18}$$

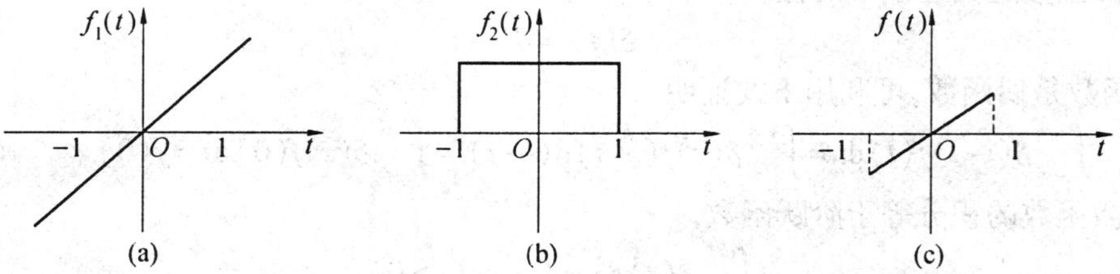

图 1.11　相乘运算

4. 信号的平移与翻转(图 1.12)

平移：$f_2(t)=f_1(t+1)$

翻转：$f_3(t)=f_1(-t)$

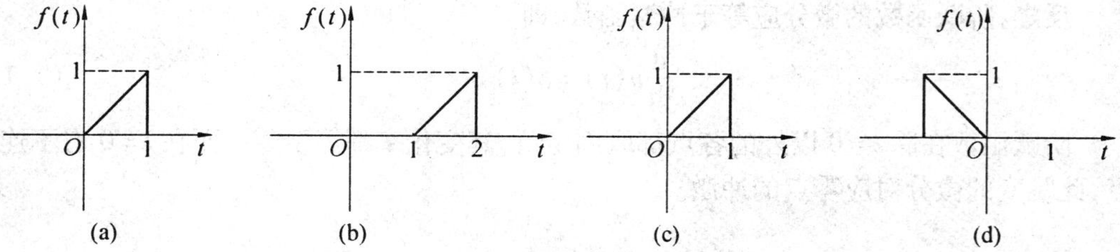

图 1.12　平移与翻转

【例 1.1】　已 $f(t)$ 波形如图 1.13(a)所示，求 $f(-t-1)$ 的图形。

解　结果如图 1.13(b)所示。

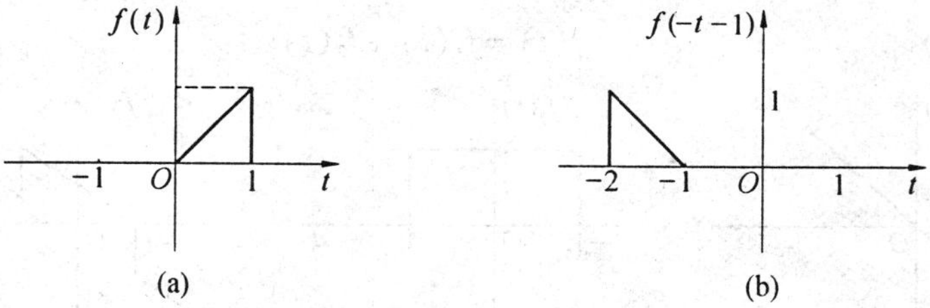

图 1.13　$f(-t-1)$ 图形

5. 尺度变换(图 1.14)

注意：压缩或扩大时一定以 y 轴为中心。

定义：(1)当 $a>1$ 时，$f(at)$ 图形压缩为$\dfrac{1}{a}$；

(2)当 $0<a<1$ 时，$f(at)$ 图形扩大 a 倍。

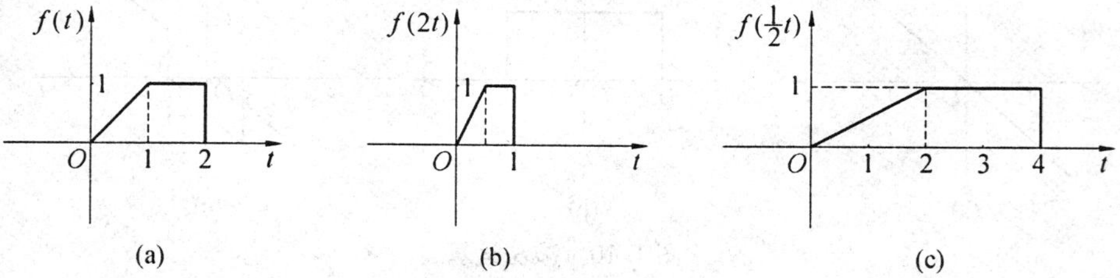

图 1.14　尺度变换

【例1.2】 已知$f(t)$波形如图1.15(a)所示，求$f(1-2t)$波形。

解 波形运算过程如图1.15所示。

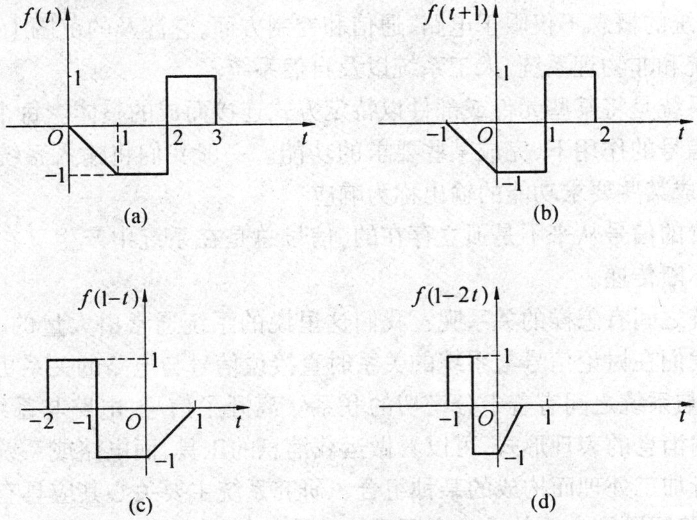

图1.15 $f(1-2t)$波形

注意：先平移或翻转，最后再尺度变换。若先尺度变换，则平移的量就会改变。

【例1.3】 已知$f(5-t)$的波形如图1.16(a)所示，试画出$f(2t+4)$的波形。

解 波形运算过程如图1.16所示。

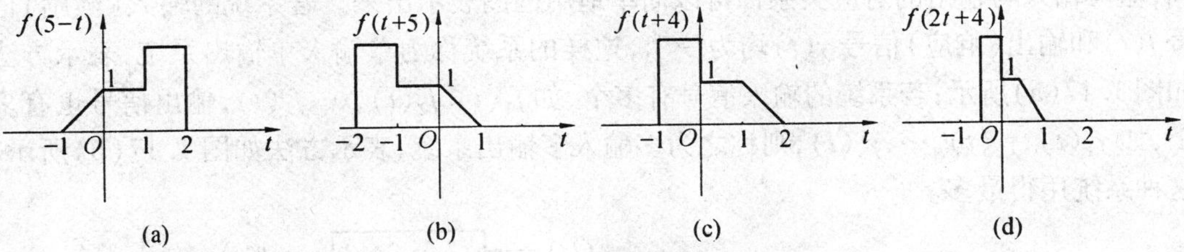

图1.16 $f(2t+4)$波形

1.4 系统的基本概念

1.4.1 系统的定义

"系统"是由若干相互作用和相互依赖的事物组合而成的具有特定功能的整体。

在信息科学与技术领域中，常常利用通信系统、控制系统和计算机系统进行信号的传输、交换与处理。实际上，往往需要将多种系统共同组成一个综合性的复杂整体，例如宇宙航行系统。

通常，组成通信、控制和计算机系统的主要部件中包括大量的、多种类型的电路。电路也称电网络或网络。

在电路中传送的电信号一般指随时间变化的电压或电流，也可以是电容的电荷，线圈的磁通以及空间的电磁波等。电信号与非电信号容易相互转换。在许多实际系统中常利用各种传感器将其他物理量(如声波动、光强度、机械运动的位移或速度等)转变为电信号,以利传输与处理。根据需要可将转换后的电信号还原为原有的物理量。

广义讲,系统的概念不仅限于电路、通信和控制方面,它涉及的范围十分广泛,应当包括各种物理系统和非物理系统,人工系统以及自然系统。

一个物理系统是将某些元件或部件以特定方式连接而成的整体。每个物理系统都能在某个或多个信号的作用下,完成某些要求的功能。一般我们将输入系统的信号称为激励;而将系统完成某些要求功能的输出称为响应。

各种变化着的信号从来不是孤立存在的,信号总是在系统中产生又在系统中按照要求进行处理和不断传递。

信号与系统之间有怎样的关系呢?我们这里说的系统通常由大量的、多种类型的电路组成。所以我们在讨论信号与系统的关系时直接说信号与电路的关系更直观。

信号、电路与系统之间有着十分密切的联系。离开了信号,电路与系统将失去意义。信号作为待传输消息的表现形式,可以看做运载消息的工具,而电路或系统则是为传送信号或对信号进行加工处理而构成的某种组合。研究系统主要关心其应具有怎样的功能和特性;而研究电路问题则主要关心为实现系统功能与特性应具有怎样的功能和参数。

系统的功能随其构成形式而定,有的可完成对信号的加工处理,如放大、滤波、延迟、积分等;有的可完成对运动物体的遥测与控制,如雷达、卫星遥测遥控系统等;有的完成工业过程中各种物理量(如温度、压力、流量、速度等)的自动检测。系统的功能虽然不尽相同,但其输入与输出的对应关系却可以简单地用框图表示出来。若系统的输入(激励)信号 $f(t)$ 和输出(响应)信号 $y(t)$ 均为一个,这样的系统称为单输入单输出系统,表示方法如图 1.17(a)所示;若系统的输入信号有多个,如 $f_1(t)$,$f_2(t)$,…,$f_n(t)$,输出信号也有多个,如 $y_1(t)$,$y_2(t)$,…,$y_n(t)$,则称之为多输入多输出系统,表示方法如图 1.17(b)所示,这种系统用得最多。

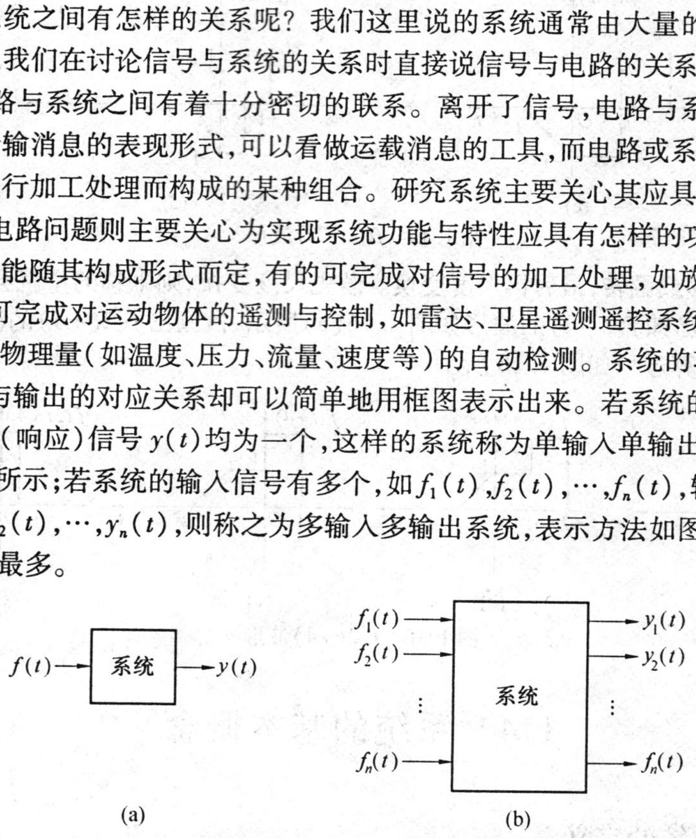

图 1.17　单输入单输出与多输入多输出系统的概念框图

1.4.2　系统的分类与描述

系统的种类很多,如通信系统、计算机系统、自动控制系统、生态系统、经济系统、社会系统等。而且从不同的角度又有不同的分类方式。

根据系统处理的信号形式的不同,系统可分为三类:连续时间系统(简称连续系统)、离散时间系统(简称离散系统)和混合系统。若系统中各个子系统的输入、输出信号均为连续信号,则称为连续系统;若系统的各个子系统的输入、输出信号均为离散信号,则称之为离散系统，若系统中有的子系统为连续系统，有的子系统为离散系统，这样的系统则称为混合系统。

系统除了分成上述三大类外，根据系统本身的特点又可分成：动态系统与非动态系统、线性系统与非线性系统、因果系统与非因果系统、时变系统与时不变系统等。下面分别介绍它们的含义。

1. 动态系统与非动态系统

若系统在时刻 t_0 的响应 $y(t_0)$ 不仅与该时刻输入 $f(t_0)$ 有关，而且与 t_0 以前，即 $(-\infty, t_0)$ 区间的输入有关，则这种系统称为动态系统（或称为记忆系统）。在电路课程中，我们知道：电路的状态（或称为系统的状态），实际上是 $(-\infty, t_0)$ 区间的一切外因共同作用于系统的结果。从能量的角度讲，就是系统中储能元件（例如电路的电容 C 和电感 L）在时刻 t_0 的储能。因此，动态系统必含有储能元件（或称为动态元件）。反之，若系统在时刻 t_0 的响应 $y(t_0)$ 只与该时输入 $f(t_0)$ 有关，而与 t_0 以前，即 $(-\infty, t_0)$ 区间的输入无关，则这种系统称为非动态系统（或称为非记忆系统）。例如完全由电阻元件构成的电路就是一个非记忆系统。显然，非动态系统不含有储能元件。

2. 线性系统与非线性系统

若系统具有线性特性，即系统响应具有齐次性（也称为均匀性、比例性）和叠加性（或称为分解性），则这种系统称为线性系统。所谓系统的齐次性，指的是系统的响应与激励成比例；所谓系统的叠加性，指的是系统在多个激励的作用下，系统的响应是由各个激励单独作用产生的响应分量的代数和。例如仅由初始值作用的零输入响应为 $y_x(t)$，仅由输入信号作用的零状态响应为 $y_f(t)$，则初始值和输入信号共同作用的完全响应为

$$y(t) = y_x(t) + y_f(t) \tag{1.19}$$

式(1.19)就是线性系统的叠加性。又如：当输入信号 $f(t)$ 引起的响应为 $y(t)$，则输入信号 $Kf(t)$ 引起的响应为 $Ky(t)$，这就是线性系统的齐次性。

【例 1.4】　在下列各系统中，$f(t)$ 为激励，$y(t)$ 为响应，$x(0)$ 为初始状态。试判断它们的线性特性。

系统 1：$y(t) = x(0) \times f(t)$；

系统 2：$y(t) = x(0) + f^2(t)$；

系统 3：$y(t) = Ax(0) + \int_{-\infty}^{0} f(\tau)\,\mathrm{d}\tau$

解　系统 1：因为响应 $y(t)$ 中不能分开 $x(0)$ 和 $f(t)$，即该系统不具有叠加性，所以，该系统是非线性系统。

系统 2：容易看出

$$y_x(t) = x(0) \tag{1}$$

$$y_f(t) = f^2(t) \tag{2}$$

虽然该系统具有叠加性，但不满足齐次性，所以该系统是非线性系统。

系统 3：

$$y_x(t) = Ax(0) \tag{3}$$

$$y_f(t)=\int_{-\infty}^{0}(\tau)\mathrm{d}\tau \tag{4}$$

该系统具有叠加性,并满足齐次性($y_x(t)=Ax(0)$),零状态响应 $y_f(t)$ 与激励 $f(t)$ 为积分关系,而积分运算是一种线性运算,所以该系统是线性系统。

3. 时变系统与时不变系统

如果系统的元件是不随时间变化的,则称其为时不变系统(或称为非时变系统),否则称为时变系统,例如,图 1.18 所示电路中,对于 R,L,C,则有方程

$$LC\frac{\mathrm{d}^2u_C(t)}{\mathrm{d}t^2}+RC\frac{\mathrm{d}u_C(t)}{\mathrm{d}t}+u_C(t)=f(t) \tag{1.20}$$

该方程的各参数均为常数,故该系统是时不变系统,若 R,L,C 中任一个是时变的,则就变成时变系统。例如,当电阻为时变电阻 $R(t)$ 时,就有方程

$$LC\frac{\mathrm{d}^2u_C(t)}{\mathrm{d}t^2}+R(t)C\frac{\mathrm{d}u_C(t)}{\mathrm{d}t}+u_C(t)=f(t) \tag{1.21}$$

该方程含有时变系数,就变成了时变系统。

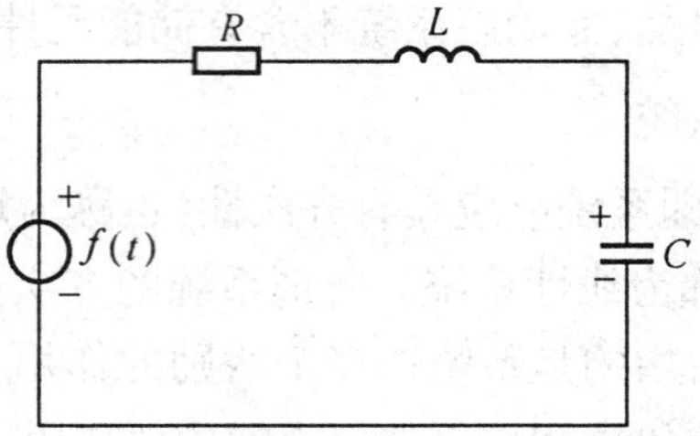

图 1.18

时不变系统的一个重要性质是响应的变化规律不应因输入信号接入的时不变不同而改变。也就是说,若激励 $f(t)$ 在某个时刻接入时引起的响应 $y(t)$,当激励延时到 t_0 作用时,它引起的响应也延迟相同的时间 t_0 出现。可记为:若 $f(t)\to y(t)$,则 $f(t-t_0)\to y(t-t_0)$。

1.5 线性时不变系统的性质

系统的组成形式是多种多样的,但按其工作性质可分为线性系统和非线性系统、时变系统和时不变系统、因果系统和非因果系统等。本书重点介绍线性、时不变性和因果性。

1. 线性

线性包含可加性和齐次性两个概念。

(1)可加性

如果输入 $f_1(t)$ 时系统响应为 $y_1(t)$,输入 $f_2(t)$ 时,系统响应为 $y_2(t)$,则输入为 $f_1(t)+f_2(t)$ 时系统响应为 $y_1(t)+y_2(t)$,即若 $f_1(t)\to y_1(t)$,$f_2(t)\to y_2(t)$,则 $f_1(t)+f_2(t)\to y_1(t)+y_2(t)$。

(2)齐次性(均匀性)

若系统对输入的响应为 $y(t)$,当输入增至 a 倍,即 $af(t)$ 时,引起响应也增至 a 倍,即

$ay(t)$；即若$f(t)\to y(t)$，则$af(t)\to ay(t)$。

同时满足这两种特性的系统称为线性系统，可写成：若$f_1(t)\to y_1(t)$，$f_2(t)\to y_2(t)$，则对于任意常数a_1和a_2，有$a_1f_1(t)+a_2f_2(t)\to a_1y_1(t)+a_2y_2(t)$。

2. 时不变性

如果系统的元件参数不是随时间变化的，则称为时不变系统，即若$f(t)\to y(t)$，则$f(t-t_0)\to y(t-t_0)$，如图1.19所示。

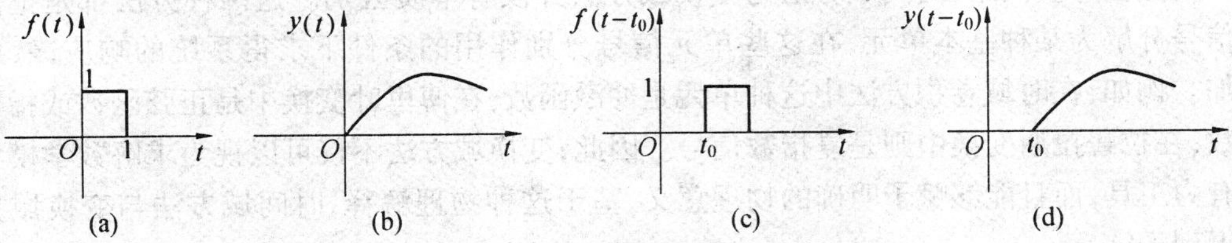

图1.19　时不变性

3. 因果性

如果在激励信号作用之前系统不产生影响，这样的系统称为因果系统，否则称为非因果系统，即若$f(t)=0\to y(t)=0$为因果系统。

1.5.1　系统的分析方法

在系统分析中，LTI系统（线性时不变系统）的分析具有重要意义。这不仅因为在实际应用中经常遇到LTI系统，而且还有一些非线性系统或时变系统在限定范围与指定条件下，遵从线性时不变特性的规律；另一方面，LTI系统的分析方法已经形成了完整的、严密的体系，日趋完善和成熟。

在建立系统模型方面，系统的数学描述方法可分为两大类型，一是输入－输出描述法，另一是状态变量描述法。

输入－输出描述法着眼于系统激励与响应之间的关系，并不关心系统内部变量的情况。对于在通信系统中大量遇到的单输入－单输出系统，应用这种方法较方便。

状态变量描述法不仅可以给出系统的响应，还可提供系统内部各变量的情况，也便于多输入多输出系统的分析。在近代控制系统的理论研究中，广泛采用状态变量方法。

从系统数学模型的求解方法来讲，大体可分为时间域方法与变换域方法两大类型。

时间域方法直接分析时间变量的函数，研究系统的时间响应特性，或称时域特性。这种方法的主要优点是物理概念清楚。对于输入－输出描述的数学模型，可以利用经典法求解常系数线性微分方程或差分方程。

变换域方法将信号与系统模型的时间变量函数变换成相应变换域的某种变量函数。例如，傅里叶变换（FT）以频率为独立变量，以频域特性为主要研究对象；而拉普拉斯变换（LT）与Z变换（ZT）则注重研究极点与零点分析，利用s域或z域的特性解释现象和说明问题。目前，在离散系统分析中，正交变换的内容日益丰富，如离散傅里叶变换（DFT）、离散沃尔什变换（DWT）……为提高计算速度，人们对于快速算法产生了巨大兴趣，又出现了如快速傅里叶变换（FFT）等计算方法。变换域方法可以将时域分析中的微分、积分运算转化为代数运算，或将卷积积分变换为乘法。在解决实际问题时又有许多方便之处，如根据信号占有频带与系统通带间的适应关系来分析信号传输问题往往比时域法简便和直观。在信号处理问题中，经正交变换，将时间函数用一组变换系数（谱线）来表示，在允许一定误差的情况下，变换系数的数目可以很少，这有利于判别信号中带有特征性的分量，也便于传输。

LTI 系统的研究，以叠加性、均匀性和时不变特性作为分析一切问题的基础。按照这一观点去考查问题，时间域方法与变换域方法并没有本质区别。这两种方法都是把激励信号分解为某种基本单元，在这些单元信号分别作用的条件下求得系统的响应，然后叠加。例如，在时域卷积方法中这种单元是冲激函数，在傅里叶变换中是正弦函数或指数函数，在拉普拉斯变换中则是复指数信号。因此，变换域方法不仅可以视为求解数学模型的有力工具，而且能够赋予明确的物理意义，基于这种物理解释，时间域方法与变换域方法得到了统一。

本书按照先输入－输出描述后状态变量描述，先连续后离散，先时间域后变换域的顺序，研究线性时不变系统的基本分析方法，结合通信系统与控制系统的一般问题，初步介绍这些方法在信号传输与处理方面的简单应用。

第 2 章

连续时间系统的时域分析

2.1 引　言

系统分析有两项任务，一是用数学语言描述待分析系统，建立系统数学模型；二是分析信号通过系统产生的响应。线性连续时间系统的时域分析，就是一个建立和求解线性微分方程的过程。

数学模型是实际系统分析的一种重要手段，广泛应用于各种类型系统的分析和控制之中。建立数学模型就是根据力学、电学等物理学规律，得到输入和输出之间满足的数学表达式。

数学模型的建立过程与应用系统的特性有关。例如，对于经典力学理论，主要依赖于牛顿定律；对于微波和电磁场而言，主要依赖于麦克斯韦方程。

本课程主要研究的是由电阻、电容、电感等器件构成的集总参数电系统，它的数学模型的建立主要依赖于 KCL 和 KVL 方程。在物理课程和《电路分析》课程中已经提供了相应的理论和方法。

连续时间系统处理连续时间信号，通常用微分方程描述，若输入输出只用一个高阶的微分方程相联系，而且不研究系统内部其他信号的变化，这种描述系统的方法称为输入－输出或端口描述法。

$$e(t)\rightarrow\boxed{\mathrm{S}}\rightarrow r(t)$$

系统分析的任务就是对给定系统模型求系统的输出。系统时域分析包含两方面内容，一方面是微分方程的求解，另一方面是已知系统单位冲激响应，将冲激响应与激励信号进行卷积，求出系统的响应；同时引入近代系统时域分析方法，建立零输入响应和零状态响应两个重要的基本概念。一般地，对于线性时不变连续时间系统，其输入－输出方程是一个高阶线性常系数微分方程，而状态方程则是一阶常系数微分方程组。在本章里，主要讨论系统的输入－输出方程。

本章还将说明微分方程的算子符号表示法，它使微分方程的表示及运算简化。

最后，简单介绍“分配函数”的概念。

2.2 微分方程的建立与求解

为建立线性系统的数学模型,需列出描述系统特性的微分方程表达式,现举例说明微分方程的建立方法。

1. 元件端口电压－电流关系

电阻元件(图 2.1)端口电压－电流关系为

$$\begin{cases} i_R = \dfrac{u_R}{R} \\ u_R = i_R R \end{cases} \tag{2.1}$$

电容元件(图 2.2)端口电压－电流关系为

$$\begin{cases} i_C(t) = C\dfrac{\mathrm{d}u_C(t)}{\mathrm{d}t} \\ u_C(t) = \displaystyle\int_{-\infty}^{0} i_C(\tau)\mathrm{d}\tau \end{cases} \tag{2.2}$$

电感元件(图 2.3)端口电压－电流关系为

$$\begin{cases} u_L(t) = L\dfrac{\mathrm{d}i_L(t)}{\mathrm{d}t} \\ i_L(t) = \dfrac{1}{L}\displaystyle\int_{-\infty}^{0} u_L(\tau)\mathrm{d}\tau \end{cases} \tag{2.3}$$

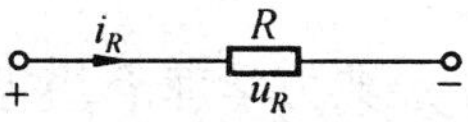

图 2.1 电阻

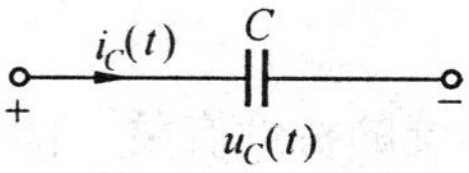

图 2.2 电容

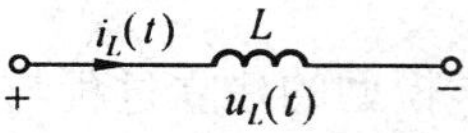

图 2.3 电感

2. 基尔霍夫定律

基尔霍夫定律(KCL 与 KVL)对任一点,有

$$\mathrm{KCL}:\sum i(t) = 0, \quad \mathrm{KVL}:\sum u(t) = 0 \tag{2.4}$$

【例 2.1】 如图 2.4 所示为 RLC 并联电路,求并联电路的端电压 $u(t)$ 与激励源 $i_S(t)$ 间的关系。

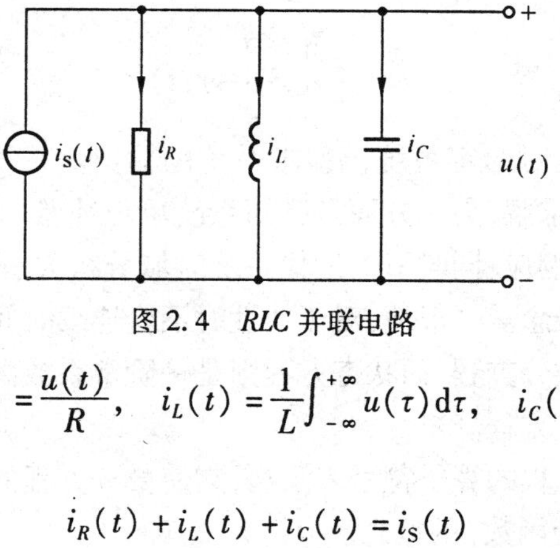

图 2.4 RLC 并联电路

解

$$i_R(t) = \frac{u(t)}{R}, \quad i_L(t) = \frac{1}{L}\int_{-\infty}^{+\infty} u(\tau)\mathrm{d}\tau, \quad i_C(t) = C\frac{\mathrm{d}u(t)}{\mathrm{d}t} \tag{1}$$

由 KCL 得

$$i_R(t) + i_L(t) + i_C(t) = i_S(t) \tag{2}$$

将式(1)代入式(2)得

$$C\frac{d^2u(t)}{dt^2}+\frac{1}{R}\frac{du(t)}{dt}+\frac{1}{L}u(t)=\frac{d}{dt}i_S(t) \tag{3}$$

如果构成系统的元件都是参数恒定的线性元件(且无储能),则构成的系统是线性时不变系统。

对于复杂系统,设激励信号为 $e(t)$,响应为 $r(t)$,则可用一高阶的微分方程表示

$$C_0\frac{d^nr(t)}{dt^n}+C_1\frac{d^{n-1}r(t)}{dt^{n-1}}+\cdots+C_nr(t)=E_0\frac{d^me(t)}{dt^m}+E_1\frac{d^{m-1}e(t)}{dt^{m-1}}+\cdots+E_me(t) \tag{2.5}$$

若方程(2.5)中的 $e(t)$ 及其各阶导数都为零,则该方程称为齐次方程

$$C_0\frac{d^nr(t)}{dt^n}+C_1\frac{d^{n-1}r(t)}{dt^{n-1}}+\cdots+C_{n-1}\frac{dr(t)}{dt}+C_nr(t)=0 \tag{2.6}$$

由经典法可知,方程(2.5)的解由齐次方程和特解两部分组成。齐次解是齐次方程的解。齐次方程解的形式为 $Ae^{\alpha t}$ 函数的线性组合,将 $r(t)=Ae^{\alpha t}$ 代入方程(2.6)得

$$C_0\alpha^n+C_1\alpha^{n-1}+\cdots+C_{n-1}\alpha+C_n=0 \tag{2.7}$$

方程(2.7)称为方程(2.5)的特征方程,对应的 n 个根 $\alpha_1,\alpha_2,\cdots,\alpha_n$ 称为微分方程的特征根。若特征根无重根,则 $r_h(t)=\sum_{i=1}^{n}A_ie^{\alpha_it}$,若 α_1 是 k 阶重根,则

$$r_h(t)=\left(\sum_{i=1}^{n}A_it^{K-i}\right)e^{\alpha_1t}+\sum_{j=1}^{n-k}B_je^{\alpha_jt} \tag{2.8}$$

【例 2.2】　求 $r'''(t)+7r''(t)+16r'(t)+12r(t)=e(t)$ 的齐次解。

解　其特征方程为

$$\alpha^3+7\alpha^2+16\alpha+12=0 \tag{1}$$

$$(\alpha+2)^2(\alpha+3)=0 \tag{2}$$

因此

$$r_h(t)=(A_1t+A_0)e^{-2t}+A_3e^{-3t},\quad t\geqslant 0_+ \tag{3}$$

特解 $r_p(t)$ 的函数形式与激励函数形式有关,求解方法是将激励 $e(t)$ 代入方程(2.5)右端,化简右端函数式为“自由项”,根据自由项选特解函数式,代入方程后,求得特解的待定系数,即可求出特解 $r_p(t)$。

激励函数 $e(t)$ 与特解的对应关系见表 2.1。

【例 2.3】　给定方程 $r''(t)+2r'(t)+3r(t)=e'(t)+e(t)$,(1) $e(t)=t^2$,(2) $e(t)=e^t$,分别求两种情况下此方程的特解。

解　(1)将 $e(t)=t^2$ 代入方程得:自由项为 t^2+2t

故设特解 $y_p(t)=B_1t^2+B_2t+B_3$ 代入方程得

$$3B_1t^2+(4B_1+3B_2)t+(2B_1+2B_2+3B_3)=t^2+2t \tag{1}$$

对比系数得

$$\begin{cases}3B_1=1\\4B_1+3B_2=2\\2B_1+2B_2+3B_3=0\end{cases}\Rightarrow\begin{cases}B_1=\dfrac{1}{3}\\B_2=\dfrac{2}{9}\\B_3=-\dfrac{10}{27}\end{cases} \tag{2}$$

所以

$$r_p(t)=\frac{1}{3}t^2+\frac{2}{9}t-\frac{10}{27} \tag{3}$$

(2)当 $e(t)=e^t$,可选 $r_p(t)=Be^t$,代入方程后得

$$Be^t+2Be^t+3Be^t=e^t+e^t \tag{4}$$

解得

$$B=\frac{1}{3} \tag{5}$$

于是特解

$$r_p(t)=\frac{1}{3}e^t \tag{6}$$

于是完全解

$$r(t)=\sum_{i=1}^{n}A_i e^{\alpha_i t}+r_p(t) \tag{7}$$

若给定微分方程和激励信号 $e(t)$,再给出一组求解区间内的边界条件,便可确定待定系数 A_i。若 $e(t)$是在 $t=0$ 时刻加入,则把求解区间定为$[0_+,+\infty)$,通常取 $t=0_+$,这样对应的一组条件称为初始条件。

表 2.1 与几种典型激励函数相应的特解

激励函数 $e(t)$	响应函数 $r(t)$ 的特解
E(常数)	B(常数)
t^p	$B_1t^p+B_2t^{p-1}+\cdots+B_pt+B_{p+1}$
$e^{\alpha t}$	$Be^{\alpha t}$
$\cos\omega t$	$B_1\cos\omega t+B_2\sin\omega t$
$\sin\omega t$	
$t^pe^{\alpha t}\sin\omega t$	$(B_1t^p+B_2t^{p-1}+\cdots+B_pt+B_{p+1})e^{\alpha t}\cos\omega t+$
$t^pe^{\alpha t}\cos\omega t$	$(D_1t^p+D_2t^{p-1}+\cdots+D_pt+D_{p+1})e^{\alpha t}\sin\omega t$

以上简单回顾了线性常系数微分方程的经典解法。求解线性、常系数微分方程的流程如图 2.5 所示。从系统分析的角度,称线性常系数微分方程描述的系统为时不变系统。微分方程的齐次解称为系统的自由响应,特征方程的特征根 $\alpha_i(i=1,2,\cdots,n)$ 称为系统的"固有频率"(自由频率,自然频率);特解称为系统的强迫响应,强迫响应只与激励函数的形式有关,完全响应是由系统的自身特性决定的自由响应 $r_n(t)$ 和与外加激励信号 $e(t)$ 有关的强迫响应 $r_p(t)$ 组成的。

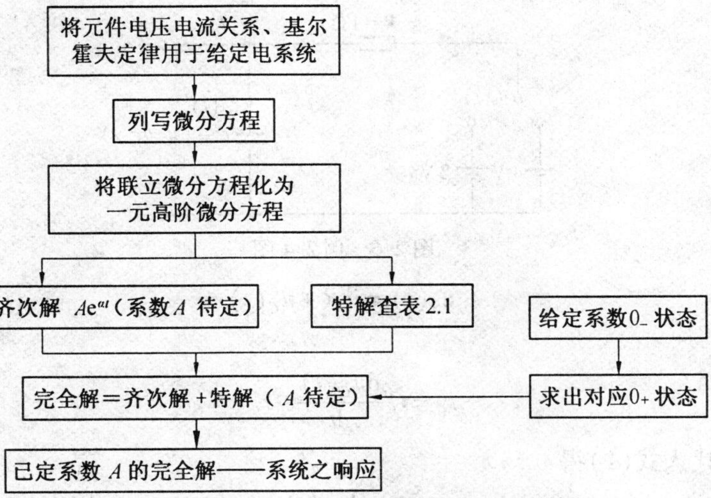

图 2.5　求解线性、常系数微分方程的流程图

2.3　起始点的跳变——从 0_- 到 0_+ 的转换

在系统分析中，把响应区间确定为激励信号 $e(t)$ 加入后系统变化区间，一般 $e(t)$ 在 $t=0$ 时刻加入，这样系统的响应区间为 $[0_+, +\infty)$，若系统在激励信号加入之前瞬间有一组状态，$r^{(k)}(0_-)=\left[r(0_-),\frac{\mathrm{d}}{\mathrm{d}t}r(0_-),\cdots,\frac{\mathrm{d}^{n-1}}{\mathrm{d}t^{n-1}}r(0_-)\right]$ 这组状态称为系统的起始状态（0_- 状态），它包含了为计算未来响应的全部“过去”信息。在 $e(t)$ 加入之后，这组状态从 $t=0_-$ 到 0_+ 时刻可能发生变化。完全响应表达式 $y(t)=\sum_{i=1}^{n}A_i e^{\alpha_i t}+r_p(t)$ 中常数 $A_i(i=1,2,\cdots,n)$ 是由响应区间内 $t=0_+$ 时刻的一组状态确定的。

$r^{(k)}(0_+)=\left[r(0_+),\frac{\mathrm{d}}{\mathrm{d}t}r(0_+),\cdots,\frac{\mathrm{d}^{n-1}}{\mathrm{d}t^{n-1}}r(0_+)\right]$ 这组状态称为初始条件（简称 0_+ 状态）。由此可见，用时域经典法求解系统的响应时，为确定自由响应部分常数 $A_i(i=1,2,\cdots,n)$，还必须根据系统的 0_- 状态和激励情况求出 0_+ 状态。

对于具体电路，0_- 状态就是系统中储能元件的储能情况，一般情况下，先求出电容上的起始电压和电感中的起始电流 $V_C(0_-)$，$i_L(0_-)$。当电路中没有冲激电流（或阶跃电压）强迫作用于电容及没有冲激电压（或阶跃电流）作用于电感时，则换路期间电容两端电压和流过电感中的电流不会发生突变，即 $V_C(0_-)=V_C(0_+)$，$i_L(0_-)=i_L(0_+)$，然后根据元件特性约束和网络拓扑约束求得 0_+ 时刻的其他电流或电压值，下面以具体例子说明这种情况下电路响应的求解方法。

【例 2.4】　如图 2.6 所示，$t<0$ 时，$u_S(t)$ 接 4 V 位置而且已经达到稳态，$t=0$ 时，$u_S(t)$ 接到 2 V 上，求电容两端的电压 $u_C(t)$ 在 $t\geq 0$ 时的变化。

解　根据 KVL 定理得

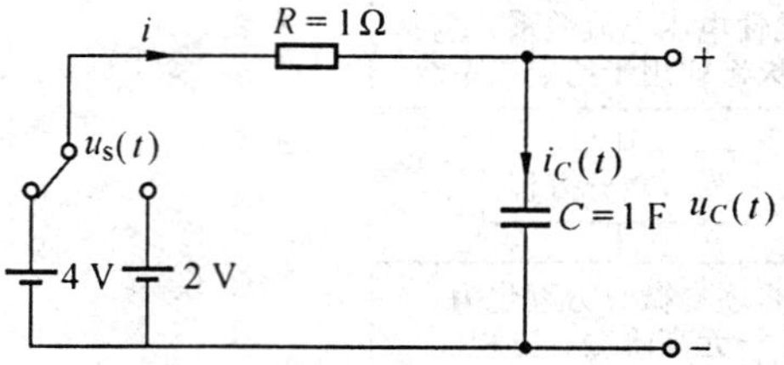

图 2.6　例 2.4 图

$$u_S(t) = i_C R + u_C(t) \tag{1}$$

而

$$i_C = C'\frac{du_C(t)}{dt} \tag{2}$$

将式(2)代入式(1)得

$$u_S(t) = C'\frac{du_C(t)}{dt}R + u_C(t) \tag{3}$$

$$u_C'(t) + \frac{1}{RC}u_C(t) = \frac{1}{RC}u_S(t) \tag{4}$$

$$u_C'(t) + u_C(t) = u_S(t) \tag{5}$$

$$u_{Cn}(t) = Ae^{-t} \tag{6}$$

令 $u_{Cp}(t) = B$ 则代入方程得

$$u_{Cp}(t) = 4 \tag{7}$$

$$u_C(t) = Ae^{-t}u(t) + 4 \tag{8}$$

而

$$u_C(0) = 2\ \text{V}$$

因为 $u_C(t)$ 的电压不能突变，故

$$u_C(0_+) = 2\ \text{V} \tag{9}$$

将 $u_C(0_+) = 2$ V 代入 $u_C(t) = Ae^{-t}u(t) + 4$，得

$$A = -2$$

所以

$$u_C(t) = -2e^{-t} + 4,\quad t \geqslant 0_+ \tag{10}$$

【例 2.5】　如图 2.7(a)所示电路，$t<0$ 时，开关 S 处于 1 位置且已达到稳定，当 $t=0$ 时，S 由 1 转向 2，建立电流 $i(t)$ 的微分方程并求解 $i(t)$ 在 $t \geqslant 0_+$ 时的变化。

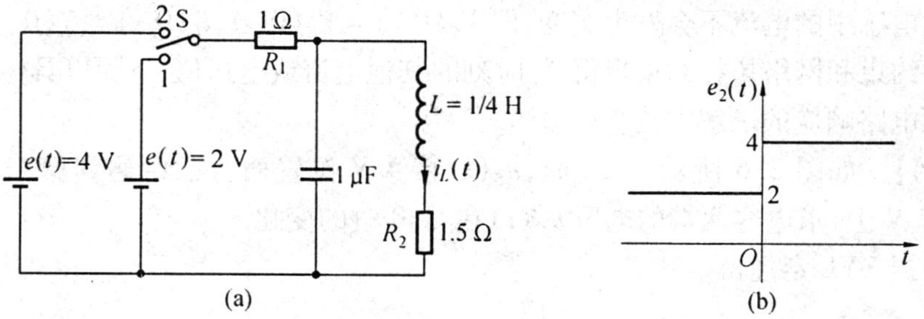

图 2.7　例 2.5 图

解
$$e_2(t)=R_1i(t)+u_C(t) \tag{1}$$
$$u_C(t)=L\frac{\mathrm{d}i_L(t)}{\mathrm{d}t}+i_L(t)R_2 \tag{2}$$
$$i(t)=i_C(t)+i_L(t)=C\frac{\mathrm{d}u_C(t)}{\mathrm{d}t}+i_L(t) \tag{3}$$

消去 $u_C(t)$,$i_L(t)$得
$$\frac{\mathrm{d}^2}{\mathrm{d}t^2}i(t)+7\frac{\mathrm{d}}{\mathrm{d}t}i(t)+10i(t)=\frac{\mathrm{d}^2}{\mathrm{d}t^2}e_2(t)+6\frac{\mathrm{d}e_2(t)}{\mathrm{d}t}+4e_2(t) \tag{4}$$

(1)求齐次方程
$$i''(t)+7i'(t)+10i(t)=0 \tag{5}$$

特征方程
$$\alpha^2+7\alpha+10=0$$

解得
$$\alpha_1=-2,\alpha_2=-5 \tag{6}$$

因此
$$i_{\mathrm{h}}(t)=A_1\mathrm{e}^{-2t}+A_2\mathrm{e}^{-5t},\quad t\geqslant 0_+ \tag{7}$$

(2)求特解

当 $t\geqslant 0_+$ 时,$e_2(t)=4$ V,代入式(4),得
$$i''(t)+7i'(t)+10i(t)=16$$

令 $i_{\mathrm{p}}(t)=B$,代入式(5),得
$$10B=16$$

解得
$$B=\frac{8}{5} \tag{8}$$

故系统的完全解为
$$i(t)=A_1\mathrm{e}^{-2t}+A_2\mathrm{e}^{-5t}+\frac{8}{5},\quad t\geqslant 0_+ \tag{9}$$

(3)确定待定系数 A_1,A_2

由于无冲激电压,故电容电压不能突变,所以
$$u_C(0_+)=u_C(0_-) \tag{10}$$

而
$$u_C(0_+)=2\times\frac{R_2}{R_1+R_2}=\frac{6}{5}\ \mathrm{V}$$
$$i(0_-)=\frac{2\ \mathrm{V}}{R_1+R_2}=\frac{4}{5}\ \mathrm{A} \tag{11}$$
$$i(0_+)=\frac{1}{R_1}[e_2(0_+)-u_C(0_+)]=\frac{1}{1\ \Omega}\left(4\ \mathrm{V}-\frac{6}{5}\ \mathrm{V}\right)=\frac{14}{5}\mathrm{A} \tag{12}$$
$$\frac{\mathrm{d}i(0_+)}{\mathrm{d}t}=\frac{1}{R_1}\left[\frac{\mathrm{d}}{\mathrm{d}t}e(0_+)-\frac{\mathrm{d}}{\mathrm{d}t}u_C(0_+)\right]=\frac{1}{R_1}\left[\frac{\mathrm{d}}{\mathrm{d}t}e(0_+)-\frac{1}{C}(i(0_+)-i_L(0_+))\right]=$$
$$\frac{1}{1\ \Omega}\left[0-\frac{1}{1\mu\mathrm{F}}\left(\frac{14}{5}\mathrm{A}-\frac{4}{5}\mathrm{A}\right)\right]=-2\ \mathrm{A}\cdot\mathrm{s}^{-1} \tag{13}$$

(4)求 $i(t)$ 在 $t \geqslant 0_+$ 时的完全响应

将 $i(0_+)=\dfrac{14}{5}$ A, $i'(0_+)=-2\ \mathrm{A\cdot s^{-1}}$ 代入式(9),得

$$\left.\begin{aligned} A_1+A_2+\frac{8}{5}&=\frac{14}{5} \\ -2A_1-5A_2&=-2 \end{aligned}\right\} \Rightarrow \begin{cases} A_1=\dfrac{4}{3} \\ A_2=-\dfrac{2}{15} \end{cases} \tag{14}$$

$$i(t)=\left(\frac{4}{3}\mathrm{e}^{-2t}-\frac{2}{15}\mathrm{e}^{-5t}+\frac{8}{5}\right)\ \mathrm{A},\quad t \geqslant 0_+ \tag{15}$$

当系统已经用微分方程表示时,系统从 0_- 状态到 0_+ 状态有无跳变,取决于微分方程在右端自由项中是否包含 $\delta(t)$ 及其各阶导数,若包含 $\delta(t)$ 及其各阶导数,说明相应的变量从 0_- 到 0_+ 状态发生了跳变,即 $r(0_+)\neq r(0_-)$ 或 $r'(0_+)\neq r'(0_-)$ 等。此时为确定 $r(0_+)$,$r'(0_+)$ 等,可以用冲激函数匹配法。其原理根据 $t=0$ 时刻微分方程左右两端的 $\delta(t)$ 及其各阶导数应该平衡相等。

下面举一例子说明。

【例 2.6】 已知 $r'(t)+3r(t)=3\delta'(t)$,若 $u(0_-)=2$ V,求 $r(0_+)$。

解 由分析可知:方程右边含 $\delta'(t)$,可以断定 $r'(t)$ 含 $3\delta'(t)$,由此可推断 $r(t)$ 包含 $3\delta(t)$,而方程右端无 $\delta(t)$ 项,故 $r'(t)$ 中还应包含 $-9\delta(t)$,由于 $r'(t)$ 中含 $-9\delta(t)$,得出 $r(t)$ 在 $t=0$ 时刻有 $-9\Delta u(t)$ 存在,若 $\Delta u(t)$ 表示从 0_- 到 0_+ 的单位跳变函数,即 $r(0_+)=r(0_-)-9=-7$。

上述方程可用数学方法描述,设

$$r'(t)=a\delta'(t)+b\delta(t)+c\Delta u(t)$$

积分一次有

$$r(t)=a\delta(t)+b\Delta u(t)$$

将 $r'(t)$,$r(t)$ 代入原方程 $r'(t)+3r(t)=3\delta'(t)$,得

$$(a\delta'(t)+b\delta(t)+c\Delta u(t))+3(a\delta(t)+b\Delta u(t))=3\delta'(t)$$

解得

$$\begin{cases} a=3 \\ b+3a=0 \\ c+3b=0 \end{cases} \Rightarrow \begin{cases} a=3 \\ b=-9 \\ c=27 \end{cases}$$

$\Delta u(t)$ 表示从 0_- 到 0_+ 相对单位发生跳变函数。

$$r(0_+)=a\delta(0_+)+b\Delta u(0_+)=b$$

$$r(0_+)-r(0_-)=b$$

即

$$r(0_+)=-9+2=-7$$

【例 2.7】 用冲激函数匹配法求解例 2.5 的完全响应 $r(t)$。

$$i''(t)+7i'(t)+10i(t)=2\delta'(t)+12\delta(t)+8\Delta u(t)$$

已知:$i(0_-)=\dfrac{4}{5}$ A, $\dfrac{\mathrm{d}}{\mathrm{d}t}i(0_-)=0\ \mathrm{A\cdot s^{-1}}$,用冲激函数匹配法求 $i(0_+)$,$\dfrac{\mathrm{d}}{\mathrm{d}t}i(0_+)$。

解　考虑方程右端冲激函数项最高次是 $\delta'(t)$，因而设

$$\begin{cases} i''(t)=a\delta'(t)+b\delta(t)+c\Delta u(t) \\ i'(t)=a\delta(t)+b\Delta u(t), \qquad 0_- < t < 0_+ \\ i(t)=a\Delta u(t) \end{cases} \tag{1}$$

将其代入原方程得

$$[a\delta'(t)+b\delta(t)+c\Delta u(t)]+7[a\delta(t)+b\Delta u(t)]+10a\Delta u(t)= \\ 2\delta'(t)+12\delta(t)+8\Delta u(t) \tag{2}$$

解得

$$\begin{cases} a=2 \\ b+7a=12 \\ c+7b+10a=8 \end{cases} \Rightarrow \begin{cases} i(0_+)-i(0_-)=a=2 \\ \dfrac{\mathrm{d}}{\mathrm{d}t}i(0_+)-\dfrac{\mathrm{d}}{\mathrm{d}t}i(0_-)=b=-2 \\ \dfrac{\mathrm{d}^2}{\mathrm{d}t^2}i(0_+)-\dfrac{\mathrm{d}^2}{\mathrm{d}t^2}i(0_-)=c=2 \end{cases} \tag{3}$$

$$i(0_+)=2\ \mathrm{A}+i(0_-)=2\ \mathrm{A}+\frac{4}{5}\ \mathrm{A}=\frac{14}{5}\mathrm{A} \tag{4}$$

$$\frac{\mathrm{d}}{\mathrm{d}t}i(0_+)=-2\ \mathrm{A}\cdot\mathrm{s}^{-1}+\frac{\mathrm{d}i(0_-)}{\mathrm{d}t}=-2\ \mathrm{A}\cdot\mathrm{s}^{-1} \tag{5}$$

其余步骤同上。

2.4　零输入响应和零状态响应

对于动态系统而言，其响应不仅与激励有关，而且还与系统的初始状态有关。由于时域经典法求解系统完全响应是把响应分成自由响应和强迫响应，为确定完全响应中的常数，往往利用冲激函数匹配法，把给定的 0_- 状态转换成 0_+ 状态以便求解。另一种分解方法是将总响应分为零输入响应和零状态响应。

下面先考查一个实例。

【例 2.8】　如图 2.8 所示的 RC 电路，电容两端起始电压 $u_C(0_-)$，激励源为 $e(t)$，求 $t>0$ 时电容两端电压 $u_C(t)$。

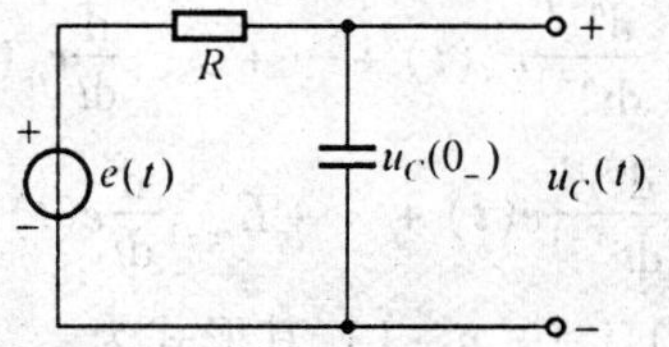

图 2.8　例 2.8 图

解

$$e(t)=i_C(t)R+u_C(t)=u_C(t)+C\frac{\mathrm{d}u_C(t)}{\mathrm{d}t}R \tag{1}$$

将上式两端同乘以 $\mathrm{e}^{\frac{1}{RC}}$ 得

$$\mathrm{e}^{\frac{1}{RC}}\frac{\mathrm{d}u_C(t)}{\mathrm{d}t}+\frac{1}{RC}\mathrm{e}^{\frac{1}{RC}}u_C(t)=\frac{1}{RC}\mathrm{e}^{\frac{1}{RC}}e(t) \tag{2}$$

$$\frac{\mathrm{d}}{\mathrm{d}t}[\mathrm{e}^{\frac{1}{RC}}u_C(t)]=\frac{1}{RC}\mathrm{e}^{\frac{1}{RC}}\cdot e(t) \tag{3}$$

两边求积分

$$\int_{0_-}^{t}\frac{\mathrm{d}}{\mathrm{d}\tau}[\mathrm{e}^{\frac{\tau}{RC}}u_C(\tau)]\mathrm{d}\tau=\int_{0_-}^{t}\frac{1}{RC}\mathrm{e}^{\frac{\tau}{RC}}e(\tau)\mathrm{d}\tau \tag{4}$$

$$\mathrm{e}^{\frac{t}{RC}}u_C(t)-u_C(0_-)=\frac{1}{RC}\int_{0_-}^{t}\mathrm{e}^{\frac{\tau}{RC}}e(\tau)\mathrm{d}\tau \tag{5}$$

得

$$u_C(t)=u_C(0_-)\cdot\mathrm{e}^{-\frac{t}{RC}}+\frac{1}{RC}\int_{0_-}^{t}\mathrm{e}^{-\frac{1}{RC}(t-\tau)}\cdot e(\tau)\mathrm{d}\tau \tag{6}$$

$u_C(t)$的第一项只和电容两端的起始储能$u_C(0_-)$有关，与输入无关，被称为零输入响应。第二项与起始储能无关，只与输入有关，称为零状态响应。

一般情况下，设系统是线性时不变的，把输出响应分成由激励信号$e(t)$引起的响应$H[e(t)]$和由系统起始状态$\{x(0_-)\}$引起的响应$H[\{x(0_-)\}]$两者叠加，由此可分别定义零输入响应和零状态响应。含起始状态系统方框图如图2.9所示。

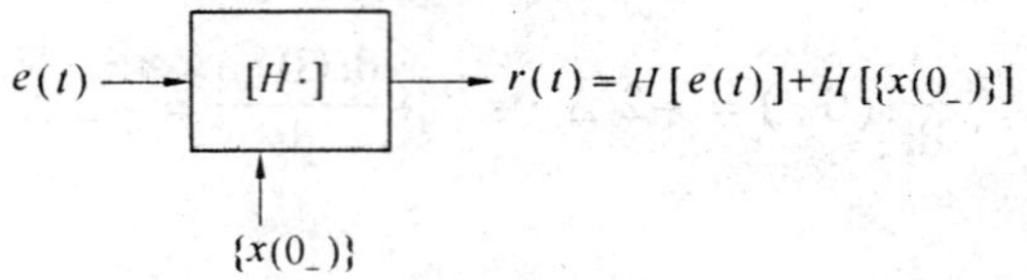

图2.9　含起始状态系统方框图

零输入响应：没有激励作用，只有起始状态所产生的响应。记为$r_{zi}(t)$，它满足方程

$$C_0\frac{\mathrm{d}^n}{\mathrm{d}t^n}r_{zi}(t)+C_1\frac{\mathrm{d}^{n-1}}{\mathrm{d}t^{n-1}}r_{zi}(t)+\cdots+C_{n-1}\frac{\mathrm{d}}{\mathrm{d}t}r_{zi}(t)+C_nr_{zi}(t)=0 \tag{2.9}$$

及起始状态$r^{(k)}(0_-)(k=0,1,\cdots,n-1)$的解。可见它是齐次解的一部分。

$$r_{zi}(t)=\sum_{k=1}^{n}A_{zik}\mathrm{e}^{\alpha_kt} \tag{2.10}$$

由于没有外界激励作用，因而$r^{(k)}(0_+)=r^{(k)}(0_-)$即$A_{zik}$可以由$r^{(k)}(0_-)$确定。

零状态响应：起始状态等于零时，由系统的外加激励信号所产生的响应，记为$r_{zs}(t)$。它满足方程

$$\begin{aligned}&C_0\frac{\mathrm{d}^n}{\mathrm{d}t^n}r_{zs}(t)+C_1\frac{\mathrm{d}^{n-1}}{\mathrm{d}t^{n-1}}r_{zs}(t)+\cdots+C_{n-1}\frac{\mathrm{d}}{\mathrm{d}t}r_{zs}(t)+C_nr_{zs}(t)=\\&E_0\frac{\mathrm{d}^m}{\mathrm{d}t^m}e(t)+E_1\frac{\mathrm{d}^{m-1}}{\mathrm{d}t^{m-1}}e(t)+\cdots+E_{m-1}\frac{\mathrm{d}}{\mathrm{d}t}e(t)+E_me(t)\end{aligned} \tag{2.11}$$

及起始状态$r^{(k)}(0_-)=0(k=0,1,\cdots,n-1)$，其形式为

$$r_{zs}(t)=\sum_{k=1}^{n}A_{zsk}\mathrm{e}^{\alpha_kt}+B(t) \tag{2.12}$$

$$r(t)=\sum_{k=1}^{n}A_k\mathrm{e}^{\alpha_kt}+B(t)=\underbrace{\sum_{k=1}^{n}A_{zik}\mathrm{e}^{\alpha_kt}+\sum_{k=1}^{n}A_{zsk}\mathrm{e}^{\alpha_kt}}_{\text{齐次解}}+\underbrace{B(t)}_{\text{特解}} \tag{2.13}$$

【例2.9】　给定方程$r''(t)+3r'(t)+2r(t)=e'(t)+3e(t)$，当$e(t)=u(t)$，$r(0_-)=1$，$r'(0_-)=2$时，求$r_{zi}(t)$，$r_{zs}(t)$。

解　(1)求 $r_{zi}(t)$

因为零输入响应,故 $e(t)=0$,原方程变为

$$r_{zi}''(t)+3r_{zi}'(t)+2r_{zi}(t)=0 \tag{1}$$

其特征方程为

$$\alpha^2+3\alpha+2=0$$

解得

$$\alpha_1=-1,\alpha_2=-2$$

所以

$$r_{zi}(t)=A_1e^{-t}+A_2e^{-2t},\quad r_{zi}(0_+)=r_{zi}(0_-),\quad r_{zi}'(0_+)=r_{zi}'(0_-) \tag{2}$$

代入起始状态得

$$\left.\begin{aligned}r_{zi}(0_+)=A_1+A_2=1\\ r'_{zi}(0_+)=-A_1-2A_2=2\end{aligned}\right\}\Rightarrow\begin{cases}A_1=4\\A_2=-3\end{cases} \tag{3}$$

$$r_{zi}(t)=4e^{-t}-3e^{-2t},\qquad t>0(\text{或 } t\geqslant 0_+) \tag{4}$$

(2)求 $r_{zs}(t)$

将 $e(t)=u(t)$ 代入原方程,得

$$r_{zs}''(t)+3r_{zs}'(t)+2r_{zs}(t)=\delta(t)+3u(t) \tag{5}$$

设

$$r_{zs}''(t)=a\delta(t)+b\Delta u(t)$$

$$r_{zs}'(t)=a\Delta u(t),\qquad 0\leqslant t<0_+ \tag{6}$$

$$r_{zs}(t)=at\Delta u(t) \tag{7}$$

代入式(5)得

$$a\delta(t)+b\Delta u(t)+3a\Delta u(t)+\underbrace{2at\Delta u(t)}_{\text{当}t\to0\text{时,此项为}0}=\delta(t)+3\Delta u(t) \tag{8}$$

得

$$\left.\begin{aligned}a=1\\ b+3a=3\end{aligned}\right\}\Rightarrow\begin{cases}a=1\\b=0\end{cases}$$

因此

$$\left.\begin{aligned}r_{zs}'(0_+)-r_{zs}'(0_-)=a\\ r_{zs}(0_+)=r_{zs}(0_-)=1\end{aligned}\right\}\Rightarrow r_{zs}'(0_+)=3 \tag{9}$$

当 $t\geqslant 0_+$ 时,$r_{zs}(t)$ 满足方程

$$r''_{zs}(t)+3r_{zs}'(t)+2r_{zs}(t)=3u(t) \tag{10}$$

设特解 $r_{zsp}(t)=B$ 代入式(10),得

$$B=\frac{3}{2}$$

因此

$$r_{zs}(t)=B_1e^{-t}+B_2e^{-2t}+\frac{3}{2},\quad t\geqslant 0_+ \tag{11}$$

代入 $r_{zs}(0_+)$,$r_{zs}'(0_+)$ 得

$$\left.\begin{aligned} B_1+B_2+\frac{3}{2}&=1\\ -B_1-2B_2&=3\end{aligned}\right\}\Rightarrow\begin{cases}B_1=2\\ B_2=-\dfrac{5}{2}\end{cases}$$

因此

$$r_{zs}(t)=2e^{-t}-\frac{5}{2}e^{-2t}+\frac{3}{2},\quad t>0 \tag{12}$$

注意：为使计算思路清晰，可将求解 $r_{zs}(t)$ 与求初始条件 $r_{zs}(0_+)$，$r_{zs}'(0_+)$ 的顺序对调一下。

$$r(t)=r_{zi}(t)+r_{zs}(t)=\underbrace{4e^{-t}-3e^{-2t}}_{\text{零输入响应}}+\underbrace{2e^{-t}-\frac{5}{2}e^{-2t}+\frac{3}{2}}_{\text{零状态响应}}=\underbrace{6e^{-t}-\frac{11}{2}e^{-2t}}_{\text{自由响应}}+\underbrace{\frac{3}{2}}_{\text{强迫响应}}$$

对响应的另一种区分是瞬态响应和稳态响应。

零状态响应的另一种求法例题如下。

【例 2.10】 求 $r''(t)+3r'(t)+2r(t)=2\delta(t)+6u(t)$ 的零状态响应。

解 (1)由于零状态，故

$$r(0_-)=r'(0_-)=0$$

又由于解的区间为 $(0_+,+\infty)$，故当 $t\geqslant 0_+$ 时，原方程变为

$$r_{zs}''(t)+3r_{zs}'(t)+2r_{zs}(t)=2\delta(t)+6u(t) \tag{1}$$

$$r_h(t)=A_1e^{-t}+A_2e^{-2t}$$

设 $r_p(t)=B$ 代入方程(1)得

$$r_p(t)=3$$

$$r(t)=r_h(t)+r_p(t)=A_1e^{-t}+A_2e^{-2t}+3 \tag{2}$$

(2)求 $r(0_+)$，$r'(0_+)$

分析：$r''(t)$ 含有 $\delta(t)$，$r'(t)$ 含有 $u(t)$，$r(t)$ 含有 $tu(t)$，对方程(1)从 0_- 到 0_+ 积分得

$$[r'(0_+)-r'(0_-)]+3[r(0_+)-r(0_-)]+2\int_{0_-}^{0_+}r(t)\,dt=2+6\int_{0_-}^{0_+}u(t)\,dt \tag{3}$$

$$r'(0_+)=r'(0_-)+2=2,\quad r(0_+)=r(0_-)=0$$

将初始条件代入式(2)，得

$$r(t)=-4e^{-t}+e^{-2t}+3,\qquad t\geqslant 0_+ \tag{4}$$

注意：直接用 $r(t)=(A_1e^{-t}+A_2e^{-2t})u(t)+Bu(t)$ 代入方程，此方法是不正确的。

瞬态响应是指当 $t\to+\infty$ 时，响应趋于零的那部分响应分量，稳态响应是指保留下来的那部分响应分量。

在建立了零输入响应和零状态响应的概念后，进一步说明系统的线性和时不变问题。由图 2.10 可知，对外加激励信号 $e(t)$ 和它对应的响应 $r_{zs}(t)=H[e(t)]$ 的关系而言，若 $\{x_i(0_-)\}=0$，则用常系数线性微分方程描述的系统是线性和时不变的；若起始状态 $\{x_i(0_-)\}\neq 0$，由于响应中零输入分量的存在，导致系统响应对外激励 $e(t)$ 不满足叠加性和均匀性，也不满足时不变性，因而是非线性时变系统，同时由于零输入分量的存在，使响应的变化不可能发生在激励之后，因而系统又是非因果的。

然而，若把起始状态等效成系统的激励，则对零输入响应 $r_{zi}(t)$ 而言，也满足叠加性

和均匀性。

(1)响应的可分解性：系统响应可以分解为零输入响应和零状态响应。

(2)零状态线性：当起始状态为零时，系统的零状态响应 $r_{zs}(t)$ 对于外加激励信号 $e(t)$ 呈线性，称为零状态线性。

【例 2.11】　如图 2.10 所示，某线性时不变(LTI)系统，其初始状态一定，当激励为 $e(t)$ 时，其全响应为 $r_1(t)=\mathrm{e}^t+\cos\pi t, t\geqslant 0_+$；若初始状态不变，激励为 $2e(t)$，其全响应 $r_2(t)=2\cos\pi t, t\geqslant 0_+$。求初始化状态不变，激励为 $3e(t)$ 时系统的全响应。

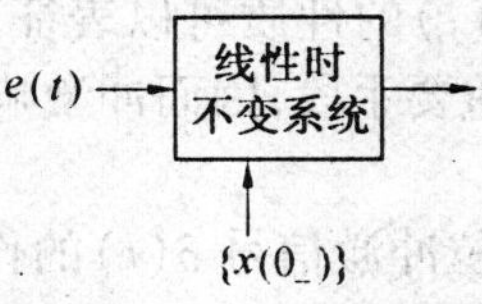

图 2.10　线性和时不变系统

解

$$\begin{cases} r_{zi}(t)+r_{zs}(t)=\mathrm{e}^t+\cos\pi t \\ r_{zi}(t)+2r_{zs}(t)=2\cos\pi t \end{cases} \tag{1}$$

$$\begin{cases} r_{zs}(t)=\cos\pi t-\mathrm{e}^t \\ r_{zi}(t)=2\mathrm{e}^t \end{cases} \tag{2}$$

根据线性不变的性质

$$r(t)=r_{zi}(t)+3r_{zs}(t) \tag{3}$$

【例 2.12】　如图 2.11 所示，某 LTI 系统，初始状态为 $x_1(0_-)$，$x_2(0_-)$。已知当 $x_1(0_-)=1, x_2(0_-)=0$ 时，其零输入响应为 $r_{zi}(t)=\mathrm{e}^t+\mathrm{e}^{-2t}, t\geqslant 0$；当 $x_1(0_-)=0, x_2(0_-)=1$ 时，其零输入响应为 $r_{zi}(t)=\mathrm{e}^{-t}-\mathrm{e}^{-2t}, t\geqslant 0$；当 $x_1(0_-)=1, x_2(0_-)=-1$，而输入为 $e(t)$ 时，其全响应 $r(t)=2+\mathrm{e}^{-t}, t\geqslant 0$。求当 $x_1(0_-)=3, x_2(0_-)=2$，输入为 $2e(t)$ 时的全响应。

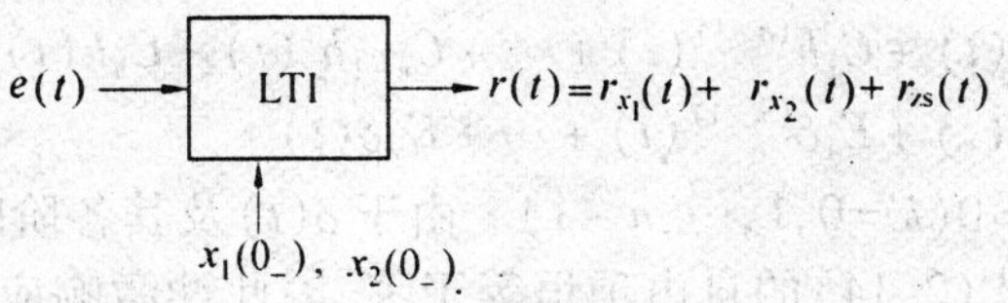

图 2.11　例 2.12 图

解　当 $x_1(0_-)=1, x_2(0_-)=-1$，而输入为 $e(t)$ 时，其全响应为

$$r(t)=2+\mathrm{e}^{-t},\quad t\geqslant 0 \tag{1}$$

$$r_{x_1}(t)-r_{x_2}(t)+r_{zs}(t)=2+\mathrm{e}^{-t} \tag{2}$$

所以

$$r_{zs}(t)=2+\mathrm{e}^{-t}-r_{x_1}(t)+r_{x_2}(t)=2+\mathrm{e}^{-t}-\mathrm{e}^{-t}-\mathrm{e}^{-2t}+\mathrm{e}^{-t}-\mathrm{e}^{-2t}=2+\mathrm{e}^{-t}-2\mathrm{e}^{-2t}$$

根据线性时不变系统的性质，当 $x_1(0)=3, x_2(0)=2$，输入为 $2e(t)$ 时全响应为

$$r(t)=3r_{x_1}(t)+2r_{x_2}(t)+2r_{zs}(t)=$$
$$3(\mathrm{e}^{-t}+\mathrm{e}^{-2t})+2(\mathrm{e}^{-t}-\mathrm{e}^{-2t})+2(2+\mathrm{e}^{-t}-2\mathrm{e}^{-2t})=$$

$$3e^{-t}+3e^{-2t}+2e^{-t}-2e^{-2t}+4+2e^{-t}-4e^{-2t}=$$
$$4+7e^{-t}-3e^{-2t}$$

(3)零输入线性：当外加激励为零时，系统的零输入响应 $r_{zi}(t)$，对于各起始状态呈线性关系，称为零输入线性。

2.5 冲激响应与阶跃响应

对于线性时不变系统，冲激响应 $h(t)$ 的性质可以表征系统的因果性和稳定性，$h(t)$ 的变换域表示更是分析时不变系统的重要手段，因而冲激响应 $h(t)$ 的分析是系统分析中极为重要的问题。

冲激响应 $h(t)$ 的定义是系统在单位冲激信号 $\delta(t)$ 的作用下产生的零状态响应。阶跃响应 $g(t)$ 的定义是系统在单位阶跃信号 $u(t)$ 作用下产生的零状态响应。

$e(t)=\int_{-\infty}^{+\infty}e(\tau)\delta(t-\tau)\mathrm{d}\tau$，若将 $e(t)$ 作用在冲激响应为 $h(t)$ 的线性时不变系统，则系统的响应

$$r(t)=H\left[\int_{-\infty}^{+\infty}e(\tau)\delta(t-\tau)\mathrm{d}\tau\right]=\int_{-\infty}^{+\infty}H[e(\tau)\delta(t-\tau)\mathrm{d}\tau]=\int_{-\infty}^{+\infty}e(\tau)h(t-\tau)\mathrm{d}\tau$$

卷积积分

$$r(t)=e(t)*h(t)$$

即，零状态响应是激励 $e(t)$ 与冲激响应 $h(t)$ 的卷积积分。考虑到 $\delta(t)$ 与 $u(t)$ 的关系，因而对于 LTI 系统，$h(t)$ 和 $g(t)$ 也一样存在微积分关系，如图 2.12 所示。

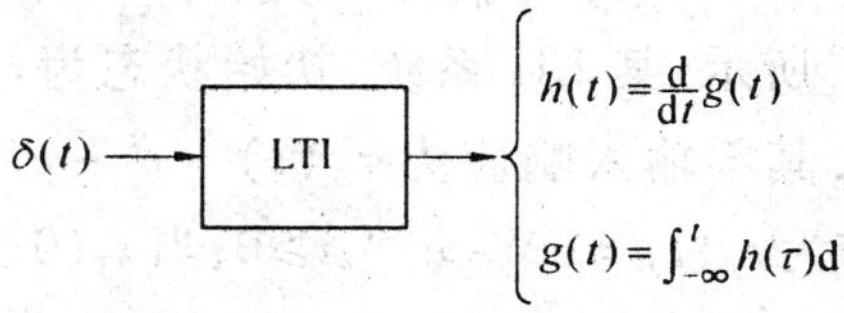

图 2.12　$h(t)$ 与 $g(t)$ 的关系

对于 LTI 系统，它的 $h(t)$ 满足以下微分方程

$$C_0h^{(n)}(t)+C_1h^{(n-1)}(t)+\cdots+C_{n-1}h'(t)+C_nh(t)=$$
$$E_0\delta^{(m)}(t)+E_1\delta^{(m-1)}(t)+\cdots+E_m\delta(t) \tag{2.14}$$

及起始状态 $h^{(k)}(0_-)=0(k=0,1,\cdots,n-1)$。由于 $\delta(t)$ 及其各阶跃导数在 $t\geqslant 0_+$ 时都等于零，因而在 $t\geqslant 0_+$ 时式(2.14)的自由项恒等于零，因此冲激响应 $h(t)$ 与齐次解的形式相同，且在 $n>m$ 时，$h(t)$ 可以表示为

$$h(t)=\left(\sum_{k=1}^{n}A_k e^{\delta_k t}\right)u(t) \tag{2.15}$$

若 $n\leqslant m$，则表达式还将含有 $\delta(t)$ 及其相应阶的导数 $\delta^{(n-m)}(t),\cdots,\delta'(t)$ 等，其中，常数 A_k $(k=1,2,\cdots,n)$，可以通过冲激函数匹配法求出 $h^k(0_+)$ 值，从而求得 A_k 各值。

【例 2.13】　系统的微分方程表示为

$$i''(t)+7i'(t)+10i(t)=e''(t)+6e'(t)+4e(t)$$

求 $h(t)$。

解法 1　当 $e(t)=\delta(t)$ 时，$i(t)=h(t)$，故

$$h''(t)+7h'(t)+10h(t)=\delta''(t)+6\delta'(t)+4\delta(t) \tag{1}$$

当 $t\geqslant 0_+$ 时，方程自由项为 0，式(1)变为齐次方程

$$h(t)=A_1e^{-2t}+A_2e^{-5t},\quad t\geqslant 0_+ \tag{2}$$

利用冲激函数匹配法求 $h(0_+)$ 和 $\frac{d}{dt}h(0_+)$，由于方程右端自由项 $\delta(t)$ 最高阶导数为 $\delta''(t)$，所以设

$$\begin{cases}h''(t)=a\delta''(t)+b\delta'(t)+c\delta(t)+d\Delta u(t)\\h'(t)=a\delta'(t)+b\delta(t)+c\Delta u(t)\\h(t)=a\delta(t)+b\Delta u(t)\end{cases}$$

代入方程后得

$$\left.\begin{aligned}&a=1\\&b+7a=6\\&c+7b+10a=4\end{aligned}\right\}\Rightarrow\begin{cases}a=1\\b=-1\\c=1\end{cases}$$

因为

$$h(0_+)-h(0_-)=b$$

所以

$$h(0_+)=b+h(0_-)=-1$$

又因为

$$h'(0_+)-h'(0_-)=c$$

所以

$$h'(0_+)=c+h'(0_-)=1$$

代入式(2)得

$$\left.\begin{aligned}A_1+A_2&=-1\\-2A_1-5A_2&=1\end{aligned}\right\}\Rightarrow\begin{cases}A_1=-\dfrac{4}{3}\\A_2=\dfrac{1}{3}\end{cases}$$

由分析可知，$h(t)$ 含有 $\delta(t)$，$a=1$，因此 $h(t)=\delta(t)+\left(-\frac{4}{3}e^{-2t}+\frac{1}{3}e^{-5t}\right)u(t)$

解法 2　根据方程

$$h''(t)+7h'(t)+10h(t)=\delta''(t)+6\delta'(t)+4\delta(t) \tag{3}$$

可设

$$h(t)=B\delta(t)+(A_1e^{-2t}+A_2e^{-5t})u(t) \tag{4}$$

代入式(3)可得

$$B=1,A_1=-\frac{4}{3},A_2=\frac{1}{3}$$

具体解法如下：

$$h'(t)=B\delta'(t)+(A_1+A_2)\delta(t)+(-2A_1e^{-2t}-5A_2e^{-5t})u(t)$$

$$h''(t)=B\delta''(t)+(A_1+A_2)\delta'(t)+(-2A_1-5A_2)\delta(t)+(4A_1e^{-2t}+25A_2e^{-5t})u(t)$$

将 $h''(t)$，$h'(t)$，$h(t)$ 代入式(3)得

$$B\delta''(t)+(A_1+A_2)\delta'(t)+(-2A_1-5A_2)\delta(t)+(4A_1e^{-2t}+25A_2e^{-5t})u(t)+$$
$$7B\delta'(t)+7(A_1+A_2)\delta(t)-(14A_1e^{-2t}+35A_2e^{-5t})u(t)+$$
$$10B\delta(t)+(10A_1e^{-2t}+10A_2e^{-5t})u(t)=$$

$\delta''(t)+6\delta'(t)+4\delta(t)\Rightarrow$

$B\delta''(t)+(A_1+A_2+7B)\delta'(t)+(5A_1+2A_2+10B)\delta(t)=\delta''(t)+6\delta'(t)+4\delta(t)$

解得

$$\left.\begin{array}{l}B=1\\A_1+A_2+7B=6\\5A_1+2A_2+10B=4\end{array}\right\}\Rightarrow\begin{cases}B=1\\A_1=-\dfrac{4}{3}\\A_2=\dfrac{1}{3}\end{cases}$$

所以

$$h(t)=\delta(t)+\left(-\frac{4}{3}\mathrm{e}^{-2t}+\frac{1}{3}\mathrm{e}^{-5t}\right)u(t)$$

用此方法必须注意，齐次解后必须带 $u(t)$，否则结果不正确。

解法3 利用 LTI 系统的线性微分性，先求

$h_1''(t)+7h_1'(t)+10h_1(t)=\delta(t)$ 的解 $h_1(t)$，再利用 $h(t)=h_1''(t)+6h_1'(t)+4h_1(t)$ 求出 $h(t)$。

由

$$h''_1(t)+7h'_1(t)+10h_1(t)=\delta(t) \tag{5}$$

当 $t>0$ 时，式(5)为

$$h''_1(t)+7h'_1(t)+10h_1(t)=0$$

$$h_1(t)=(A_1\mathrm{e}^{-2t}+A_2\mathrm{e}^{-5t})u(t)$$

将 $h_1(t)$ 代入式(5)得

$$h'_1(t)=(A_1\mathrm{e}^{-2t}+A_2\mathrm{e}^{-5t})\delta(t)+(-2A_1\mathrm{e}^{-2t}-5A_2\mathrm{e}^{-5t})u(t)=$$
$$(A_1+A_2)\delta(t)-(2A_1\mathrm{e}^{-2t}+5A_2\mathrm{e}^{-5t})u(t)$$

$$h''(t)=(A_1+A_2)\delta'(t)-[(2A_1+5A_2)\delta(t)-(4A_1\mathrm{e}^{-2t}+25A_2\mathrm{e}^{-5t})u(t)]$$

将 $h''(t)$，$h'(t)$，$h(t)$ 代入方程式(5)得

$(A_1+A_2)\delta'(t)-(2A_1+5A_2)\delta(t)+(4A_1\mathrm{e}^{-2t}+25A_2\mathrm{e}^{-5t})u(t)+7(A_1+A_2)\delta(t)-$
$(14A_1\mathrm{e}^{-2t}+35A_2\mathrm{e}^{-5t})u(t)+(10A_1\mathrm{e}^{-2t}+10A_2\mathrm{e}^{-5t})u(t)=\delta(t)$

由对比系数法得

$$\begin{cases}A_1+A_2=0\\5A_1+2A_2=1\end{cases}\Rightarrow\begin{cases}A_1=\dfrac{1}{3}\\A_2=-\dfrac{1}{3}\end{cases}$$

则

$$h_1(t)=\left(\frac{1}{3}\mathrm{e}^{-2t}-\frac{1}{3}\mathrm{e}^{-5t}\right)u(t)$$

所以

$h(t)=h''_1(t)+6h'_1(t)+4h_1(t)=$

$4\left(\frac{1}{3}\mathrm{e}^{-2t}-\frac{1}{3}\mathrm{e}^{-5t}\right)u(t)+6\left(-\frac{2}{3}\mathrm{e}^{-2t}+\frac{5}{3}\mathrm{e}^{-5t}\right)u(t)+\delta(t)+\left(\frac{4}{3}\mathrm{e}^{-2t}-\frac{25}{3}\mathrm{e}^{-5t}\right)u(t)=$

$\delta(t)+\left(-\frac{4}{3}\mathrm{e}^{-2t}+\frac{1}{3}\mathrm{e}^{-5t}\right)u(t)$

解法4 $h''_1(t)+7h'_1(t)+10h_1(t)=\delta(t)$

分析：由于方程等号右端含 $\delta(t)$，故 $h''_1(t)$ 含有 $\delta(t)$，$h'(t)$ 含有 $t\Delta u(t)$，对原方程两

端同时由 0_-，0_+ 进行积分得

$$\int_{0_-}^{0_+} h''_1(t)\,\mathrm{d}t + 7\int_{0_-}^{0_+} h'_1(t)\,\mathrm{d}t + \int_{0_-}^{0_+} 10h_1(t)\,\mathrm{d}t = \int_{0_-}^{0_+} \delta(t)\,\mathrm{d}t$$

$$[h'_1(0_+) - h'_1(0_-)] + 7[h'_1(0_+) - h'_1(0_-)] = 1$$

所以

$$h'_1(0_+) - h'_1(0_-) = 1 \Rightarrow h'_1(0_+) = h'_1(0_-) + 1 = 1$$

由于

$$h'_1(0_+) = 1, h'_1(0_+) = h'_1(0_-) + 1 = 1$$

$$h_1(0_+) = h_1(0_-) = 0$$

将初始化条件代入 $h_1(t) = (A_1\mathrm{e}^{-2t} + A_2\mathrm{e}^{-5t})u(t)$ 中得

$$\left.\begin{array}{l} h_1(0_+) = A_1 + A_2 = 0 \\ h'_1(0_+) = -2A_1 - 5A_2 = 1 \end{array}\right\} \Rightarrow \begin{cases} A_1 = \dfrac{1}{3} \\ A_2 = -\dfrac{1}{3} \end{cases}$$

所以

$$h_1(t) = \frac{1}{3}\mathrm{e}^{-2t} - \frac{1}{3}\mathrm{e}^{-5t}$$

由系统的阶跃响应 $g(t)$ 的微分方程

$$C_0 g^{(n)}(t) + C_1 g^{(n-1)}(t) + \cdots + C_{n-1}g'(t) + C_n g(t) =$$
$$E_0 y^{(m)}(t) + E_1 y^{(m-1)}(t) + \cdots + E_m y(t)$$

及起始状态 $g^{(k)}(0_-) = 0(k = 0,1,\cdots,n-1)$，可以看出方程右端的自由项含有 $\delta(t)$ 及其各阶导数，同时还包含阶跃函数 $u(t)$，因而阶跃响应中，除含齐次解形式之外，还应增加特解项。

【例 2.14】　求系统 $i''(t) + 7i'(t) + 10i(t) = e''(t) + 6e'(t) + 4e(t)$ 的阶跃响应 $g(t)$。

解　当 $e(t) = u(t)$ 时，则 $i(t) = g(t)$，$g(t)$ 满足的方程为

$g''(t) + 7g'(t) + 10g(t) = \delta'(t) + 6\delta(t) + 4u(t)$，及 $g(0_-) = g'(0_-) = 0$。当 $t \geqslant 0_+$，上方程变成 $g''(t) + 7g'(t) + 10g(t) = 4$，其解的形式为

$$g(t) = A_1\mathrm{e}^{-2t} + A_2\mathrm{e}^{-5t} + B,\quad t \geqslant 0_+ \tag{1}$$

设特解为 $g_\mathrm{p}(t) = B$，对 $t \geqslant 0_+$ 代入方程

$$10B = 4 \Rightarrow B = \frac{2}{5} \tag{2}$$

利用冲激函数匹配法求常数 A_1，A_2

$$\begin{cases} g''(t) = a\delta'(t) + b\delta(t) + c\Delta u(t) \\ g'(t) = a\delta(t) + b\Delta u(t) \\ g(t) = a\Delta u(t) \end{cases} \tag{3}$$

代入原方程得

$$\begin{cases} a = 1 \\ b + 7a = 6 \\ c + 7b + 10a = 4 \end{cases} \Rightarrow \begin{cases} a = 1 \\ b = -1 \\ c = 1 \end{cases} \Rightarrow \begin{cases} g(0_+) = a + g(0_-) = 1 \\ g'(0_+) = b + g'(0_-) = -1 \end{cases} \tag{4}$$

代入方程得

$$\begin{cases} A_1 + A_2 + \dfrac{2}{5} = 1 \\ -2A_1 - 5A_2 = -1 \end{cases} \Rightarrow \begin{cases} A_1 = \dfrac{2}{3} \\ A_2 = -\dfrac{1}{15} \end{cases} \tag{5}$$

$$g(t)=\left(\frac{2}{3}e^{-2t}-\frac{1}{15}e^{-5t}+\frac{2}{5}\right)u(t) \tag{6}$$

当然 $g(t)$ 也可由 $g(t)=\int_{-\infty}^{t}h(\tau)d\tau$ 求得。

本节介绍了时域分析法求系统的冲激响应和阶跃响应，可以说时域分析法比较直观，物理概念明确，但求解较烦琐。应用拉普拉斯变换法求解系统的冲激响应和阶跃响应会更简捷方便，此处的时域分析法也为后续学习变换域分析法提供了基础。

2.6 卷　　积

前节介绍了求解系统对于单位冲激信号与单位阶跃信号特殊激励下的零状态响应。我们本节要研究的问题是：对于一般的 LTI 系统，若输入信号任意，且冲激响应已知，如何求取系统的零状态响应。这里引入卷积的定义。

1. 任意两个信号 $f_1(t)$ 和 $f_2(t)$ 的卷积定义

$$f(t)=\int_{-\infty}^{+\infty}f_1(\tau)f_2(t-\tau)d\tau=f_1(t)*f_2(t) \tag{2.16}$$

设系统的激励信号为 $e(t)$，冲激响应为 $h(t)$，则系统的零状态响应为

$$r(t)=e(t)*h(t)=\int_{-\infty}^{+\infty}e(\tau)h(t-\tau)d\tau \tag{2.17}$$

2. 任意信号的冲激表示

冲激信号的一个重要应用就是任意信号 $f(t)$ 均可以表示为无穷多个冲激信号的线性组合。如图 2.13 所示，此窄脉冲可表示为：

当 $t=\tau$，脉高为 $f(\tau)$，脉宽为 $\Delta\tau$，存在区间 $u(t-\tau)-u(t-\tau-\Delta\tau)$ 时，此窄脉冲可表示为 $f(\tau)[u(t-\tau)-u(t-\tau-\Delta\tau)]$。

τ 从 $-\infty$ 到 $+\infty$，$f(t)$ 可表示为许多窄脉冲的叠加

$$f(t)=\sum_{\tau=-\infty}^{+\infty}f(\tau)[u(t-\tau)-u(t-\tau-\Delta\tau)]=$$
$$\sum_{\tau=-\infty}^{+\infty}f(\tau)\frac{[u(t-\tau)-u(t-\tau-\Delta\tau)]}{\Delta\tau}\cdot\Delta\tau$$

令 $\Delta\tau\to 0$

$$\lim_{\Delta\tau\to 0}\frac{[u(t-\tau)-u(t-\tau-\Delta\tau)]}{\Delta\tau}=\frac{du(t-\tau)}{dt}=\delta(t-\tau),\quad \Delta\tau\to d\tau,\ \sum_{\tau=-\infty}^{+\infty}\to\int_{\tau=-\infty}^{+\infty}$$

所以

$$f(t)=\int_{-\infty}^{+\infty}f(\tau)\delta(t-\tau)d\tau$$

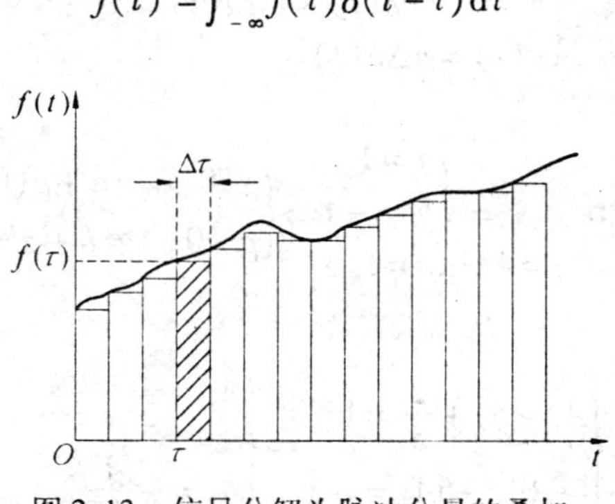

图 2.13　信号分解为脉冲分量的叠加

此式为出现在不同时刻、不同强度的冲激函数的和。

3. 卷积的运算步骤与求解方法

(1)换自变量：将两信号的时间变量 t 换为τ。

(2)反折：把其中的一个信号反折。

(3)移位：将反折后的信号做位移，移位量是 t，$t>0$ 时图形右移；$t<0$ 时图形左移。

(4)相乘：两信号重叠部分相乘。

(5)积分：完成相乘后图形的积分。

计算积分的方法有图形法和公式法两种。

【例 2.15】　用图形法求以下两个函数的卷积 $f(t)=f_1(t)*f_2(t)$。

解　解题过程如图 2.14 所示。

(1)当 $t<0$ 时，$f_1(t)$ 与 $f_2(t)$ 无交叠，故 $f(t)=0$

(2)当 $0<t<1$ 时，$f(t)=\int_0^t 1\times 2\mathrm{d}\tau=2t$

(3)当 $1<t<2$ 时，$f(t)=\int_{t-1}^t 1\times 2\mathrm{d}\tau=2$

(4)当 $2<t<3$ 时，$f(t)=\int_{t-1}^2 1\times 2\mathrm{d}\tau=6-2t$

(5)当 $t>3$ 时，$f(t)=0$

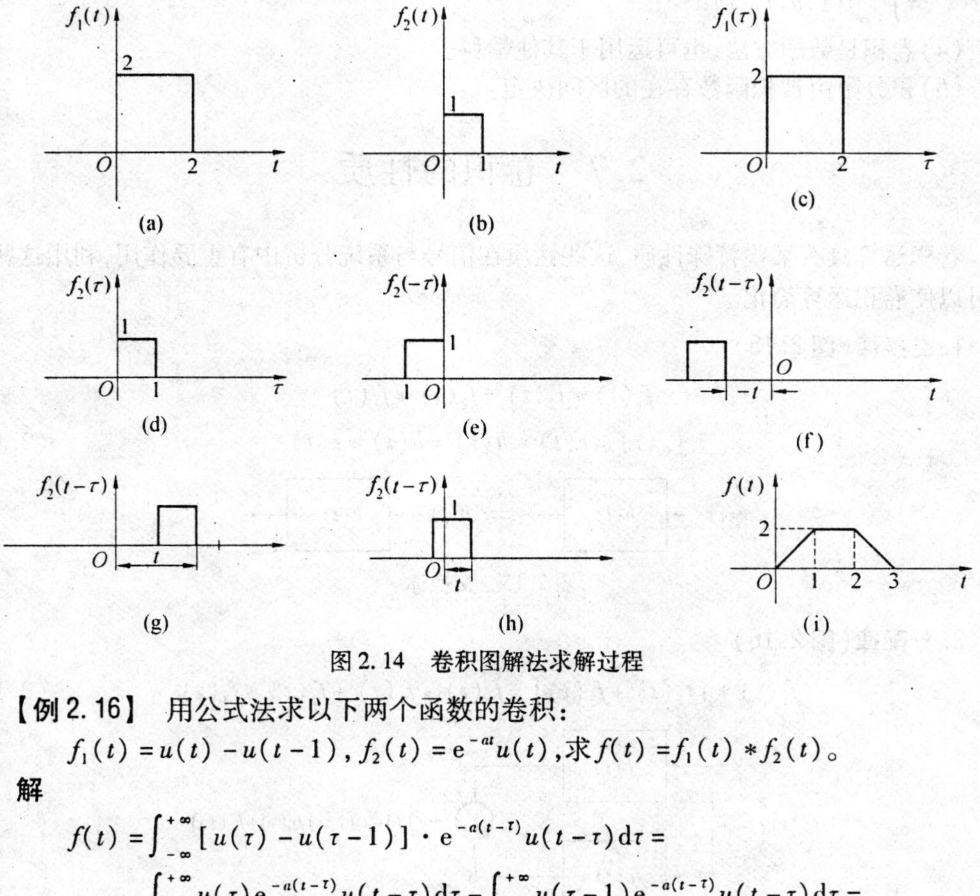

图 2.14　卷积图解法求解过程

【例 2.16】　用公式法求以下两个函数的卷积：

$f_1(t)=u(t)-u(t-1)$，$f_2(t)=\mathrm{e}^{-at}u(t)$，求 $f(t)=f_1(t)*f_2(t)$。

解

$$f(t)=\int_{-\infty}^{+\infty}[u(\tau)-u(\tau-1)]\cdot \mathrm{e}^{-a(t-\tau)}u(t-\tau)\mathrm{d}\tau=$$

$$\int_{-\infty}^{+\infty}u(\tau)\mathrm{e}^{-a(t-\tau)}u(t-\tau)\mathrm{d}\tau-\int_{-\infty}^{+\infty}u(\tau-1)\mathrm{e}^{-a(t-\tau)}u(t-\tau)\mathrm{d}\tau=$$

$$\int_0^t e^{-a(t-\tau)}\mathrm{d}\tau - \int_1^t e^{-at}\mathrm{d}\tau =$$

$$e^{-at}\frac{1}{a}[e^{a\tau}]\Big|_0^t - e^{-at}\frac{1}{a}[e^{a\tau}]\Big|_1^t =$$

$$\frac{1}{a}[1-e^{-at}]u(t) - \frac{1}{a}[1-e^{-a(t-1)}]u(t-1)$$

用图解法求卷积较直观,尤其是函数式复杂时,用图形分段求出定积分限尤为方便准确。实际应用中,往往将解析式与图解法结合起来求解。

4. 对卷积积分的几点认识

$$对于\ r(t)=\int_{-\infty}^{+\infty}e(\tau)h(t-\tau)\mathrm{d}\tau$$

(1)t 为观察响应的时刻,是积分的参变量;τ为信号作用的时刻,是积分变量,从因果关系看,必定有 $t\geqslant\tau$。

(2)分析信号是手段,卷积中没有冲激形式,但有其内容,$\Delta\tau f(\tau)$是 $h(t-\tau)$的加权求和,即 $\mathrm{d}\tau f(\tau)$是 $h(t-\tau)$的加权积分。

(3)卷积是系统分析中的重要方法,通过冲激响应 $h(t)$建立了响应 $r(t)$与激励 $e(t)$之间的关系。一般数学表示为 $g(t)=\int_{-\infty}^{+\infty}f_1(\tau)f_2(t-\tau)\mathrm{d}\tau$,信号无起因时可表示为下式,即 $g(t)=\int_{-\infty}^{+\infty}f(\tau)h(t-\tau)\mathrm{d}\tau$。

(4)卷积是数学方法,也可运用于其他学科。

(5)积分限由被积函数存在的区间决定。

2.7 卷积的性质

卷积运算具有某些特殊性质,这些性质在信号与系统分析中有重要作用,利用这些性质可以使卷积运算简化。

1. 交换律(图 2.15)

$$f_1(t)*f_2(t)=f_2(t)*f_1(t)$$

$$y_{zs}(t)=e(t)*h(t)=h(t)*e(t) \tag{2.18}$$

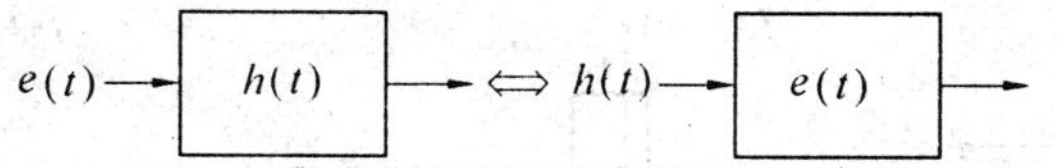

图 2.15 交换律

2. 分配律(图 2.16)

$$f_1(t)*[f_2(t)+f_3(t)]=f_1(t)*f_2(t)+f_1(t)*f_3(t) \tag{2.19}$$

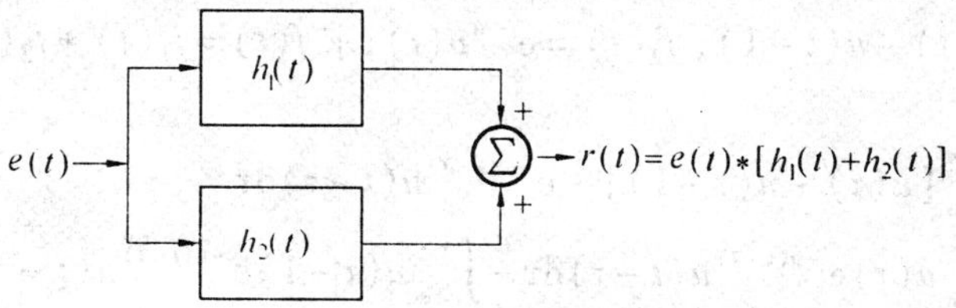

图 2.16 分配律

3. 结合律(图 2.17)

$$[f_1(t)*f_2(t)]*f_3(t)=f_1(t)*[f_2(t)*f_3(t)] \tag{2.20}$$

结合律用于系统分析,相当于串联系统的总的冲激响应,系统组成串联系统的各子系统冲激响应的卷积。

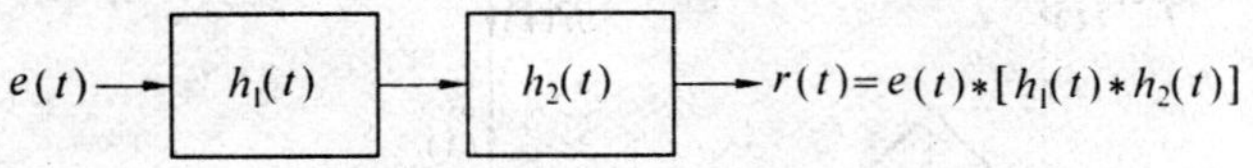

图 2.17　结合律

4. 卷积的微分与积分

$$\frac{\mathrm{d}}{\mathrm{d}t}[f_1(t)*f_2(t)]=f_1(t)*\frac{\mathrm{d}f_2(t)}{\mathrm{d}t}=\frac{\mathrm{d}f_1(t)}{\mathrm{d}t}*f_2(t)$$

即两函数卷积后的导数,等于其中一函数的导数与另一函数的卷积。

证

$$\frac{\mathrm{d}}{\mathrm{d}t}[f_1(t)*f_2(t)]=\frac{\mathrm{d}}{\mathrm{d}t}\int_{-\infty}^{\infty}f_1(\tau)f_2(t-\tau)\mathrm{d}\tau=$$

$$\int_{-\infty}^{\infty}f_1(\tau)\frac{\mathrm{d}f_2(t-\tau)}{\mathrm{d}t}\mathrm{d}\tau=$$

$$f_1(t)*\frac{\mathrm{d}f_2(t)}{\mathrm{d}t}$$

同理可证

$$\frac{\mathrm{d}}{\mathrm{d}t}[f_2(t)*f_1(t)]=\frac{\mathrm{d}f_1(t)}{\mathrm{d}t}*f_2(t)$$

5. 与冲激函数或阶跃函数的卷积

函数 $f(t)$ 与单位冲激函数 $\delta(t)$ 卷积结果仍是 $f(t)$ 本身。

$$f(t)*\delta(t)=\int_{-\infty}^{+\infty}f(\tau)\delta(t-\tau)\mathrm{d}\tau=\int_{-\infty}^{+\infty}f(\tau)\delta(\tau-t)\mathrm{d}\tau=f(t) \tag{2.21}$$

$$f(t)*\delta(t-t_0)=f(t-t_0) \tag{2.22}$$

注意与 $f(t)\cdot\delta(t)=f(0)\delta(t)$ 的区别:$f(t)$ 与 $\delta(t-t_0)$ 信号相卷积的结果,相当于把函数本身延迟 t_0。利用卷积的微分、积分特性不难得到以下结论:

$$f(t)*\delta'(t)=f'(t) \tag{2.23}$$

$$f(t)*u(t)=\int_{-\infty}^{t}f(\lambda)\mathrm{d}\lambda \tag{2.24}$$

$$f(t)*\delta^{(K)}(t)=f^{(K)}(t) \tag{2.25}$$

$$f(t)*\delta^{(K)}(t-t_0)=f^{(K)}(t-t_0) \tag{2.26}$$

式中,K 表示求导或取重积分的次数,K 取正整数时表示导数阶次,K 取负整数时表示重积分的次数。

【例 2.17】　已知 $f(t)$,$h(t)$ 如图 2.18(a),(b)所示,求 $g(t)=f(t)*h(t)$。

解　$$g(t)=f^{(-1)}(t)*h^{(1)}(t)=\begin{cases}t, & 0<t\leqslant 1\\ 3-2t, & 1<t\leqslant 2\\ t-3, & 2<t\leqslant 3\end{cases}$$

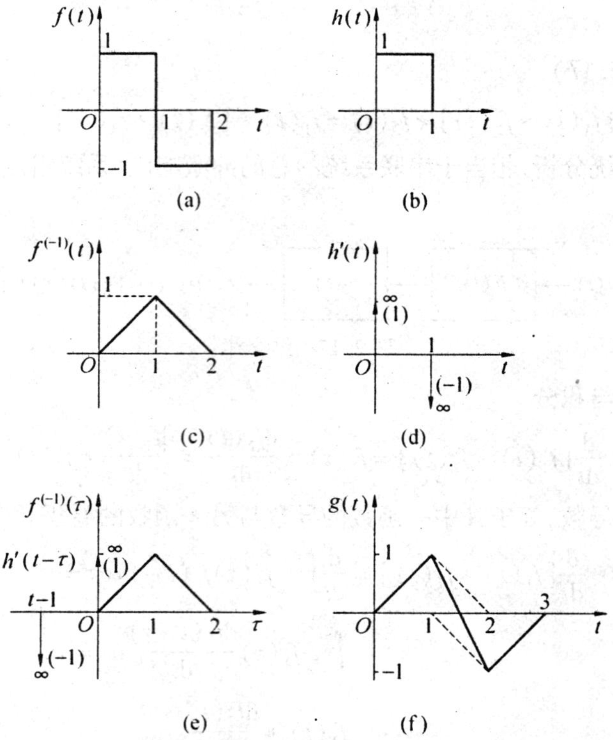

图 2.18　利用卷积性质求解过程

【例 2.18】 $f_1(t)=\cos\omega t, f_2(t)=\delta(t+1)-\delta(t-1)$，求两个函数的卷积。

解　利用$f(t)*\delta(t-t_0)=f(t-t_0)$的性质，可得

$$\cos\omega t*[\delta(t+1)-\delta(t-1)]=\cos[\omega(t+1)]-\cos[\omega(t-1)]$$

2.8　用算子符号表示微分方程

在连续系统时域分析法中，求解的是一个高阶微分方程或一组联系微分方程，如果把经常出现的微分、积分用下述算子符号表示

$$P=\frac{\mathrm{d}}{\mathrm{d}t},\quad \frac{1}{P}=\int_{-\infty}^{t}(\cdot)\mathrm{d}\tau$$

则

$$C_0r^{(n)}(t)+C_1r^{(n-1)}(t)+\cdots+C_nr(t)=E_0e^{(m)}(t)+E_1e^{(m-1)}(t)+\cdots+E_m e(t) \tag{2.27}$$

可表示为

$$C_0P^nr(t)+C_1P^{n-1}r(t)+\cdots+C_nr(t)=E_0P^me(t)+E_1P^{m-1}e(t)+\cdots+E_me(t) \tag{2.28}$$

或简化为

$$(C_0P^n+C_1P^{n-1}+\cdots+C_n)r(t)=(E_0P^m+E_1P^{m-1}+\cdots+E_m)e(t) \tag{2.29}$$

若令　$D(p)=C_0P^n+C_1P^{n-1}+\cdots+C_n, N(p)=E_0P^m+E_1P^{m-1}+\cdots+E_m$

则式(2.29)可化为

$$D(p)[r(t)]=N(p)[e(t)] \tag{2.30}$$

这就是高阶微分方程的算子符号表示。

1. 算子符号的基本规则

$D(p)$，$N(p)$算子多项式仅是一种运算符号，代数方程中的运算规则，有的适用于算子多项式，有的不适用于算子多项式。

(1)算子多项式可以进行因式分解，但不能进行因子相消。

$$(P+3)(P+2)=P^2+5P+6$$

$$Px=Py\text{（左右算子符号不能消去）}$$

推广到一般情况：算子符号 P 多项式的等式两端公共因子不能随意消去。

(2)算子的乘除顺序不可随意颠倒，即

$$P\frac{1}{P}x\neq\frac{1}{P}Px$$

理由是

$$P\frac{1}{P}x=\frac{\mathrm{d}}{\mathrm{d}t}\int_{-\infty}^{t}x\mathrm{d}\tau=x$$

而

$$\frac{1}{P}Px=\int_{-\infty}^{t}\left(\frac{\mathrm{d}}{\mathrm{d}t}x\right)\mathrm{d}\tau=x(t)-x(-\infty)\neq x$$

2. 用算子符号建立微分方程

【例 2.19】 用算子符号法建立如图 2.19(a)所示系统的微分方程。

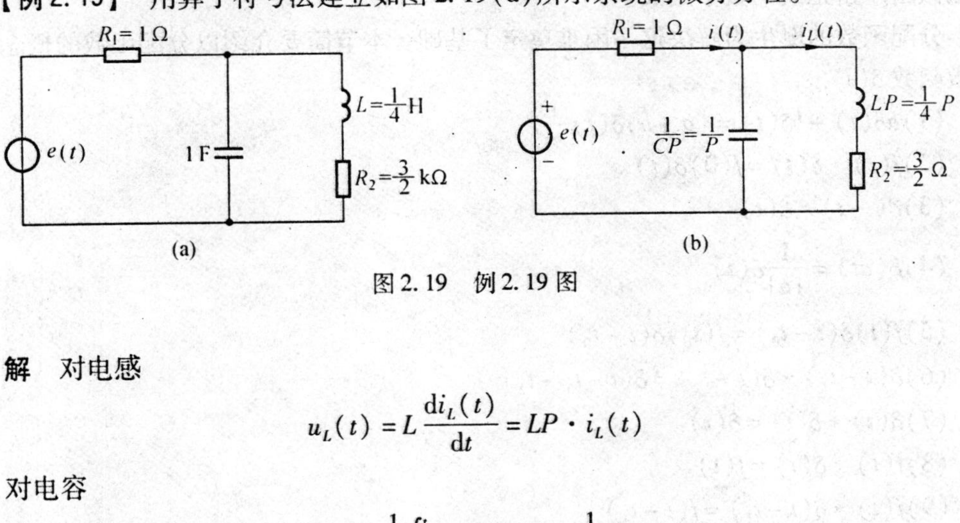

图 2.19　例 2.19 图

解　对电感

$$u_L(t)=L\frac{\mathrm{d}i_L(t)}{\mathrm{d}t}=LP\cdot i_L(t)$$

对电容

$$u_C(t)=\frac{1}{C}\int_{-\infty}^{t}i_C(\tau)\mathrm{d}\tau=\frac{1}{CP}i_C(t)$$

其中$\frac{1}{CP}$，LP 是算子符号表示的等效电感感抗值和等效电容的容抗值，故图 2.19(a)所示的电路图用算子符号表示为图 2.19(b)。

$$\begin{cases}\left(1+\frac{1}{P}\right)i(t)-\frac{1}{P}i_L(t)=e(t)\\-\frac{1}{P}i(t)+\left(\frac{1}{4}P+\frac{3}{2}+\frac{1}{P}\right)i_L(t)=0\end{cases}\tag{1}$$

解得

$$[P^2+7P+10]i(t)=(P^2+6P+4)e(t) \tag{2}$$

故微分方程为

$$i''(t)+7i'(t)+10i(t)=e''(t)+6e'(t)+4e(t) \tag{3}$$

3. 传输算子概念

用输入－输出法描述系统时，其算子表示式为

$$D(p)r(t)=N(p)e(t)$$

$r(t)=\dfrac{N(p)}{D(p)}\cdot e(t)$，$H(p)=\dfrac{N(p)}{D(p)}$为传输算子。一些有用的系统特性可以通过对$H(p)$分析而得出。

算子符号表示，提供了简单易行的辅助分析手段，但本质上与经典分析系统相同，形式上又与后面的拉普拉斯变换类似。

2.9 以“分配函数”的概念认识冲激函数$\delta(t)$

我们曾就冲激函数的物理概念及其三种形式的定义作了说明，但是，从数学上来说是不严格的。由于冲激函数及全部奇异函数在信号与系统分析中的重要作用，因而有必要对此做出严密正规的数学定义。

分配函数的诞生为解决这一困难奠定了基础。本节简要介绍以分配函数的概念认识冲激函数$\delta(t)$。

(1)$a\delta(t)+b\delta(t)=(a+b)\delta(t)$

(2)$f(t)\cdot\delta(t)=f(0)\delta(t)$

(3)$\delta(-t)=\delta(t)$

(4)$\delta(at)=\dfrac{1}{|a|}\delta(t)$

(5)$f(t)\delta(t-t_0)=f(t_0)\delta(t-t_0)$

(6)$\delta(t-t_1)*\delta(t-t_2)=\delta(t-t_1-t_2)$

(7)$\delta(t)*\delta(t)=\delta(t)$

(8)$f(t)*\delta(t)=f(t)$

(9)$f(t)*\delta(t-t_1)=f(t-t_1)$

(10)$\delta[f(t)]$中的$f(t)$是普通函数，若$f(t)=0$有n个互不相等的实根$t_1,t_2,\cdots,t_n$，则有

$$\delta[f(t)]=\sum_{i=1}^{n}\frac{1}{|f'(t_i)|}\delta(t-t_i)$$

【例2.20】 化简$\delta(t^2-a^2)$。

解 $t^2-a^2=0$有两个实根

$$t_1=-a,t_2=a$$

$$f'(t_1)=(t^2-a^2)'\Big|_{t=-a}=-2a$$

$$f'(t_2)=(t^2-a^2)'\Big|_{t=a}=2a$$

(11) $u(t)=\int_{-\infty}^{t}\delta(\tau)\mathrm{d}\tau$

(12) $\delta'(-t)=-\delta'(t)$

(13) $f(t)\delta'(t)=f(0)\delta'(t)-f'(0)\delta(t)$

(14) $f(t)\delta'(t-t_0)=f(t_0)\delta'(t-t_0)-f'(t_0)\delta(t-t_0)$

(15) $\delta'(at)=\frac{1}{|a|}\cdot\frac{1}{a}\delta'(t)$

(16) $\delta^{(K)}(at)=\frac{1}{|a|}\cdot\frac{1}{a^K}\delta^{(K)}(t)$

若 $a=-1$，则有

$$\delta^{(K)}(-t)=(-1)^K\delta^{(K)}(t)$$

(17) $f(t)\delta'(-t)=f'(t)$

第3章 连续信号的频域分析

3.1 信号的正交函数表示法

对一个系统来说，我们希望它处理的信号越简单越好，可以这样设想，如果一个复杂信号能够分解为简单信号，然后根据线性系统的叠加性，整个系统的响应便是这些简单信号通过系统产生响应之和。已经研究证实：可以将信号$f(t)$表示为一组基本时间函数的线性组合，这些基本时间函数，简称基函数。设选定的基函数为$\phi_0(t),\phi_1(t),\phi_2(t),\cdots,\phi_N(t)$，其中$N$可以为无穷大，任意函数$f(t)$就可以表示为这组基函数的线性组合，即

$$f(t)=\sum_n a_n\phi_n(t) \tag{3.1}$$

式中，下标n取任意整数。这样要表示一个任意信号，就变成如何选择最佳的基函数集$\{\phi_n(t)\}$和确定相应的系数a_n的问题了。

为了得到系数a_n，在表示式成立的定义域内要求基函数集$\{\phi_n(t)\}$必须是正交函数集，即函数集内各个函数之间具有正交性。下面将介绍正交函数和正交函数集。

3.1.1 正交矢量

信号分解为正交函数分量，与矢量分解为正交矢量的原理相似。我们首先回顾矢量分解的概念，然后引出正交函数和正交函数集的概念。

在平面上，两个矢量正交是指两个矢量相互垂直。如图3.1(a)所示的$\boldsymbol{A}_1$和$\boldsymbol{A}_2$是正交的，它们之间的夹角为90°。显然，平面空间两个矢量正交的条件是

$$\boldsymbol{A}_1\cdot\boldsymbol{A}_2=0 \tag{3.2}$$

这样，可将一个平面中任意矢量$\boldsymbol{A}$，在直角坐标系中分解为两个正交矢量的组合

$$\boldsymbol{A}=\boldsymbol{C}_1\boldsymbol{A}_1+\boldsymbol{C}_2\boldsymbol{A}_2 \tag{3.3}$$

同理，对一个三维空间中的矢量$\boldsymbol{A}$必须用三维的正交矢量集$\{\boldsymbol{A}_1,\boldsymbol{A}_2,\boldsymbol{A}_3\}$来表示，如图3.1(b)所示。有

$$\boldsymbol{A}=\boldsymbol{C}_1\boldsymbol{A}_1+\boldsymbol{C}_2\boldsymbol{A}_2+\boldsymbol{C}_3\boldsymbol{A}_3 \tag{3.4}$$

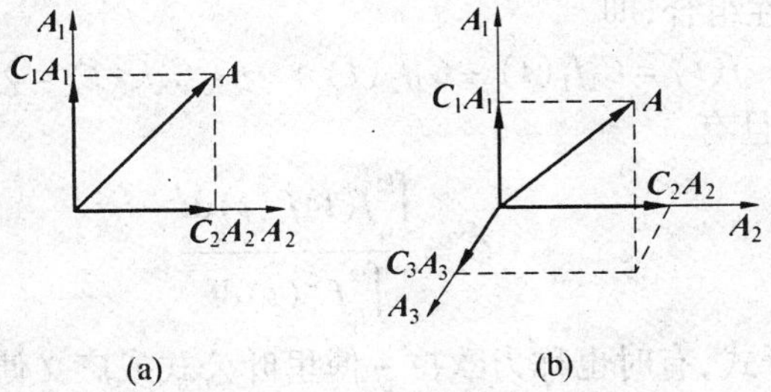

图 3.1　正交矢量

其中 $\boldsymbol{A}_1,\boldsymbol{A}_2,\boldsymbol{A}_3$ 相互正交。

上述概念可推广到 n 维空间，即

$$\boldsymbol{A}=\boldsymbol{C}_1\boldsymbol{A}_1+\boldsymbol{C}_2\boldsymbol{A}_2+\cdots+\boldsymbol{C}_n\boldsymbol{A}_n$$

虽然 n 维矢量空间并不存在于客观世界，但是许多物理问题可以借助于这个概念去处理。

3.1.2　正交函数与正交函数集

正交矢量分解的概念可推广应用于信号分析，信号常以时间函数来表示，故信号的分解，也就是时间函数的分解。仿照矢量正交概念，也可定义函数的正交。

设函数 $f_1(t)$ 和 $f_2(t)$ 是定义在区间 (t_1,t_2) 上的两个函数（信号），若在 (t_1,t_2) 区间上有

$$\int_{t_1}^{t_2}f_1(t)f_2(t)\,\mathrm{d}t=0 \tag{3.5}$$

则称 $f_1(t)$ 和 $f_2(t)$ 在 (t_1,t_2) 内正交。

如果所讨论的函数 $f_1(t)$ 和 $f_2(t)$ 是复变函数，则两复函数 $f_1(t)$ 和 $f_2(t)$ 在区间 (t_1,t_2) 内相互正交的条件是

$$\int_{t_1}^{t_2}f_1(t)f_2^*(t)\,\mathrm{d}t=\int_{t_1}^{t_2}f_1^*(t)f_2(t)\,\mathrm{d}t=0 \tag{3.6}$$

式中，$f_1^*(t)$，$f_2^*(t)$ 分别是 $f_1(t)$ 和 $f_2(t)$ 的复共轭函数。

设 $f_1(t)$，$f_2(t)$，$\cdots$，$f_n(t)$，n 个函数构成一个函数集，若这些函数在区间 (t_1,t_2) 内满足下列条件

$$\begin{cases}\int_{t_1}^{t_2}f_i(t)f_j(t)\,\mathrm{d}t=0, & i\neq j\\ \int_{t_1}^{t_2}f_i^2(t)\,\mathrm{d}t=K_i\end{cases} \tag{3.7}$$

则 $\{f_1(t),f_2(t),\cdots,f_n(t)\}$ 在 (t_1,t_2) 内称为正交函数集，其中 K_i 为一常数。当 $K_i=1$ 时，则称为归一化正交函数集或规格化正交函数集。

3.1.3　完备正交函数集

如果在正交函数集 $\{f_1(t),f_2(t),\cdots,f_n(t)\}$ 之外，找不到另外一个非零函数与该函数集 $\{f_i(t)\}$ 中每一个函数都正交，则称该函数集为完备正交函数集，否则为不完备正交函数集。

对于完备正交函数集，有两个重要定理。

定理 3.1　设函数集 $\{f_1(t),f_2(t),\cdots,f_n(t)\}$ 在 (t_1,t_2) 区间内是某一类信号（函数）的完备正交函数集，则这一类信号中的任何一个信号 $f(t)$ 都可以精确地表示为 $\{f_1(t),$

$f_2(t),\cdots,f_n(t)\}$的线性组合,即

$$f(t)=C_1f_1(t)+C_2f_2(t)+\cdots+C_nf_n(t)=\sum C_if_i(t) \tag{3.8}$$

式中,C_i 为加权系数,且有

$$C_i=\frac{\int_{t_1}^{t_2}f(t)f_i(t)\mathrm{d}t}{\int_{t_1}^{t_2}f_i^2(t)\mathrm{d}t} \tag{3.9}$$

式(3.8)常称正交展开式,有时也称为欧拉－傅里叶公式或广义傅里叶级数,C_i 称为傅里叶级数系数。

【例 3.1】 已知余弦函数集$\{\cos t,\cos 2t,\cdots,\cos nt\}$($n$ 为整数):

(1)证明该函数集在区间$(0,2\pi)$内为正交函数集;

(2)该函数集在区间$(0,2\pi)$内是否是完备正交函数集;

(3)该函数集在区间$(0,\pi/2)$内是否是正交函数集。

解 (1)因为当 $i\neq j$ 时,

$$\int_0^{2\pi}\cos it\cos jt\mathrm{d}t=\frac{1}{2}\left[\frac{\sin(i+j)t}{i+j}+\frac{\sin(i-j)t}{i-j}\right]\Bigg|_0^{2\pi}=0$$

当 $i=j$ 时,

$$\int_0^{2\pi}\cos it\cos jt\mathrm{d}t=\pi$$

可见该函数集在区间$(0,2\pi)$内满足式(3.7),故它在区间$(0,2\pi)$内是一个正交函数集。

(2)因为对于非零函数 $\sin t$,有

当 $n\neq1$ 时

$$\int_0^{2\pi}\sin t\cos nt\mathrm{d}t=0$$

当 $n=1$ 时

$$\int_0^{2\pi}\sin t\cos nt\mathrm{d}t=0$$

即 $\sin t$ 在区间$(0,2\pi)$内与$\{\cos nt\}$正交。故函数集$\{\cos nt\}$在区间$(0,2\pi)$内不是完备正交函数集。

(3)当 $i\neq j$ 时,

$$\int_0^{\pi/2}\cos it\cos jt\mathrm{d}t=\frac{1}{i^2-j^2}\left[i\sin\frac{i\pi}{2}\cos\frac{j\pi}{2}-j\cos\frac{i\pi}{2}\sin\frac{j\pi}{2}\right]$$

对于任意整数 i,j,此式并不恒等于零。因此,根据正交函数集的定义,该函数集$\{\cos nt\}$在区间$\{0,\frac{\pi}{2}\}$内不是正交函数集。

由上例可以看到,一个函数集是否正交,与它所在区间有关,在某一区间可能正交,而在另一区间又可能不正交。另外,在判断函数集正交时,是指函数集中所有函数应两两正交,不能由一个函数集中的某 n 个函数相互正交,就判断该函数集是正交函数集。

3.1.4 常见的完备正交函数集

下面介绍几种常见的完备正交函数集。

1. 三角函数集

函数 $1,\cos\Omega_1t,\cos2\Omega_1t,\cdots,\cos n\Omega_1t,\cdots,\sin\Omega_1t,\sin2\Omega_1t,\cdots,\sin n\Omega_1t,\cdots$,在区间

(t_0, t_0+T_1)内，有

$$\int_{t_0}^{t_0+T_1}\cos n\Omega_1 t\cos m\Omega_1 t\mathrm{d}t=\begin{cases}0, & n\neq m\\ T_1/2, & n=m\\ T_1, & n=m=0\end{cases}$$

$$\int_{t_0}^{t_0+T_1}\sin n\Omega_1 t\sin m\Omega_1 t\mathrm{d}t=\begin{cases}0, & n\neq m\\ T_1/2, & n=m\\ 0, & n=m=0\end{cases}$$

$$\int_{t_0}^{t_0+T_1}\sin n\Omega_1 t\cos m\Omega_1 t\mathrm{d}t=0$$

式中，$T_1=\dfrac{2\pi}{\Omega_1}$。

可见在区间(t_0, t_0+T_1)内，三角函数集$\{\cos n\Omega t, \sin m\Omega t\}$对于周期为$T_1$的信号组成正交函数集，而且是完备的正交函数集。

2. 复指数函数集

函数集$e^{jn\Omega_1 t}$，$n=0, \pm1, \pm2, \cdots$，是一个复变函数集，在区间(t_0, t_0+T_1)内，也是一个完备的正交函数集。

3. 沃尔什(Walsh)函数集

$Wal(k,t)$在区间(0,1)内，对于周期为1的一类信号来说是一个完备的正交函数集。图3.2示出了前6个沃尔什函数波形。

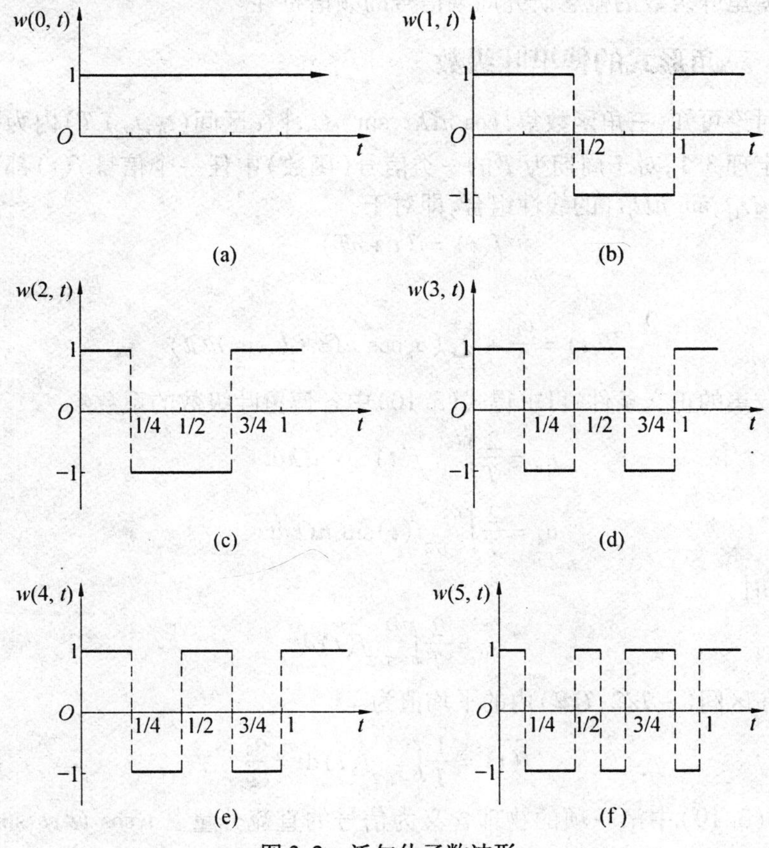

图3.2　沃尔什函数波形

3.2 傅里叶级数

在信号分析中,为了简化信号特征参数的提取,经常将信号从时域表示转移到某一变换域表示,在电子技术中,经常用到的是连续时间信号的傅里叶变换和拉普拉斯变换以及离散时间信号的 Z 变换。本节将讨论周期信号的傅里叶级数及其周期信号频谱分析等方面的问题。

周期信号是定义在$(-\infty,+\infty)$区间,每隔一定时间 T,按相同规律重复变化的信号。一般表示为

$$f(t)=f(t+nT),\quad n=0,\pm 1,\pm 2,\cdots$$

式中,T 为该信号的重复周期,其倒数称为该信号的频率,记为

$$f=\frac{1}{T}$$

或角频率

$$\Omega=\frac{2\pi}{T}=2\pi f$$

对于非正弦周期函数,根据定理 3.1,可以用在区间(t_0,t_0+T)内完备的正交函数集来表示。如果选用三角函数集或指数函数集,则周期信号所展成的级数就是傅里叶级数,本节将利用傅里叶级数的概念研究周期信号的频谱特性。

3.2.1 三角形式的傅里叶级数

由上节讨论可知,三角函数集$\{\cos n\Omega_1 t,\sin n\Omega_1 t\}$在区间$(t_0,t_0+T)$内为完备正交函数集。根据定理 3.1,对于周期为 T 的一类信号(函数)中任一个信号 $f(t)$ 都可以精确地表示为$\{\cos n\Omega_1 t,\sin n\Omega_1 t\}$的线性组合,即对于

$$f(t)=f(t+nT)$$

有

$$f(t)=\frac{a_0}{2}+\sum_{n=1}^{+\infty}(a_n\cos n\Omega t+b_n\sin n\Omega t) \tag{3.10}$$

根据正交函数集的正交条件,可求得式(3.10)中各傅里叶级数的系数

$$a_n=\frac{2}{T}\int_{-T/2}^{T/2}f(t)\cos n\Omega t\mathrm{d}t \tag{3.11}$$

$$b_n=\frac{2}{T}\int_{-T/2}^{T/2}f(t)\sin n\Omega t\mathrm{d}t \tag{3.12}$$

当 $n=0$ 时

$$a_0=\frac{2}{T}\int_{-T/2}^{T/2}f(t)\,\mathrm{d}t \tag{3.13}$$

而函数 $f(t)$ 在区间$(-T/2,T/2)$内的平均值为

$$\overline{f(t)}=\frac{1}{T}\int_{-T/2}^{T/2}f(t)\,\mathrm{d}t=\frac{a_0}{2}$$

因此,式(3.10)中第一项的物理含义为信号的直流分量。$a_1\cos\Omega t$,$b_1\sin\Omega t$ 称为基

波分量，$\Omega=\frac{2\pi}{T}$为基波频率；$a_n\cos n\Omega t$，$b_n\sin n\Omega t$ 称 n 次谐波分量，$n\Omega$ 称为 n 次谐波频率。

式(3.10)称为周期信号 $f(t)$ 的三角型傅里叶级数展开式。若将式(3.10)中同频率项加以合并，还可写成另一种形式，即

$$f(t)=\frac{a_0}{2}+\sum_{n=1}^{+\infty}A_n\cos(n\Omega t+\varphi_n) \tag{3.14}$$

或

$$f(t)=\frac{a_0}{2}+\sum_{n=1}^{+\infty}A_n\sin(n\Omega t+\theta_n) \tag{3.15}$$

式中，A_n 代表 n 次谐波振幅，φ_n 和 θ_n 代表 n 次谐波初相位。

比较式(3.10)和式(3.14)，可看出傅里叶级数中各量之间有如下关系

$$A_n=\sqrt{a_n^2+b_n^2}$$

$$\varphi_n=-\arctan\frac{b_n}{a_n}$$

$$a_n=A_n\cos\varphi_n$$

$$b_n=-A_n\sin\varphi_n$$

式(3.14)称为周期信号 $f(t)$ 的余弦型傅里叶级数展开式。

在式(3.10)和式(3.14)中，直流分量的大小，基波分量和各次谐波的振幅、相位取决于周期信号 $f(t)$ 的波形。各分量的振幅 a_n，b_n，A_n 和相位 φ_n 都是 $n\Omega$ 的函数，并有：A_n，a_n 是 $n\Omega$ 的偶函数；φ_n，b_n 是 $n\Omega$ 的奇函数。

式(3.10)和式(3.14)表明，一个周期信号可以分解为许多频率成整数倍关系的正(余)弦信号的线性组合，或者说一个周期信号可以表示为一直流分量和无限多个谐波分量之和。

但是，并非任意周期信号都能进行傅里叶级数展开，在数学中已经指出被展开的函数 $f(t)$ 需满足狄利克雷(Dirichlet)条件。如果函数 $f(t)$ 满足如下条件：

(1)在一个周内，$f(t)$ 绝对可积，即

$$\int_{-T/2}^{T/2}|f(t)|\mathrm{d}t\to+\infty \tag{3.16}$$

(2)在一个周期内，函数 $f(t)$ 的极大值和极小值的数目为有限个；

(3)在一个周期内，如有间断点存在，则间断点的数目是有限个，而且当 t 从不同方向趋近间断点时，函数具有两个不同的有限的极限值。

称以上 3 个条件为狄利克雷条件。在通信及电子技术中，我们遇到的周期信号都能满足这些条件，因此，以后如果没有特殊要求，可以不考虑这一条件。

【例 3.2】　图 3.3 所示锯齿波，求其三角型傅里叶级数展开式。

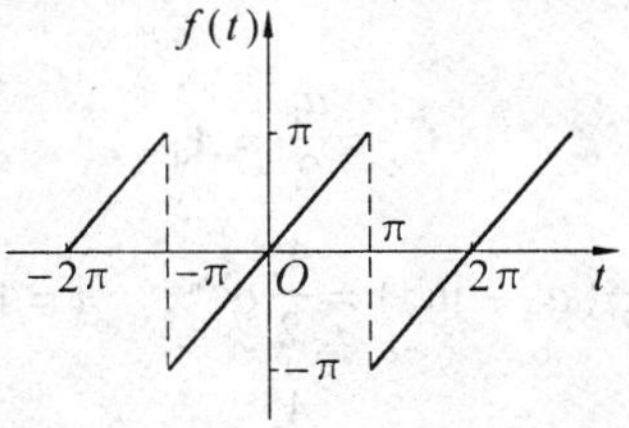

图 3.3　例 3.2 图

解 由图3.3可知，该信号$f(t)$在一个周期区间$(-\pi,\pi)$内，有

$$f(t)=t, \qquad -\pi<t<\pi$$

$$T=2\pi, \quad \Omega=\frac{2\pi}{T}=1$$

由式(3.11)和式(3.12)，得

$$a_n=0$$

$$b_n=\frac{2}{T}\int_{-T/2}^{T/2}f(t)\sin n\Omega t\mathrm{d}t=\frac{1}{\pi}\int_{-\pi}^{\pi}t\sin n\Omega t\mathrm{d}t=-\frac{2}{n}\cos n\pi=(-1)^{n+1}\frac{2}{n}$$

故该信号$f(t)$的三角型傅里叶级数展开式为

$$f(t)=2(\sin\Omega t-\frac{1}{2}\sin 2\Omega t+\frac{1}{3}\sin 3\Omega t-\cdots)$$

3.2.2 指数傅里叶级数

因为复指数函数集$\{e^{jn\Omega t}\}$，$n=0,\pm1,\pm2,\cdots$在区间(t_0,t_0+T)内具有如下关系

$$\int_{t_0}^{t_0+T}(e^{jn\Omega t})(e^{jn\Omega t})^*\mathrm{d}t=T$$

$$\int_{t_0}^{t_0+T}(e^{jn\Omega t})(e^{jm\Omega t})^*\mathrm{d}t=0, \quad m\neq n$$

式中，m,n为整数，$T=\frac{2\pi}{\Omega}$为指数函数的公共周期，则此函数集为正交函数集，也是完备正交函数集。根据定理3.1，对于任意周期为T的信号$f(t)$，可在区间(t_0,t_0+T)内表示为$\{e^{jn\Omega t}\}$的线性组合，即

$$f(t)=\sum_{n=-\infty}^{+\infty}C_n e^{jn\Omega t} \tag{3.17}$$

式中，指数傅里叶级数的系数C_n可利用指数函数的正交条件求得

$$C_n=\frac{1}{T}\int_{-T/2}^{T/2}f(t)e^{-jn\Omega t}\mathrm{d}t \tag{3.18}$$

式(3.17)称为周期信号$f(t)$的指数型傅里叶级数展开式。

同一个周期信号$f(t)$，既可以展开成式(3.10)所示的三角型傅里叶级数式，也可以展成式(3.17)所示的指数型傅里叶级数式，所以二者之间必有确定的关系。

因为

$$\cos n\Omega t=\frac{e^{jn\Omega t}+e^{-jn\Omega t}}{2}, \quad \sin n\Omega t=\frac{e^{jn\Omega t}-e^{-jn\Omega t}}{2j}$$

代入式(3.14)，得

$$f(t)=\frac{a_0}{2}+\sum_{n=1}^{+\infty}\frac{a_n}{2}(e^{jn\Omega t}+e^{-jn\Omega t})+\sum_{n=1}^{+\infty}\frac{b_n}{2j}(e^{jn\Omega t}-e^{-jn\Omega t})=\sum_{n=-\infty}^{+\infty}C_n e^{jn\Omega t}$$

所以

$$C_0=\frac{a_0}{2}=A_0$$

$$C_n=\begin{cases}\frac{1}{2}(a_n-jb_n)=\frac{A_n}{2}e^{j\varphi_n}, & n=1,2,\cdots\\ \frac{1}{2}(a_n+jb_n)=\frac{A_n}{2}e^{-j\varphi_n}, & n=-1,-2,\cdots\end{cases} \tag{3.19}$$

在周期信号展开式(3.17)中,$f(t)$表示成复频率为 0, $\pm\Omega$, $\pm 2\Omega$, $\pm 3\Omega$,…的指数函数之和。虽然由于引用 $-n$ 而出现了角频率 $-n\Omega$,但这并不表示实际上存在负频率,而只是将第 n 项谐波分量写成了两个指数项而出现的一种数学形式。事实上,$e^{jn\Omega t}$ 和 $e^{-jn\Omega t}$ 必然成对出现,且都振荡在 $n\Omega$ 上,它们的和给出了一个振荡频率为 $n\Omega$ 的时间实函数。

3.2.3　周期信号的对称性与傅里叶系数的关系

要把已知周期信号 $f(t)$ 展开为傅里叶级数,如果 $f(t)$ 为实函数,且它的波形满足某种对称性,则在其傅里叶级数中有些项将不出现,留下的各项系数的表示式也变得比较简单。周期信号的对称关系主要有两种:一种是对整周期对称,这取决于周期信号是偶函数还是奇函数,也就是展开式中是否含有正弦项或余弦项;另一种是对半周期对称,这将决定傅里叶级数展开式中是否含有偶次项或奇次项。下面简单说明函数的对称性与傅里叶系数的关系。

1. $f(t)$ 为偶函数

若周期信号 $f(t)$ 波形相对于纵轴是对称的,即满足

$$f(t)=f(-t) \tag{3.20}$$

则 $f(t)$ 是偶函数,因为两偶函数或两奇函数的乘积为偶函数,一个偶函数和一个奇函数的乘积为奇函数,于是偶函数的傅里叶系数为

$$a_n=\frac{2}{T}\int_{-T/2}^{T/2}f(t)\cos n\Omega t\mathrm{d}t=\frac{4}{T}\int_{0}^{T/2}f(t)\cos n\Omega t\mathrm{d}t \tag{3.21}$$

$$b_n=\frac{2}{T}\int_{-T/2}^{T/2}f(t)\sin n\Omega t\mathrm{d}t=0 \tag{3.22}$$

因此,偶函数傅里叶级数展开式中将不包括正弦分量,只含直流分量和余弦分量。

2. $f(t)$ 为奇函数

若周期信号 $f(t)$ 波形相对于纵轴是反对称的,即满足

$$f(t)=-f(-t) \tag{3.23}$$

此时称 $f(t)$ 为奇函数,其傅里叶系数为

$$a_n=\frac{2}{T}\int_{-T/2}^{T/2}f(t)\cos n\Omega t\mathrm{d}t=0 \tag{3.24}$$

$$b_n=\frac{2}{T}\int_{-T/2}^{T/2}f(t)\sin n\Omega t\mathrm{d}t=\frac{4}{T}\int_{0}^{T/2}f(t)\sin n\Omega t\mathrm{d}t \tag{3.25}$$

因此,奇函数傅里叶级数展开式中不含直流分量和余弦分量,只含有正弦分量。

3. $f(t)$ 为奇谐函数

若周期信号 $f(t)$ 波形沿时间轴平移半个周期并相对于该轴翻转,此时波形并不发生变化,即满足关系式

$$f(t)=-f\left(t\pm\frac{T}{2}\right) \tag{3.26}$$

则 $f(t)$ 为奇谐函数或半波对称函数。这类函数的傅里叶级数展开式中只含有正弦和余弦项的奇次谐波分量。

4. $f(t)$ 为偶谐函数

若周期信号 $f(t)$ 波形沿时间轴平移半个周期后与原波形完全重叠,即满足

$$f(t)=f\left(t\pm\frac{T}{2}\right) \tag{3.27}$$

则$f(t)$为偶谐函数或半周期重叠函数,其傅里叶级数展开式中只含有正弦和余弦波的偶次谐波分量。熟悉并掌握了周期信号的奇、偶和奇谐、偶谐等性质后,对于一些波形所包含的谐波分量常可以作出迅速判断,并使傅里叶级数系数的计算得到一定简化。

表3.1给出了周期信号波形的各种对称情况、性质以及对应的傅里叶系数 a_n 和 b_n 的计算公式。

表3.1　周期信号的对称性与傅里叶系数的关系

函数$f(t)$	性质	a_0	$a_n(n\neq0)$	$b_n(n\neq0)$
偶函数 $f(t)=f(-t)$	只有直流分量和余弦项	$\frac{T}{2}\int_0^{T/2}f(t)\mathrm{d}t$	$\frac{T}{4}\int_0^{T/2}f(t)\cos n\Omega t\mathrm{d}t$	0
奇函数 $f(t)=-f(-t)$	只有正弦项	0	0	$\frac{T}{4}\int_0^{T/2}f(t)$ $\sin n\Omega t\mathrm{d}t$
奇谐函数 $f(t)=-f\left(t\pm\frac{T}{2}\right)$	只有奇次谐波分量	0	$\frac{T}{4}\int_0^{T/2}f(t)\cos n\Omega t\mathrm{d}t$ (n为奇数)	$\frac{T}{4}\int_0^{T/2}f(t)$ $\sin n\Omega t\mathrm{d}t$ (n为奇数)
偶谐函数 $f(t)=f\left(t\pm\frac{T}{2}\right)$	只有偶次谐波分量	$\frac{T}{2}\int_0^{T/2}f(t)\mathrm{d}t$	$\frac{T}{4}\int_0^{T/2}f(t)\cos n\Omega t\mathrm{d}t$ (n为偶数)	$\frac{T}{4}\int_0^{T/2}f(t)$ $\sin n\Omega t\mathrm{d}t$ (n为偶数)

3.3　周期信号的频谱分析

3.3.1　周期信号的频谱

一个周期信号$f(t)$,只要满足狄利克雷条件,则可分解为一系列谐波分量之和。其各次谐波分量可以是正弦函数或余弦函数,也可以是指数函数。不同的周期信号,其展开式组成情况也不尽相同。在实际工作中,为了表征不同信号的谐波组成情况,时常画出周期信号各次谐波的分布图形,这种图形称为信号的频谱,它是信号频域表示的一种方式。

描述各次谐波振幅与频率关系的图形称为幅度频谱,描述各次谐波相位与频率关系的图形称为相位频谱。根据周期信号展成傅里叶级数形式的不同又分为单边频谱和双边频谱。

1. 单边频谱

若周期信号$f(t)$的傅里叶级数展开式为式(3.14),即

$$f(t)=\frac{a_0}{2}+\sum_{n=1}^{+\infty}A_n\cos(n\Omega t+\varphi_n)$$

则对应的幅度频谱 A_n 和相位频谱 φ_n 称为单边频谱。

【例3.3】 求如图3.4所示周期矩形信号$f(t)$。

解 由$f(t)$波形可知,$f(t)$为偶函数,其傅里叶系数

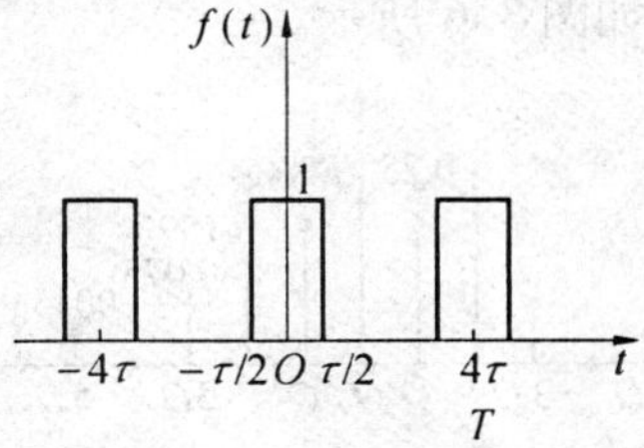

图3.4 例3.3图

$$a_0=\frac{4}{T}\int_0^{T/2}f(t)\,\mathrm{d}t=\frac{1}{2}$$

$$a_n=\frac{4}{T}\int_0^{T/2}f(t)\cos n\Omega t\,\mathrm{d}t=\frac{2\sin(n\pi/4)}{n\pi}$$

$$b_n=0$$

故

$$f(t)=\frac{a_0}{2}+\sum_{n=1}^{+\infty}a_n\cos n\Omega t=\frac{1}{4}+\sum_{n=1}^{+\infty}\frac{2\sin(n\pi/4)}{n\pi}\cos n\Omega t$$

因此

$$A_0=\frac{1}{4},\qquad A_n=\left|\frac{2\sin(n\pi/4)}{n\pi}\right|$$

即

$A_1=0.45$, $A_2\approx0.32$, $A_3\approx0.15$, $A_4=0$, $A_5\approx0.09$, $A_6\approx0.106$,…

单边频谱如图3.5所示。

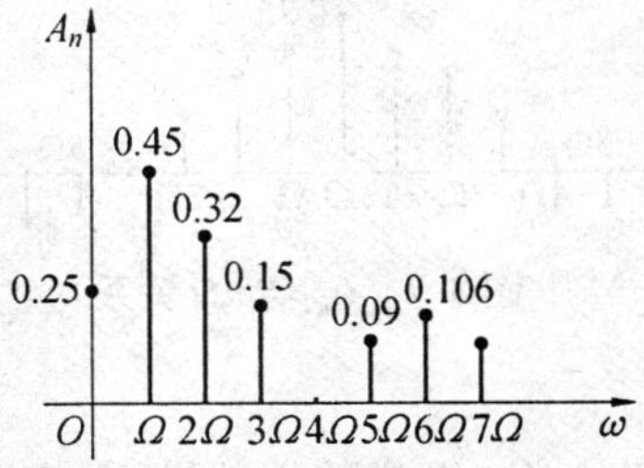

图3.5 单边频谱

2. 双边频谱

若周期信号$f(t)$的傅里叶级数展开式为式(3.17),即

$$f(t)=\sum_{n=-\infty}^{+\infty}C_n\mathrm{e}^{\mathrm{j}n\Omega t}$$

则$|C_n|$与$n\Omega$所描述的幅度频谱以及C_n的相位φ_n与$n\Omega$所描述的相位频谱称为双边频谱。

【例3.4】 画出如图3.4所示矩形周期信号$f(t)$的双边频谱图形。

解 由式(3.18)和图3.4可知

$$C_n=\frac{1}{T}\int_{-T/2}^{T/2}f(t)\mathrm{e}^{-\mathrm{j}n\Omega t}\mathrm{d}t=\frac{1}{4}\frac{2\sin(n\pi/4)}{n\pi/4}=\frac{1}{4}\mathrm{Sa}\left(\frac{n\pi}{4}\right)$$

$$C_0=\frac{1}{4},C_{\pm1}=0.225,C_{\pm2}=0.159,C_{\pm3}=0.075$$

$$C_{\pm4}=0,C_{\pm5}=-0.045,C_{\pm6}=-0.053,\cdots$$

故$|C_n|$,φ_n 的双边频谱图如图 3.6 所示。

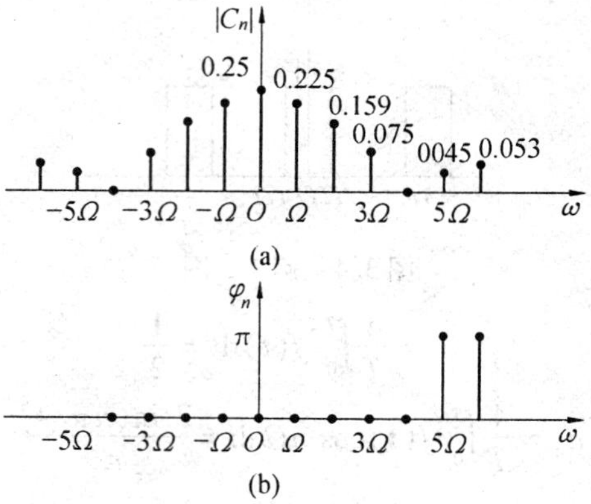

图 3.6 双边频谱

从上例频谱图上可以看出,单边振幅频谱是指 $A_n=2|C_n|$与正 n 值的关系,双边振幅频谱是指$|C_n|$与正负 n 值的关系。应注意$|C_n|=|C_{-n}|$,所以将双边振幅频谱$|C_n|$围绕纵轴将负 n 一边对折到 n 一边,并将振幅相加,便得到单边振幅 A_n 频谱。

当 C_n 为实数且$f(t)$各谐波分量的相位为零或 $\pm\pi$,图形比较简单时,也可将振幅频谱和相位频谱合在一幅图中。比如,例 3.4 中$f(t)$的频谱可用 C_n 与 $n\Omega$ 关系图形反映,如图 3.7 所示。

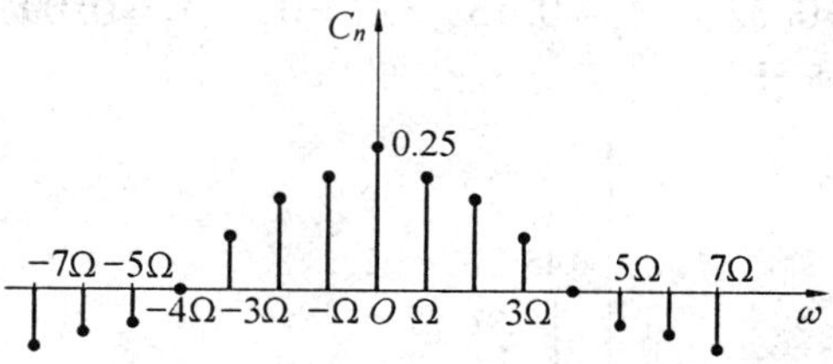

图 3.7 C_n 与 $n\Omega$ 关系

3. 周期信号频谱的特点

图 3.7 反映了周期矩形信号$f(t)$频谱的一些性质,实际上它也是所有周期信号频谱的普遍性质,具体如下:

(1)离散线状谱。指频谱由频率离散而不连续的谱线组成,这种频谱称为离散频谱或线谱。

(2)谐波性。指各次谐波分量的频率都是基波频率 $\Omega=\dfrac{2\pi}{T}$的整数倍,而且相邻谐波的频率间隔是均匀的,即谱线在频率轴上的位置是 Ω 的整数倍。

(3)收敛性。指谱线幅度随 $n\to\infty$ 而衰减到零。因此这种频谱具有收敛性或衰减性。

3.3.2 周期信号频谱与脉宽的关系

在周期信号的频谱分析中,周期矩形脉冲信号的频谱具有典型的意义,得到了广泛的应用。下面以图 3.8 所示的周期矩形脉冲信号为例,进一步研究其频谱宽度与脉冲宽度之间的关系。

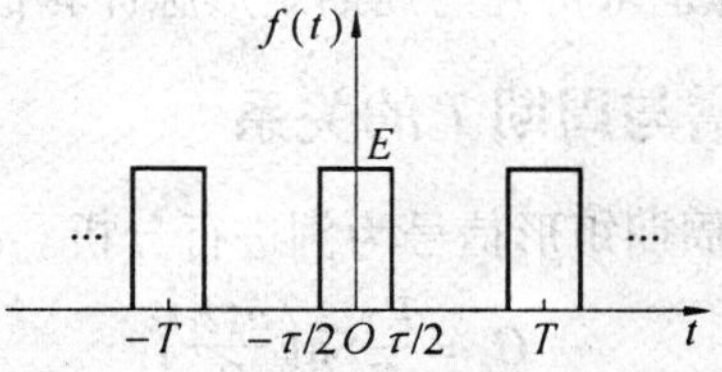

图 3.8　周期矩形脉冲信号

图 3.8 所示信号 $f(t)$ 的脉冲宽度为 τ，脉冲幅度为 E，重复周期为 T，重复角频率为 $\Omega=\dfrac{2\pi}{T}$。

若将 $f(t)$ 展开为指数傅里叶级数，则由式(3.17)可得

$$C_n=\frac{1}{T}\int_{-\frac{\tau}{2}}^{\frac{\tau}{2}}E\mathrm{e}^{-\mathrm{j}n\Omega t}\mathrm{d}t=\frac{-E}{T\mathrm{j}n\Omega}\mathrm{e}^{-\mathrm{j}n\Omega t}\Bigg|_{-\frac{\tau}{2}}^{\frac{\tau}{2}}=\frac{E}{T}\,\frac{\mathrm{e}^{-\mathrm{j}n\Omega\frac{\tau}{2}}-\mathrm{e}^{\mathrm{j}n\Omega\frac{\tau}{2}}}{-\mathrm{j}n\Omega}=\frac{E\tau}{T}\,\frac{\sin n\Omega\dfrac{\tau}{2}}{\dfrac{n\Omega\tau}{2}}=\frac{E\tau}{T}\mathrm{Sa}\left(\frac{n\Omega\tau}{2}\right)$$

式中，C_n 为实数。因此一般把幅度频谱和相位频谱合画在一幅图中，如图 3.9 所示。

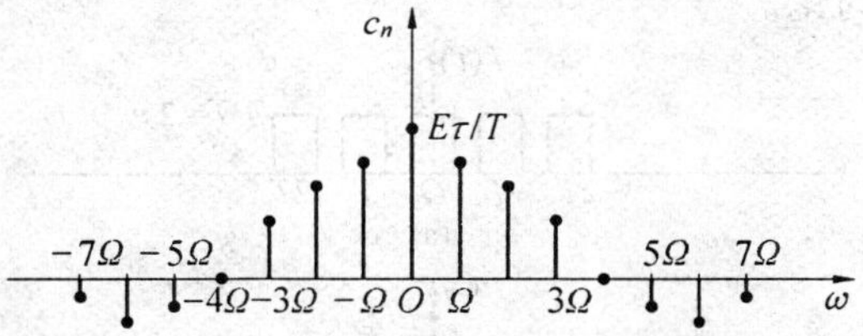

图 3.9　幅度频谱与相位频谱

由此图可以看出：

(1)周期矩形脉冲信号的频谱是离散的，两谱线间隔为 $\Omega=\dfrac{2\pi}{T}$。

(2)直流分量、基波及各次谐波分量的大小正比于矩形脉冲幅度 E 和脉宽 τ，反比于周期 T，其包络线按抽样函数 $\dfrac{\sin x}{x}$ 规律变化。

(3)当 $\omega=\dfrac{2m\pi}{\tau}(m=\pm1,\pm2,\cdots)$ 时，谱线的包络线过零点。

(4)周期矩形脉冲信号包含无限多条谱线，它可分解为无限多个频率分量，但其主要能量集中在第一个零点之内。因此通常把 $\omega=0\sim\dfrac{2\pi}{\tau}$ 这段频率范围称为矩形信号的有效频谱宽度或信号的占有频带，记作 B 或 B_{f}。

于是

$$B=\frac{2\pi}{\tau}\tag{3.28}$$

或

$$B_{\mathrm{f}}=\frac{1}{\tau}\tag{3.29}$$

显然，有效频谱宽度 B 只与脉冲宽度 τ 有关，而且成反比关系。有效频谱宽度是研究信号与系统频率特性的重要内容，要使信号通过线性系统不失真，就要求系统本身所具有的频率特性必须与信号的频宽相适应。

对于一般周期信号,同样也可得到与周期矩形脉冲相似的频谱。

3.3.3 周期信号频谱与周期 T 的关系

下面仍以图 3.8 所示的周期矩形信号为例进行分析。因为

$$C_n = \frac{E\tau}{T}\mathrm{Sa}\left(\frac{n\Omega\tau}{2}\right)$$

所以在脉冲宽度τ保持不变的情况下,若增大周期 T,则可以看出:

(1)离散谱线的间隔 $\Omega = \frac{2\pi}{T}$将变小,即谱线变密。

(2)各谱线的幅度将变小,包络线变化缓慢,即振幅收敛速度变慢。

(3)由于τ不变,故谱线经过零点位置不变,信号有效频谱宽度也不变。

图 3.10 给出了脉冲宽度相同而周期不同的周期矩形脉冲信号的频谱。由图可见,这时频谱包络线的零点所在位置不变,而当周期增大时,频谱线变密,即在信号占有频带内谐波分量增多,同时振幅减小。当周期无限增大时,$f(t)$变为非周期信号,相邻谱线间隔趋近于零。相应振幅趋于无穷小量,从而周期信号的离散频谱过渡到非周期信号的连续频谱,这将在下一节中讨论。

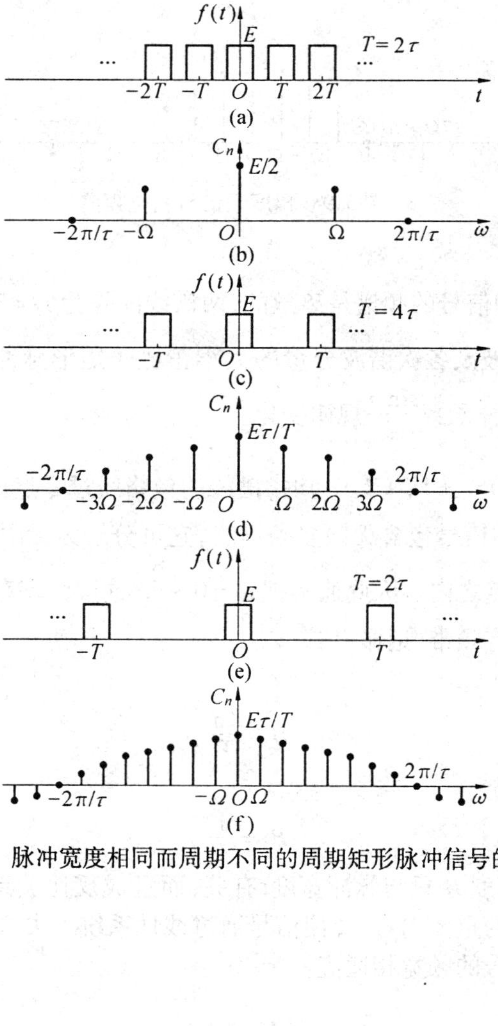

图 3.10 脉冲宽度相同而周期不同的周期矩形脉冲信号的频谱

如果保持周期矩形信号的周期 T 不变,而改变脉冲宽度τ,则可知此时谱线间隔不变。若减小τ,则信号频谱中的第一个零分量频率 $\omega=\frac{2\pi}{\tau}$增大,即信号的频谱宽度增大,同时出现零点次数减小,相邻两个零点所含的谐波分量增大,并且各次谐波的幅度减小,即幅度收敛速度变慢。若τ增大,则反之。

3.4　非周期信号的频谱分析——傅里叶变换

3.4.1　非周期信号的频谱函数

前面讨论了周期信号的傅里叶级数,并得到了它的离散线状谱。本节将上述傅里叶分析方法推广到非周期信号,并引出傅里叶变换。

当周期信号的重复周期 T 趋于无穷大时,其结果将使周期信号转化为非周期的单脉冲信号。上一节已经讨论了周期信号的周期 T 与谱线间隔之间的关系,即 T 增大,谱线间隔 Ω 将变小。若周期 T 趋于无限大,则谱线的间隔趋于无限小。这样离散谱就变成了连续谱。同时,由于周期 T 趋于无限大,使得表示信号各频率分量的谱线长度 A_n 也趋于零。此时,似乎信号的各分量都不存在了,无法进行研究了。但从物理概念上考虑,对一个信号进行某种形式的分解,其信号的总能量是不会改变的。如果将这些无限多个无穷小量相加,仍是一个有限值,此值即为信号的能量。而且这些无穷小量也并不是同样大小的,它们的相对值之间仍有差别。为了表明这种振幅之间的相对差别,需要引入一个新的概念——频谱密度函数。

对于周期信号 $f(t)$,已知它可表示为

$$f(t)=\sum_{n=-\infty}^{+\infty}C_n e^{jn\Omega t}$$

式中

$$C_n=\frac{1}{T}\int_{-T/2}^{T/2}f(t)e^{-jn\Omega t}dt$$

为了避免出现 $T\to+\infty$ 时,$C_n\to0$ 的情况,可将上式改写为

$$C_nT=\frac{2\pi C_n}{\Omega}=\frac{C_n}{f}=\int_{-T/2}^{T/2}f(t)e^{-jn\Omega t}dt$$

当信号 $f(t)$ 的周期 T 趋于无限大时,由上节讨论可知谱线间隔趋于无穷小,谱线密集成为连续频谱,离散变量变为连续变量,即 $T\to+\infty$,$\Omega\to d\omega$,$n\Omega\to\omega$,此时记

$$F(\omega)=\lim_{T\to+\infty}C_nT=\int_{-\infty}^{+\infty}f(t)e^{-j\omega t}dt \tag{3.30}$$

这个新引入的量 $F(\omega)$ 称为函数 $f(t)$ 的频谱密度函数,简称频谱函数,其意义为单位频率上的谐波幅度。$F(\omega)$ 一般为 ω 的复函数,可写作

$$F(\omega)=|F(\omega)|e^{j\varphi(\omega)} \tag{3.31}$$

式中,$|F(\omega)|$ 代表非周期信号中各频率分量幅值的相对大小,辐角 $\varphi(\omega)$ 则代表相应各频率分量的相位。

由于

$$F(\omega)=\lim_{T\to+\infty}C_nT=\lim_{T\to+\infty}\frac{2\pi C_n}{\Omega}$$

可得

$$\lim_{T\to+\infty} C_n = \int_{-\infty}^{+\infty} \frac{F(\omega)\Omega}{2\pi} = \frac{F(\omega)}{2\pi}\mathrm{d}\omega$$

所以在 $T\to+\infty$ 时

$$f(t) = \int_{-\infty}^{+\infty} \frac{F(\omega)}{2\pi}\mathrm{e}^{\mathrm{j}\omega t}\mathrm{d}\omega = \frac{1}{2\pi}\int_{-\infty}^{+\infty} F(\omega)\mathrm{e}^{\mathrm{j}\omega t}\mathrm{d}\omega \qquad (3.32)$$

该式表明,一个非周期信号可以看做是无限多个幅度无限小的复指数谐波之和,而其中每一个分量的复数振幅为$\frac{F(\omega)}{2\pi}\mathrm{d}\omega$。

3.4.2 傅里叶变换

式(3.30)和式(3.32)是一对很重要的变换式,现重写如下:

$$F(\omega) = \mathscr{F}[f(t)] = \int_{-\infty}^{+\infty} f(t)\mathrm{e}^{-\mathrm{j}\omega t}\mathrm{d}t$$

$$f(t) = \mathscr{F}^{-1}[f(\omega)] = \frac{1}{2\pi}\int_{-\infty}^{+\infty} F(\omega)\mathrm{e}^{\mathrm{j}\omega t}\mathrm{d}\omega$$

前者是由信号的时间函数变换成频率函数,称为傅里叶正变换式,后者是由信号的频率函数变换为时间函数,称为傅里叶反变换式。

傅里叶反变换式也可写成

$$f(t) = \frac{1}{2\pi}\int_{-\infty}^{+\infty} F(w)\mathrm{e}^{\mathrm{j}\omega t}\mathrm{d}\omega = \frac{1}{2\pi}\int_{-\infty}^{+\infty} |F(\omega)|\mathrm{e}^{\mathrm{j}(\omega t+\varphi(\omega))}\mathrm{d}\omega =$$

$$\frac{1}{2\pi}\int_{-\infty}^{+\infty} |F(\omega)|\cos(\omega t+\varphi(\omega))\mathrm{d}\omega + \mathrm{j}\frac{1}{2\pi}\int_{-\infty}^{+\infty} |F(\omega)|\sin(\omega t+\varphi(\omega))\mathrm{d}\omega$$

由于$|F(\omega)|$是频率 ω 的偶函数,$\sin(\omega t+\varphi(\omega))$是 ω 的奇函数,所以上式可化简为

$$f(t) = \frac{1}{2\pi}\int_{-\infty}^{+\infty} |F(\omega)|\cos(\omega t+\varphi(\omega))\mathrm{d}\omega = \frac{1}{\pi}\int_{0}^{+\infty} |F(\omega)|\cos(\omega t+\varphi(\omega))\mathrm{d}\omega$$

可见一个非周期信号$f(t)$也和周期信号一样,可以分解为许多不同频率的正弦分量。所不同的是,非周期信号的周期趋于无限大,基波频率趋于无限小,因此它包含了从零到无穷大的所有频率分量,同时由于周期趋于无限大,对任意能量有限的信号在各频率点上的分量幅度$\frac{F(\omega)}{2\pi}\mathrm{d}\omega$ 趋于无限小,所以这时的频谱不能再以幅度表示,而改用频谱密度函数表示。我们习惯上把$|F(\omega)|-\omega$ 和 $\varphi(\omega)-\omega$ 曲线分别称为非周期信号的幅度频谱和相位频谱。它们都是频率为 ω 的连续函数,在形状上与相应的周期信号线状谱的包络线相同。

前面根据周期信号的傅里叶级数导出了傅里叶变换。而从理论上讲,傅里叶变换也应满足一定条件才能存在。傅里叶变换存在的必要和充分条件的证明需要较多的数学基础理论,在此仅对其充分条件加以讨论。如果信号 $f(t)$满足绝对可积条件,即

$$\int_{-\infty}^{+\infty} |f(t)|\mathrm{d}t \to +\infty \qquad (3.33)$$

则其傅里叶变换 $F(\omega)$存在,并满足反变换式。所有能量信号都能满足上述绝对可积条件。这一条件是傅里叶变换存在的充分条件而不是必要条件。一些不满足绝对可积条件的函数也可有傅里叶变换,例如抽样函数、阶跃函数、符号函数和周期函数等。

3.4.3　典型非周期信号的频谱

为了掌握傅里叶变换的技巧，下面计算一些常用信号的频谱，同时这些常用信号的频谱特性也是应该掌握和熟记的。

1. 矩形脉冲信号

矩形脉冲信号 $f(t)$ 的表达式为

$$f(t)=\begin{cases}E, & |t|<\dfrac{\tau}{2}\\ 0, & |t|>\dfrac{\tau}{2}\end{cases} \tag{3.34}$$

其频谱函数

$$F(\omega)=\int_{-\infty}^{+\infty}f(t)\mathrm{e}^{-\mathrm{j}\omega t}\mathrm{d}t=\int_{-\frac{\tau}{2}}^{\frac{\tau}{2}}E\mathrm{e}^{-\mathrm{j}\omega t}\mathrm{d}t=\frac{E}{\mathrm{j}\omega}(\mathrm{e}^{\mathrm{j}\frac{\omega\tau}{2}}-\mathrm{e}^{-\mathrm{j}\frac{\omega\tau}{2}})=\frac{2E}{\omega}\sin\frac{\omega\tau}{2}=E\tau\,\mathrm{Sa}\left(\frac{\omega\tau}{2}\right)$$

可以求得矩形脉冲的幅度频谱和相位频谱分别为

$$|F(\omega)|=E\tau\left|\mathrm{Sa}\left(\frac{\omega\tau}{2}\right)\right|$$

$$\varphi(\omega)=\begin{cases}0, & \mathrm{Sa}\left(\dfrac{\omega\tau}{2}\right)>0\\ \pi, & \mathrm{Sa}\left(\dfrac{\omega\tau}{2}\right)<0\end{cases}$$

其波形和频谱如图 3.11 所示。可以看出，矩形脉冲信号在时域中处于有限范围内，而其频谱却以 $\mathrm{Sa}\left(\frac{\omega\tau}{2}\right)$ 规律变化，分布于无限宽的频率范围内，但其主要能量处于 $\omega_0\sim\frac{2\pi}{\tau}$ 范围内。

所以，通常认为这种信号的占有频带为 $B=\frac{2\pi}{\tau}$ 或 $B_f=\frac{1}{\tau}$。

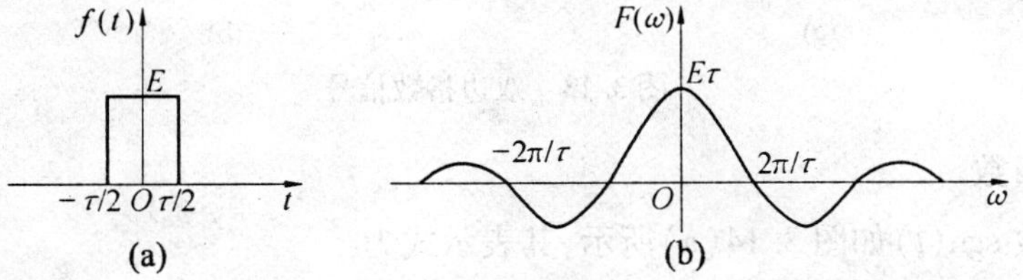

图 3.11　矩形脉冲

2. 单边指数信号

单边指数信号 $f(t)$ 的表达式为

$$f(t)=\mathrm{e}^{-\alpha t}u(t),\quad \alpha>0 \tag{3.35}$$

则单边指数信号的频谱函数为

$$F(\mathrm{j}\omega)=\int_{-\infty}^{+\infty}f(t)\mathrm{e}^{-\mathrm{j}\omega t}\mathrm{d}t=\int_{0}^{+\infty}\mathrm{e}^{-\alpha t}\mathrm{e}^{-\mathrm{j}\omega t}\mathrm{d}t=\frac{1}{\alpha+\mathrm{j}\omega}$$

幅度频谱为 $|F(\mathrm{j}\omega)|=\dfrac{1}{\sqrt{\alpha^2+\omega^2}}$，相位频谱为 $\varphi(\omega)=-\arctan\dfrac{\omega}{\alpha}$。可见幅度频谱和

相位频谱函数分别是频率 ω 的偶函数和奇函数。单边指数信号 $f(t)$ 波形，幅度频谱 $|F(\omega)|$ 和相位频谱 $\varphi(\omega)$ 如图 3.12 所示。

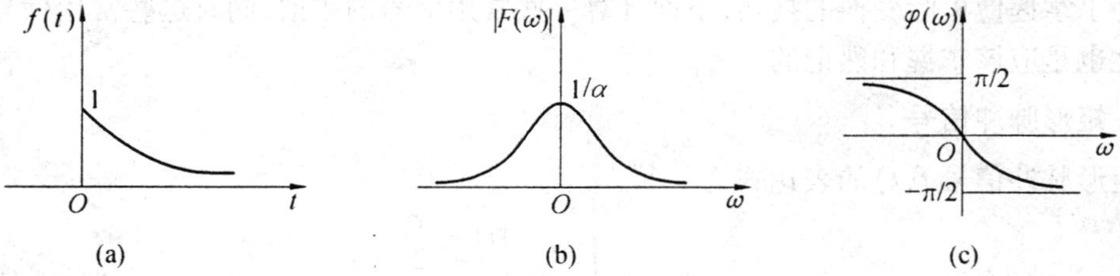

图 3.12　单边指数信号

3. 双边指数信号

双边指数信号 $f(t)$ 的表达式为

$$f(t)=e^{-\alpha|t|},\quad \alpha>0 \tag{3.36}$$

其频谱函数为

$$F(j\omega)=\int_{-\infty}^{+\infty}f(t)e^{-j\omega t}dt=\int_{0}^{+\infty}e^{-\alpha|t|}e^{-j\omega t}dt=\int_{-\infty}^{0}e^{\alpha t}e^{-j\omega t}dt+\int_{0}^{+\infty}e^{-\alpha t}e^{-j\omega t}dt=$$

$$\frac{1}{\alpha-j\omega}+\frac{1}{\alpha+j\omega}=\frac{2\alpha}{\alpha^2+\omega^2}$$

故幅度频谱 $|F(\omega)|=\dfrac{2\alpha}{\alpha^2+\omega^2}$，相位频谱 $\varphi(\omega)=0$。$f(t)$ 波形和幅度频谱 $|F(\omega)|$ 如图 3.13所示。

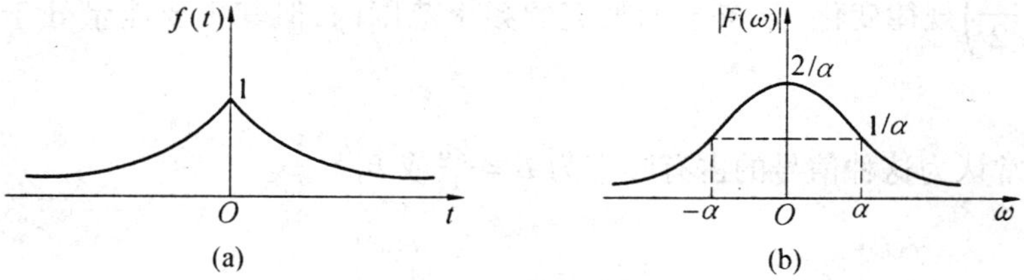

图 3.13　双边指数信号

4. 符号函数

符号函数 sgn(t) 如图 3.14(a) 所示，其表示式为

$$\operatorname{sgn}(t)=\begin{cases}1, & t>0\\ -1, & t<0\end{cases} \tag{3.37}$$

或

$$\operatorname{sgn}(t)=u(t)-u(-t) \tag{3.38}$$

显然，这种信号不满足绝对可积条件，但它却存在傅里叶变换。使用间接方法计算其傅里叶变换。

设

$$f(t)=\begin{cases}-e^{\alpha t}, & t<0\\ e^{\alpha t}, & t>0\end{cases}\quad \alpha>0$$

当 $\alpha\to 0$ 时,有$\lim\limits_{\alpha\to 0}f(t)=\mathrm{sgn}(t)$,故符号函数的频谱函数

$$F(\omega)=\lim_{\alpha\to 0}\left[\int_0^{+\infty}\mathrm{e}^{-\alpha t}\mathrm{e}^{-\mathrm{j}\omega t}\mathrm{d}t-\int_{-\infty}^{0}\mathrm{e}^{\alpha t}\mathrm{e}^{-\mathrm{j}\omega t}\mathrm{d}t\right]=\lim_{\alpha\to 0}\left[\frac{1}{\alpha+\mathrm{j}\omega}-\frac{1}{\alpha-\mathrm{j}\omega}\right]=\frac{2}{\mathrm{j}\omega}$$

所以

$$|F(\omega)|=\frac{2}{|\omega|},\qquad \varphi(\omega)=\begin{cases}\dfrac{\pi}{2}, & \omega<0\\[2ex] -\dfrac{\pi}{2}, & \omega>0\end{cases}$$

其波形和幅度频谱如图 3.14 所示。

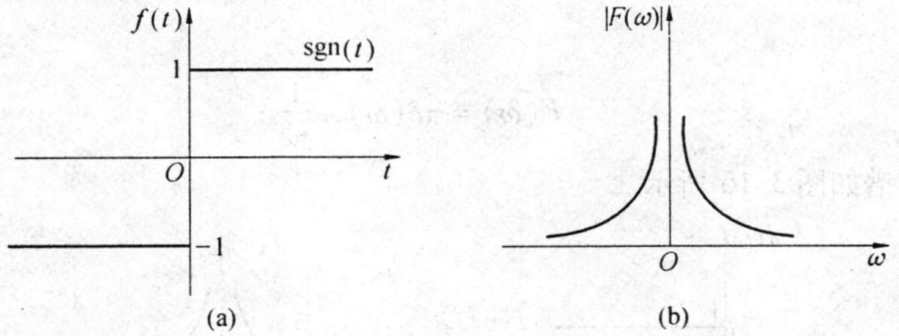

图 3.14　符号函数

5. 直流信号

幅度恒等于 1 的直流信号可表示为

$$f(t)=1,\qquad -\infty<t<+\infty \tag{3.39}$$

可见该信号也不满足绝对可积条件,但可利用上述双边指数信号取极限,可求得其傅里叶变换。即

$$f(t)=\lim_{\alpha\to 0}\mathrm{e}^{-\alpha|t|}=1$$

故

$$F(\omega)=\lim_{\alpha\to 0}\frac{2\alpha}{\alpha^2+\omega^2}=\begin{cases}0, & \omega\neq 0\\ +\infty, & \omega=0\end{cases}$$

且

$$\int_{-\infty}^{+\infty}\frac{2\alpha}{\alpha^2+\omega^2}\mathrm{d}\omega=2\pi$$

显然,这表明 $F(\mathrm{j}\omega)$ 为一个冲激强度为 2π,出现在 $\omega=0$ 的冲激函数,即

$$F(\omega)=2\pi\delta(\omega)$$

其波形和频谱如图 3.15 所示。

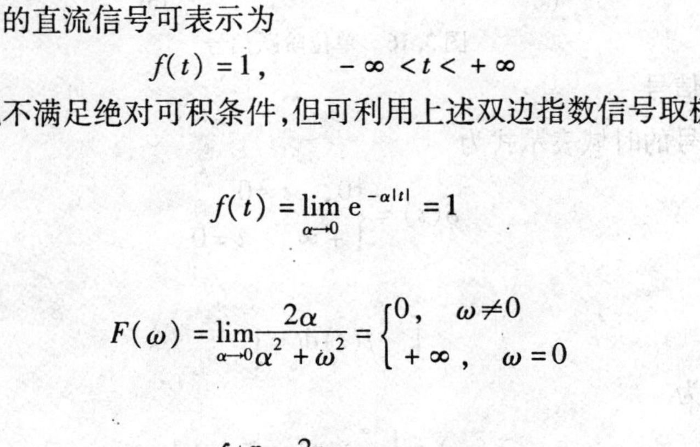

图 3.15　直流信号

6. 单位阶跃信号 $u(t)$

对于单位阶跃信号，可利用单边指数函数求极限求其傅里叶变换，即

$$f(t)=u(t)=\lim_{\alpha\to 0}e^{-\alpha t}u(t)$$

故

$$F(\omega)=\lim_{\alpha\to 0}\frac{1}{\alpha+j\omega}=\lim_{\alpha\to 0}\left[\frac{\alpha}{\alpha^2+\omega^2}-j\frac{\omega}{\alpha^2+\omega^2}\right]$$

利用

$$\lim_{\alpha\to 0}\frac{\alpha}{\alpha^2+\omega^2}=\pi\delta(\omega)$$

有

$$F(\omega)=\pi\delta(\omega)+\frac{1}{j\omega}$$

其波形和频谱如图 3. 16 所示。

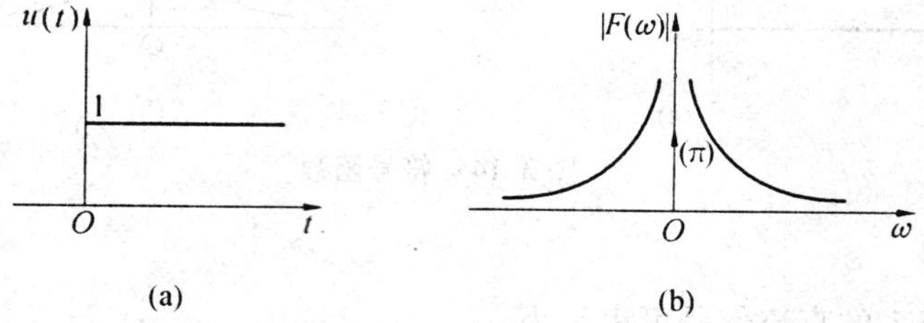

图 3. 16　单位阶跃信号

7. 单位冲激信号

单位冲激信号的时域表示式为

$$\delta(t)=\begin{cases}0, & t\neq 0\\ +\infty, & t=0\end{cases}\tag{3.40}$$

且

$$\int_{-\infty}^{+\infty}f(t)\,dt=1$$

其傅里叶变换式为

$$F(\omega)=\int_{-\infty}^{+\infty}\delta(t)e^{-j\omega t}dt=1$$

可见，单位冲激信号的频谱函数是常数 1，它均匀分布于整个频率范围。其波形和频谱如图 3. 17 所示。

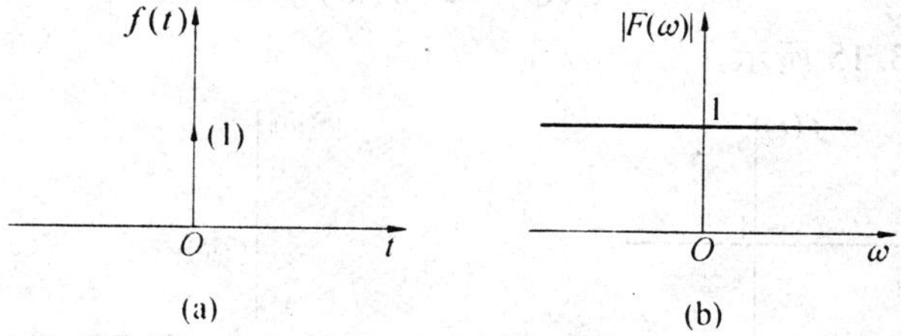

图 3. 17　单位冲激信号

常用信号的傅里叶变换见表 3. 2。

表3.2 常用信号的傅里叶变换

时间函数$f(t)$	傅里叶变换$F(\omega)$
单边指数信号$f(t)=e^{-\alpha t}u(t)$, $\alpha>0$	$1/(\alpha+j\omega)$
偶双边指数信号 $f(t)=e^{-\alpha\|t\|}$, $\alpha>0$	$2\alpha/(\alpha^2+\omega^2)$
奇双边指数信号 $f(t)=\begin{cases}-e^{\alpha t}, & t>0\\ e^{-\alpha t}, & t<0\end{cases}$ $\alpha>0$	$-j2\omega/(\alpha^2+\omega^2)$
符号函数 $\mathrm{sgn}(t)=\begin{cases}+1, & t>0\\ -1, & t<0\end{cases}$	$\frac{2}{j\omega}$
直流信号 $f(t)=E$, $-\infty<t<+\infty$	$2\pi E\delta(\omega)$
单位阶跃信号 $u(t)=\begin{cases}1, & t>0\\ 0, & t<0\end{cases}$	$\pi\delta(\omega)+\frac{1}{j\omega}$
单位冲激信号 $\begin{cases}\delta(t)=\begin{cases}0, & t\neq0\\ +\infty, & t=0\end{cases}\\ \int_{-\infty}^{+\infty}\delta(t)\mathrm{d}t=1\end{cases}$	1
矩形脉冲信号 $f(t)=\begin{cases}E, & \|t\|<\tau/2\\ 0, & \|t\|>\tau/2\end{cases}$	$\tau E[\mathrm{Sa}(\omega\tau/2)]$
三角脉冲信号 $f(t)=\begin{cases}1-\|t\|/\tau, & \|t\|<\tau\\ 0, & \|t\|>\tau\end{cases}$	$\tau[\mathrm{Sa}(\omega\tau/2)]^2$

3.5 傅里叶变换的基本性质

傅里叶变换建立了时间函数和频谱函数之间的转换关系。在实际信号分析中,经常需要对信号的时域和频域之间的对应关系及转换规律有一个清楚而深入的理解。因此有必要讨论傅里叶变换的基本性质,并说明其应用。

1. 线性

设有两个函数$f_1(t)$和$f_2(t)$,其频谱函数分别为$F_1(\omega)$和$F_2(\omega)$,若a_1和a_2是两个任意常数,则$a_1f_1(t)$与$a_2f_2(t)$之和的频谱函数是$a_1F_1(\omega)$与$a_2F_2(\omega)$之和,简述为

$$f_1(t)\leftrightarrow F_1(\omega)$$
$$f_2(t)\leftrightarrow F_2(\omega)$$

则有

$$a_1f_1(t)+a_2f_2(t)\leftrightarrow a_1F_1(\omega)+a_2F_2(\omega) \tag{3.41}$$

上述关系称为傅里叶变换的线性特性。

线性特性包含两个含义：一是齐次性，它表明信号 $f(t)$ 乘以常数 a，则其频谱函数也乘以相同的系数 a；二是可加性，它表明几个信号之和的频谱等于各个信号的频谱函数之和。

2. 对称性

该性质说明傅里叶正变换和反变换之间具有对称关系。

若

$$f(t)\leftrightarrow F(\omega)$$

则

$$F(t)\leftrightarrow 2\pi f(-\omega) \tag{3.42}$$

证明 因为

$$f(t)=\frac{1}{2\pi}\int_{-\infty}^{+\infty}F(\omega)e^{j\omega t}d\omega$$

有

$$2\pi f(t)=\int_{-\infty}^{+\infty}F(\omega)e^{j\omega t}d\omega$$

$$2\pi f(-t)=\int_{-\infty}^{+\infty}F(\omega)e^{-j\omega t}d\omega$$

将上式中变量 ω 换为 x，积分结果不变，即

$$2\pi f(-t)=\int_{-\infty}^{+\infty}F(x)e^{-jxt}dx$$

再将 t 用 ω 代之，上述关系依然成立，即

$$2\pi f(-\omega)=\int_{-\infty}^{+\infty}F(x)e^{-jx\omega}dx$$

最后再将 x 用 t 代替，则得

$$2\pi f(-\omega)=\int_{-\infty}^{+\infty}F(t)e^{-j\omega t}dt$$

所以

$$F(t)\leftrightarrow 2\pi f(-\omega)$$

证毕。

若 $f(t)$ 是一个偶函数，即 $f(t)=f(-t)$，相应有 $f(\omega)=f(-\omega)$，则式(3.42)成为

$$F(t)\leftrightarrow 2\pi f(\omega)$$

可见，当 $f(t)$ 为偶函数时，其时域和频域完全对称。也就是说，如果时间函数 $f(t)$ 的频谱函数是 $F(\omega)$，则与 $F(\omega)$ 波形相同的时间函数 $F(t)$ 的频谱函数与 $f(t)$ 有相同的形式，为 $2\pi f(\omega)$，其幅度之比为常数 2π，不影响函数特性。例如

$$f(t)=\delta(t)\leftrightarrow F(\omega)=1$$

$$F(t)=1\leftrightarrow 2\pi f(\omega)=2\pi\delta(\omega)$$

【例3.5】 若信号$f(t)$的傅里叶变换为

$$F(\omega)=\begin{cases}1, & |\omega|<\frac{\tau}{2}\\ 0, & |\omega|>\frac{\tau}{2}\end{cases}$$

试求$f(t)$。

解 将$F(\omega)$中的ω换成t,并考虑$F(\omega)$为ω的实函数,有

$$F(t)=\begin{cases}1, & |t|<\frac{\pi}{2}\\ 0, & |t|>\frac{\pi}{2}\end{cases}$$

该信号的傅里叶变换为

$$\mathscr{F}[F(t)]=\tau\,\mathrm{Sa}\left(\frac{\omega\tau}{2}\right)$$

因为$F(t)$为偶函数,根据对称性

$$F(t)\leftrightarrow 2\pi f(\omega)$$

故

$$f(\omega)=\frac{\tau}{2\pi}\mathrm{Sa}\left(\frac{\omega\tau}{2}\right)$$

则

$$f(t)=\frac{\tau}{2\pi}\mathrm{Sa}\left(\frac{t\tau}{2}\right)$$

$f(t)$为抽样函数,其波形和频谱如图3.18所示。

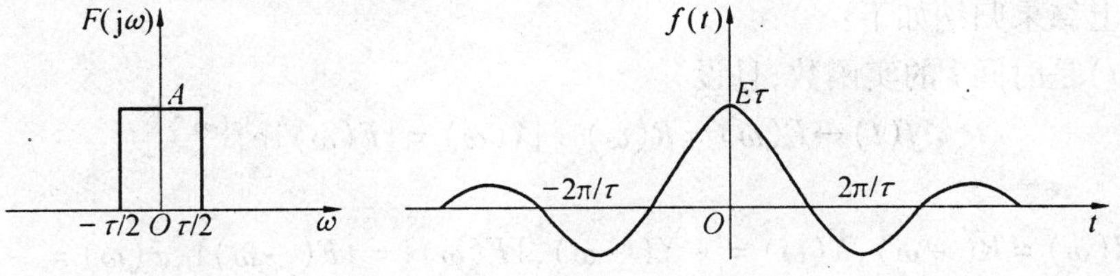

图3.18　抽样函数

3.奇偶性

下面研究时间函数与其频谱的奇、偶、虚、实关系。

如果$f(t)$是时间t的实函数,那么

$$F(\omega)=\int_{-\infty}^{+\infty}f(t)\mathrm{e}^{-\mathrm{j}\omega t}\mathrm{d}t=\int_{-\infty}^{+\infty}f(t)\cos\omega t\mathrm{d}t-\mathrm{j}\int_{-\infty}^{+\infty}f(t)\sin\omega t\mathrm{d}t=$$
$$R(\omega)+\mathrm{j}X(\omega)=|F(\omega)|\mathrm{e}^{\mathrm{j}\varphi(\omega)}$$

其中频谱函数的实部和虚部分别为

$$R(\omega)=\int_{-\infty}^{+\infty}f(t)\cos\omega t\mathrm{d}t$$

$$X(\omega)=-\int_{-\infty}^{+\infty}f(t)\sin\omega t\mathrm{d}t$$

该频谱函数的模和相角分别为

$$|F(\omega)| = \sqrt{R^2(\omega) + X^2(\omega)} \tag{3.43}$$

$$\varphi(\omega) = \arctan \frac{X(\omega)}{R(\omega)} \tag{3.44}$$

(1)若$f(t)$是时间t的实函数,则频谱函数$F(\omega)$的实部$R(\omega)$是角频率ω的偶函数,虚部$X(\omega)$是角频率ω的奇函数,$|F(\omega)|$是ω的偶函数,$\varphi(\omega)$是ω的奇函数。

(2)若$f(t)$是时间t的实函数,并且是偶函数,则

$$F(\omega) = R(\omega) = \int_{-\infty}^{+\infty} f(t)\cos \omega t \mathrm{d}t = 2\int_{0}^{+\infty} f(t)\cos \omega t \mathrm{d}t$$

频谱函数$F(\omega)$为$R(\omega)$,它是ω的实偶函数。

(3)若$f(t)$是时间t的实函数,并且是奇函数,则

$$F(\omega) = \mathrm{j}X(\omega) = -\mathrm{j}\int_{-\infty}^{+\infty} f(t)\sin \omega t \mathrm{d}t = -2\mathrm{j}\int_{0}^{+\infty} f(t)\sin \omega t \mathrm{d}t$$

频谱函数$F(\omega)$为$\mathrm{j}X(\omega)$,它是ω的虚奇函数。

(4)$f(-t)$的傅里叶变换

根据傅里叶变换的定义

$$\mathscr{F}[f(-t)] = \int_{-\infty}^{+\infty} f(-t)\mathrm{e}^{-\mathrm{j}\omega t}\mathrm{d}t$$

令$u=-t$

$$\mathscr{F}[f(-t)] = \int_{-\infty}^{+\infty} f(u)\mathrm{e}^{-\mathrm{j}(-\omega)u}\mathrm{d}u = F(-\omega)$$

若$f(t)$是时间t的实函数,考虑到$R(\omega)$是角频率ω的偶函数,$X(\omega)$是角频率ω的奇函数,故

$$F(-\omega) = R(-\omega) + \mathrm{j}X(-\omega) = R(\omega) - \mathrm{j}X(\omega) = F^*(\omega)$$

将以上结果归纳如下:

若$f(t)$是时间t的实函数,且设

$$f(t) \leftrightarrow F(\omega) = R(\omega) + \mathrm{j}X(\omega) = |F(\omega)|\mathrm{e}^{\mathrm{j}\varphi(\omega)}$$

则有

(1)$R(\omega)=R(-\omega)$,$X(\omega)=-X(-\omega)$,$|F(\omega)|=|F(-\omega)|$,$\varphi(\omega)=-\varphi(-\omega)$

(2)$f(-t) \leftrightarrow F(-\omega) = F^*(\omega)$

(3)如$f(t)=f(-t)$,则$X(\omega)=0$,$F(\omega)=R(\omega)$;如$f(t)=-f(-t)$,则$R(\omega)=0$,$F(\omega)=\mathrm{j}X(\omega)$。

4. 尺度变换性

若

$$f(t) \leftrightarrow F(\omega)$$

则

$$f(at) \leftrightarrow \frac{1}{|a|}F\left(\frac{\omega}{a}\right), \quad a \neq 0 \tag{3.45}$$

证明

$$\mathscr{F}[f(at)] = \int_{-\infty}^{+\infty} f(at)\mathrm{e}^{-\mathrm{j}\omega t}\mathrm{d}t$$

令 $x=at$，当 $a>0$ 时，

$$\mathscr{F}[f(at)]=\frac{1}{a}\int_{-\infty}^{+\infty}f(x)\mathrm{e}^{-\mathrm{j}\frac{\omega}{a}x}\mathrm{d}x=\frac{1}{a}F\left(\frac{\omega}{a}\right)$$

当 $a<0$ 时，

$$\mathscr{F}[f(at)]=\frac{1}{a}\int_{+\infty}^{-\infty}f(x)\mathrm{e}^{-\mathrm{j}\frac{\omega}{a}x}\mathrm{d}x=-\frac{1}{a}\int_{-\infty}^{+\infty}f(x)\mathrm{e}^{-\mathrm{j}\frac{\omega}{a}x}\mathrm{d}x=-\frac{1}{a}F\left(\frac{\omega}{a}\right)$$

综合以上两种情况，便可得到尺度变换特性表示式为

$$f(at)\leftrightarrow\frac{1}{|a|}F\left(\frac{\omega}{a}\right),\quad a\neq0$$

函数 $f(at)$ 表示 $f(t)$ 沿时间轴压缩（或时间尺度扩展）a 倍，而 $F\left(\frac{\omega}{a}\right)$ 则表示 $F(\omega)$ 沿频率轴扩展（或频率尺度压缩）a 倍。

该性质反映了信号的持续时间与其占有频带成反比，信号持续时间压缩的倍数恰好等于占有频带的展宽倍数，反之亦然。

【例 3.6】 已知

$$f(t)=\begin{cases}E, & |t|<\tau/4\\0, & |t|>\tau/4\end{cases}$$

求频谱函数 $F(\omega)$。

解 前面已讨论了

$$f_0(t)=\begin{cases}E, & |t|<\tau/2\\0, & |t|>\tau/2\end{cases}$$

的频谱函数，且

$$F_0(\omega)=E\tau\,\mathrm{Sa}\left(\frac{\omega\tau}{2}\right)$$

根据尺度变换性，信号 $f(t)$ 比 $f_0(t)$ 的时间尺度扩展一倍，即波形压缩了一半，因此其频谱函数

$$F(\omega)=\frac{1}{2}F_0\left(\frac{\omega}{2}\right)=\frac{E\tau}{2}\mathrm{Sa}\left(\frac{\omega\tau}{4}\right)$$

两种信号的波形及频谱函数如图 3.19 所示。

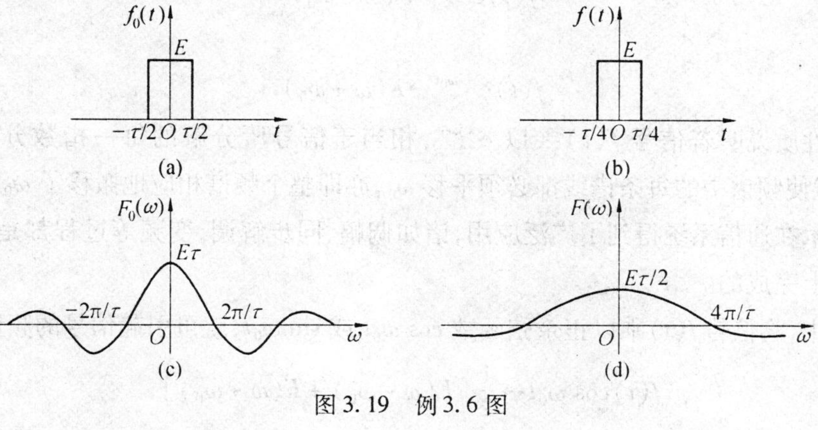

图 3.19 例 3.6 图

5. 时移特性

若

$$f(t)\leftrightarrow F(\omega)$$

则

$$f(t+t_0)\leftrightarrow F(\omega)\mathrm{e}^{\mathrm{j}\omega t_0} \tag{3.46}$$

证明

$$\mathscr{F}[f(t+t_0)]=\int_{-\infty}^{+\infty}f(t+t_0)\mathrm{e}^{-\mathrm{j}\omega t}\mathrm{d}t$$

令 $x=t+t_0$，则

$$\mathscr{F}[f(t+t_0)]=\int_{-\infty}^{+\infty}f(x)\mathrm{e}^{-\mathrm{j}\omega x}\mathrm{e}^{\mathrm{j}\omega t_0}\mathrm{d}x=\mathrm{e}^{\mathrm{j}\omega t_0}\int_{-\infty}^{+\infty}f(x)\mathrm{e}^{-\mathrm{j}\omega x}\mathrm{d}x=\mathrm{e}^{\mathrm{j}\omega t_0}F(\omega)$$

同理可得

$$f(t-t_0)\leftrightarrow F(\omega)\mathrm{e}^{-\mathrm{j}\omega t_0} \tag{3.47}$$

此性质表明若在时域 $f(t)$ 平移时间 t_0，则其频谱函数的振幅并不改变，但其相位却将改变 ωt_0。由此还可以得出这样的结论：信号的幅度频谱是由信号的波形形状决定的，与信号在时间轴上出现的位置无关；而信号的相位频谱则是信号波形形状和在时间轴上出现的位置共同决定的。

6. 频移特性

若

$$f(t)\leftrightarrow F(\omega)$$

则

$$f(t)\mathrm{e}^{\mathrm{j}\omega_0 t}\leftrightarrow F(\omega-\omega_0) \tag{3.48}$$

证明 因为

$$\mathscr{F}[f(t)\mathrm{e}^{\mathrm{j}\omega t}]=\int_{-\infty}^{+\infty}f(t)\mathrm{e}^{\mathrm{j}\omega_0 t}\mathrm{e}^{-\mathrm{j}\omega t}\mathrm{d}t=\int_{-\infty}^{+\infty}f(t)\mathrm{e}^{-\mathrm{j}(\omega-\omega_0)t}\mathrm{d}t=F(\omega-\omega_0)$$

所以

$$f(t)\mathrm{e}^{\mathrm{j}\omega_0 t}\leftrightarrow F(\omega-\omega_0)$$

同理可得

$$f(t)\mathrm{e}^{-\mathrm{j}\omega_0 t}\leftrightarrow F(\omega+\omega_0)$$

频移性质说明若信号 $f(t)$ 乘以 $\mathrm{e}^{\pm\mathrm{j}\omega_0 t}$，相当于信号所分解的每一指数分量都乘以 $\mathrm{e}^{\pm\mathrm{j}\omega_0 t}$，这就使频谱中的每条谱线都必须平移 ω_0，亦即整个频谱相应地搬移了 ω_0 位置。频谱搬移技术在通信系统得到了广泛应用，诸如调幅、同步解调、变频等过程都是在频谱搬移的基础上完成的。

实用中，将信号 $f(t)$ 乘以正余弦函数 $\cos\omega_0 t$ 或 $\sin\omega_0 t$，就可引起信号的频谱搬移，即

$$f(t)\cos\omega_0 t\leftrightarrow\frac{1}{2}[F(\omega-\omega_0)+F(\omega+\omega_0)]$$

$$f(t)\sin\omega_0 t \leftrightarrow \frac{1}{2\mathrm{j}}[F(\omega-\omega_0)-F(\omega+\omega_0)]$$

7. 时域微分特性

若

$$f(t)\leftrightarrow F(\omega)$$

则

$$\frac{\mathrm{d}^n f(t)}{\mathrm{d}t^n}\leftrightarrow(\mathrm{j}\omega)^n F(\omega) \tag{3.49}$$

证明　因为

$$f(t)=\frac{1}{2\pi}\int_{-\infty}^{+\infty}F(\omega)\mathrm{e}^{\mathrm{j}\omega t}\mathrm{d}\omega$$

两边对 t 求导数，得

$$\frac{\mathrm{d}f(t)}{\mathrm{d}t}=\frac{1}{2\pi}\int_{-\infty}^{+\infty}\mathrm{j}\omega F(\omega)\mathrm{e}^{\mathrm{j}\omega t}\mathrm{d}\omega$$

所以

$$\frac{\mathrm{d}f(t)}{\mathrm{d}t}\leftrightarrow(\mathrm{j}\omega)F(\omega)$$

同理，可推出

$$\frac{\mathrm{d}^n f(t)}{\mathrm{d}t^n}\leftrightarrow(\mathrm{j}\omega)^n F(\omega)$$

【例3.7】　图3.20(a)所示信号 $f(t)$ 为三角形函数

$$f(t)=\begin{cases}1-\dfrac{|t|}{\tau}, & |t|<\tau\\ 0, & |t|>\tau\end{cases}$$

求其频谱函数 $F(\omega)$。

解　将 $f(t)$ 两次微分后，得到如图3.20(c)所示函数，其表达式为

$$f''(t)=\frac{1}{\tau}\delta(t+\tau)-\frac{2}{\tau}\delta(t)+\frac{1}{\tau}\delta(t-\tau)$$

由微分性质

$$\mathscr{F}[f''(t)]=(\mathrm{j}\omega)^2\mathscr{F}[f(t)]=\frac{1}{\tau}(\mathrm{e}^{\mathrm{j}\omega\tau}-2+\mathrm{e}^{-\mathrm{j}\omega\tau})=\frac{2}{\tau}[\cos\omega\tau-1]$$

所以

$$\mathscr{F}[f(t)]=\frac{2(\cos\omega\tau-1)}{\tau(\mathrm{j}\omega)^2}=\frac{\tau\sin^2(\omega\tau/2)}{(\omega\tau/2)^2}=\tau\,\mathrm{Sa}^2\left(\frac{\omega\tau}{2}\right)$$

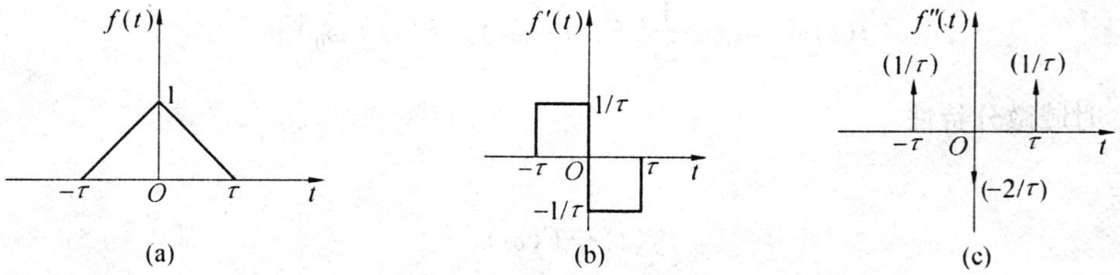

图 3.20　例 3.7 图

8. 频域微分特性

若

$$f(t)\leftrightarrow F(\omega)$$

则

$$tf(t)\leftrightarrow \mathrm{j}\frac{\mathrm{d}F(\omega)}{\mathrm{d}\omega}$$

$$t^n f(t)\leftrightarrow (\mathrm{j})^n\frac{\mathrm{d}^n F(\omega)}{\mathrm{d}\omega^n} \tag{3.50}$$

【例 3.8】　求 $f(t)=tu(t)$ 的频谱函数 $F(\omega)$。

解　因为

$$u(t)\leftrightarrow \pi\delta(\omega)+\frac{1}{\mathrm{j}\omega}$$

根据频域微分性

$$tu(t)\leftrightarrow \mathrm{j}\frac{\mathrm{d}}{\mathrm{d}\omega}\left[\pi\delta(\omega)+\frac{1}{\mathrm{j}\omega}\right]=\mathrm{j}\pi\delta'(\omega)-\frac{1}{\omega^2}$$

9. 时域积分性

若

$$f(t)\leftrightarrow F(\omega)$$

则

$$\int_{-\infty}^{t} f(\tau)\,\mathrm{d}\tau\leftrightarrow \frac{F(\omega)}{\mathrm{j}\omega}+\pi F(0)\delta(\omega) \tag{3.51}$$

【例 3.9】　求如图 3.21 所示信号 $f(t)$ 的频谱函数 $F(\omega)$。

解　$f(t)$ 对 t 求两次微分后，得

$$f''(t)=\frac{1}{\tau}\delta(t+\tau/2)-\frac{1}{\tau}\delta(t-\tau/2)$$

且

$$f''(t)\leftrightarrow \frac{1}{\tau}\mathrm{e}^{\mathrm{j}\omega\tau/2}-\frac{1}{\tau}\mathrm{e}^{-\mathrm{j}\omega\tau/2}=\mathrm{j}\frac{2}{\tau}\sin\left(\frac{\omega\tau}{2}\right)$$

由时域积分性

$$f'(t)=\int_{-\infty}^{t}f''(x)\,\mathrm{d}x\leftrightarrow\frac{2}{\tau\omega}\sin\left(\frac{\omega\tau}{2}\right)+\pi\times0\delta(\omega)=\frac{2}{\tau\omega}\sin\left(\frac{\omega\tau}{2}\right)=\mathrm{Sa}\left(\frac{\omega\tau}{2}\right)$$

$$f(t)=\int_{-\infty}^{t}f'(x)\,\mathrm{d}x\leftrightarrow\frac{2}{\mathrm{j}\omega^{2}\tau}\sin\left(\frac{\omega\tau}{2}\right)+\pi\mathrm{Sa}(0)\delta(\omega)=\pi\delta(\omega)+\frac{1}{\mathrm{j}\omega}\mathrm{Sa}\left(\frac{\omega\tau}{2}\right)$$

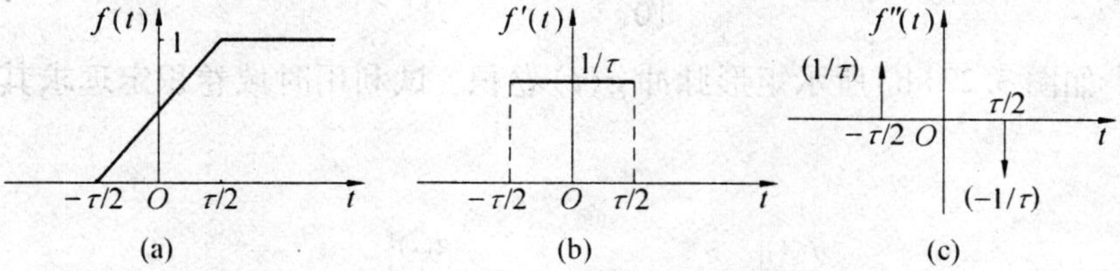

图 3. 21　例 3. 9 图

10. 频域积分性

若

$$f(t)\leftrightarrow F(\omega)$$

则

$$\frac{1}{\mathrm{j}}\pi f(0)\delta(t)+\frac{1}{t}f(t)\leftrightarrow\frac{1}{\mathrm{j}}\int_{-\infty}^{\omega}F(x)\,\mathrm{d}x \tag{3.52}$$

【例 3. 10】　已知$f(t)=\dfrac{\sin t}{t}$，求 $F(\omega)$。

解　因为

$$\sin t=\frac{1}{2\mathrm{j}}(\mathrm{e}^{\mathrm{j}t}-\mathrm{e}^{-\mathrm{j}t})\leftrightarrow\frac{2\pi}{2\mathrm{j}}[\delta(\omega-1)-\delta(\omega+1)]=\mathrm{j}\pi[\delta(\omega+1)-\delta(\omega-1)]$$

根据频域积分性

$$\frac{\sin t}{t}\leftrightarrow\frac{1}{\mathrm{j}}\int_{-\infty}^{\omega}\mathrm{j}\pi[\delta(x+1)-\delta(x-1)]\,\mathrm{d}x=\pi[u(\omega+1)-u(\omega-1)]$$

11. 时域卷积定理

若

$$f_1(t)\leftrightarrow F_1(\omega),\qquad f_2(t)\leftrightarrow F_2(\omega)$$

$$f_1(t)*f_2(t)\leftrightarrow F_1(\omega)F_2(\omega) \tag{3.53}$$

证明

$$\mathscr{F}[f_1(t)*f_2(t)]=\int_{-\infty}^{+\infty}\left[\int_{-\infty}^{+\infty}[f_1(\tau)f_2(t-\tau)]\,\mathrm{d}\tau\right]\mathrm{e}^{-\mathrm{j}\omega t}\,\mathrm{d}t=$$

$$\int_{-\infty}^{+\infty}f_1(\tau)\left[\int_{-\infty}^{+\infty}f_2(t-\tau)\mathrm{e}^{-\mathrm{j}\omega t}\,\mathrm{d}t\right]\mathrm{d}\tau=\int_{-\infty}^{+\infty}f_1(\tau)F_2(\omega)\mathrm{e}^{-\mathrm{j}\omega\tau}\,\mathrm{d}\tau=$$

$$F_2(\omega)\int_{-\infty}^{+\infty}f_1(\tau)\mathrm{e}^{-\mathrm{j}\omega\tau}\,\mathrm{d}\tau=F_1(\omega)F_2(\omega)$$

即

$$f_1(t)*f_2(t)\leftrightarrow F_1(\omega)F_2(\omega)$$

上式表明,两函数在时域中的卷积,等效于频域中两函数傅里叶变换的乘积。

【例 3.11】 如图 3.22(a)所示的三角形函数

$$f(t)=\begin{cases}1-\dfrac{|t|}{\tau}, & |t|<\tau\\ 0, & |t|>\tau\end{cases}$$

可看做两个如图 3.22(b)所示矩形脉冲 $g(t)$ 卷积。试利用时域卷积定理求其频谱函数 $F(\omega)$。

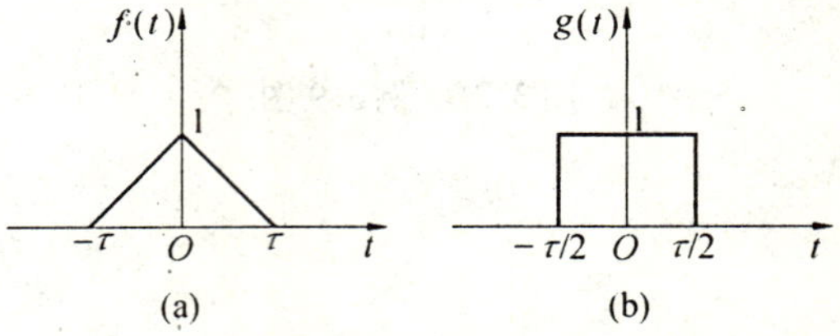

图 3.22 例 3.11 图

解 因为

$$g(t)\leftrightarrow\tau\frac{\sin(\omega\tau/2)}{\omega\tau/2}=\tau\,\mathrm{Sa}\left(\frac{\omega\tau}{2}\right)$$

又

$$f(t)=\frac{1}{\tau}g(t)*g(t)$$

所以

$$F(\omega)=\tau\,\mathrm{Sa}^2\left(\frac{\omega\tau}{2}\right)$$

12. 频域卷积定理

若

$$f_1(t)\leftrightarrow F_1(\omega),\qquad f_2(t)\leftrightarrow F_2(\omega)$$

则

$$f_1(t)f_2(t)\leftrightarrow\frac{1}{2\pi}F_1(\omega)*F_2(\omega)\tag{3.54}$$

13. 帕塞瓦尔定理

若

$$f_1(t)\leftrightarrow F_1(\omega),\qquad f_2(t)\leftrightarrow F_2(\omega)$$

则

$$\int_{-\infty}^{+\infty}f_1(t)f_2^*(t)\,\mathrm{d}t=\frac{1}{2\pi}\int_{-\infty}^{+\infty}F_1(\omega)F_2^*(\omega)\,\mathrm{d}\omega\tag{3.55}$$

可推广

$$\int_{-\infty}^{+\infty} |f_1(t)|^2 dt = \frac{1}{2\pi}\int_{-\infty}^{+\infty} |F_1(\omega)|^2 d\omega \tag{3.56}$$

若$f_1(t)$为实函数,则

$$\int_{-\infty}^{+\infty} f_1^2(t) dt = \frac{1}{2\pi}\int_{-\infty}^{+\infty} F_1^2(\omega) d\omega \tag{3.57}$$

若$f_1(t)$,$f_2(t)$为实函数,则

$$\int_{-\infty}^{+\infty} f_1(t) f_2(t) dt = \frac{1}{2\pi}\int_{-\infty}^{+\infty} F_1(\omega) F_2(\omega) d\omega \tag{3.58}$$

傅里叶变换的基本性质归纳见表 3. 3。

表 3. 3　傅里叶变换的基本性质

性质名称	时域	频域
线性	$a_1 f_1(t) + a_2 f_2(t)$	$a_1 F_1(\omega) + a_2 F_2(\omega)$
对称性	$F(t)$	$2\pi f(-\omega)$
折叠性	$f(-t)$	$F(-\omega)$
尺度变换性	$f(at)$	$\frac{1}{\lvert a\rvert}F\left(\frac{\omega}{a}\right)$
时移性	$f(t \pm t_0)$	$F(\omega)e^{\pm j\omega t_0}$
频移性	$e^{\pm j\omega_0 t}f(t)$	$F(\omega \mp \omega_0)$
时域微分	$\frac{d^n f(t)}{dt^n}$	$(j\omega)^n F(\omega)$
频域微分	$t^n f(t)$	$(j)^n \frac{d^n F(\omega)}{d\omega^n}$
频域积分	$\frac{1}{j}\pi f(0)\delta(t) + \frac{1}{t}f(t)$	$\frac{1}{j}\int_{-\infty}^{\omega} F(x) dx$
时域卷积	$f_1(t) * f_2(t)$	$F_1(\omega) F_2(\omega)$
频域卷积	$f_1(t) f_2(t)$	$\frac{1}{2\pi}F_1(\omega) * F_2(\omega)$
帕塞瓦尔定理	$\int_{-\infty}^{+\infty} f_1(t) f_2^*(t) dt = \frac{1}{2\pi}\int_{-\infty}^{+\infty} F_1(\omega) F_2^*(\omega) d\omega$	

3.6　周期信号的傅里叶变换

周期信号虽然不满足绝对可积的条件,但其傅里叶变换是存在的。由于周期信号频谱是离散的,所以它的傅里叶变换必然也是离散的,而且是由一系列冲激信号组成的。下面先讨论几种常见的周期信号的傅里叶变换,然后再讨论一般周期信号的傅里叶变换。

1. 复指数信号的傅里叶变换

对于复指数信号

$$f(t) = e^{\pm j\omega_0 t}, \qquad -\infty < t < +\infty$$

因为

$$1 \leftrightarrow 2\pi\delta(\omega)$$

由频移性

$$\mathscr{F}[e^{j\omega_0 t}]=2\pi\delta(\omega-\omega_0) \tag{3.59}$$

$$\mathscr{F}[e^{-j\omega_0 t}]=2\pi\delta(\omega+\omega_0) \tag{3.60}$$

复指数信号是表示一个单位长度的向量以固定的角频率 ω_0 随时间旋转,经傅里叶变换后,其频谱为集中于 ω_0,强度为 2π 的冲激。这说明信号时间特性的相移对应于频域中的频率转移。

2. 余弦、正弦信号的傅里叶变换

对于余弦信号

$$f_1(t)=\cos\omega_0 t=\frac{e^{j\omega_0 t}+e^{-j\omega_0 t}}{2},\qquad -\infty<t<\infty$$

其频谱函数

$$F_1(\omega)=\frac{1}{2}[2\pi\delta(\omega-\omega_0)+2\pi\delta(\omega+\omega_0)]=\pi[\delta(\omega-\omega_0)+\delta(\omega+\omega_0)] \tag{3.61}$$

对于正弦信号

$$f_2(t)=\sin\omega_0 t=\frac{e^{j\omega_0 t}-e^{-j\omega_0 t}}{2j},\qquad -\infty<t<+\infty$$

有

$$F_2(\omega)=\frac{1}{2j}[2\pi\delta(\omega+\omega_0)-2\pi\delta(\omega+\omega_0)]=j\pi[\delta(\omega+\omega_0)-\delta(\omega-\omega_0)] \tag{3.62}$$

它们的波形及其频谱如图 3.23 所示。

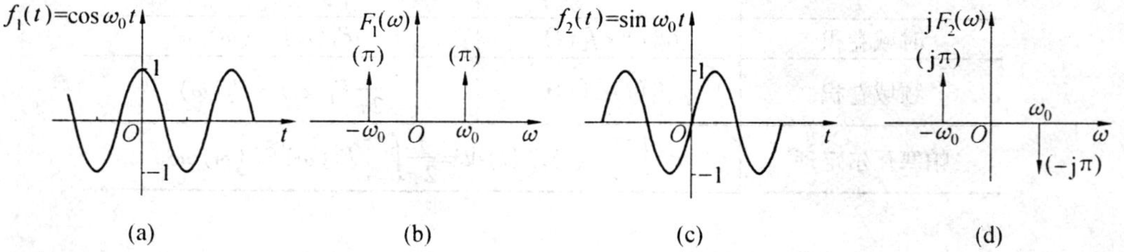

图 3.23　余弦、正弦信号波形及其频谱

3. 单位冲激序列 $\delta_T(t)$ 的傅里叶变换

若信号 $f(t)$ 为单位冲激序列,即

$$f(t)=\delta_T(t)=\sum_{n=-\infty}^{+\infty}\delta(t-nT) \tag{3.63}$$

则其傅里叶级数展开式为

$$f(t)=\sum_{n=-\infty}^{+\infty}\frac{1}{T}e^{jn\Omega t} \tag{3.64}$$

对其进行傅里叶变换,并利用线性和频移性得

$$F(\omega)=\frac{1}{T}\sum_{n=-\infty}^{+\infty}2\pi\delta(\omega-n\Omega)=\Omega\sum_{n=-\infty}^{+\infty}\delta(\omega-n\Omega) \tag{3.65}$$

式中，$\Omega=\frac{2\pi}{T}$。

可见，时域周期为 T 的单位冲激序列，其傅里叶变换也是周期冲激序列，而频域周期为 Ω，冲激强度相等，均为 Ω。周期单位冲激序列波形、傅里叶系数 C_n 与频谱函数 $F(\omega)$ 如图 3.24 所示。

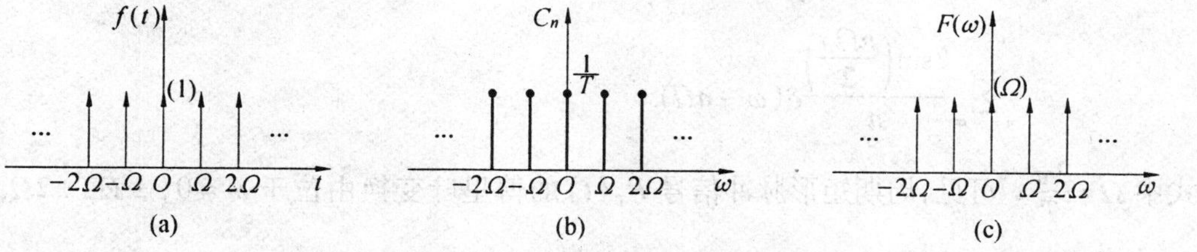

图 3.24　周期单位冲激序列波形、傅里叶系数及频谱

4. 一般周期信号的傅里叶变换

对于一般周期为 T 的周期信号 $f(t)$，其指数型傅里叶级数展开式为

$$f(t)=\sum_{n=-\infty}^{+\infty} C_n \mathrm{e}^{\mathrm{j}n\Omega t}$$

式中，$\Omega=\frac{2\pi}{T}$，$C_n=\frac{1}{T}\int_{-T/2}^{T/2} f(t)\mathrm{e}^{-\mathrm{j}n\Omega t}\mathrm{d}t$。

对上式两边取傅里叶变换，并利用其线性和频移性，可得

$$F(\omega)=\sum_{n=-\infty}^{+\infty} C_n 2\pi\delta(\omega-n\Omega)=2\pi\sum_{n=-\infty}^{+\infty} C_n\delta(\omega-n\Omega) \tag{3.66}$$

式(3.66)表明，一般周期信号的傅里叶变换(频谱函数)是由无穷多个冲激函数组成的，这些冲激函数位于信号的各谐波频率处，其强度为相应傅里叶级数系数 C_n 的 2π 倍。

可见，周期信号的频谱是离散的。但由于傅里叶变换是反映频谱密度的概念，因此周期信号 $f(t)$ 的傅里叶变换 $F(\omega)$ 不同于傅里叶系数 C_n，它不是有限值，而是冲激函数，这表明在无穷小的频带范围(即谐频点)取得了无穷大的频谱值。

【例 3.12】　图 3.25(a)表示一周期为 T，脉冲宽度为 τ，幅度为 1 的周期性矩形脉冲信号，记为 $P_T(t)$，试求其频谱函数。

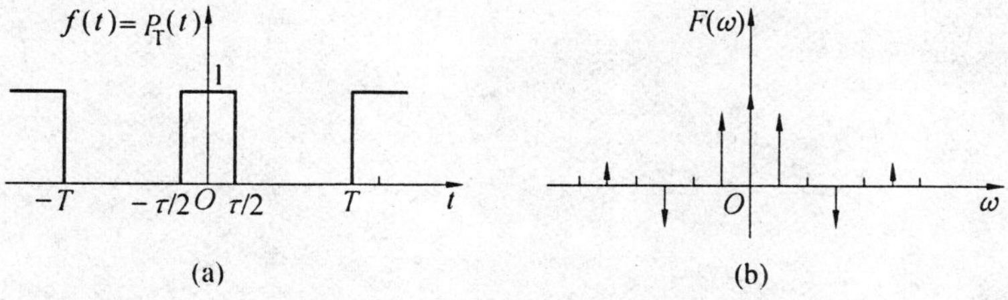

图 3.25　例 3.12 图

解 周期性矩形脉冲信号 $f(t)=P_T(t)$ 的傅里叶系数为

$$C_n=\frac{1}{T}\int_{-T/2}^{T/2}f(t)\mathrm{e}^{-\mathrm{j}n\Omega t}\mathrm{d}t=\int_{-\tau/2}^{\tau/2}\mathrm{e}^{\mathrm{j}n\Omega t}\mathrm{d}t=\frac{\tau}{T}\mathrm{Sa}\left(\frac{n\Omega\tau}{2}\right)$$

代入式(3.66),得

$$F(\omega)=\sum_{n=-\infty}^{+\infty}C_n 2\pi\delta(\omega-n\Omega)=2\pi\sum_{n=-\infty}^{+\infty}\frac{\tau}{T}\mathrm{Sa}\left(\frac{n\Omega\tau}{2}\right)\delta(\omega-n\Omega)=$$

$$\sum_{n=-\infty}^{+\infty}\frac{2\sin\left(\frac{n\Omega\tau}{2}\right)}{n}\delta(\omega-n\Omega)$$

式中 $\Omega=\frac{2\pi}{T}$。可见,周期矩形脉冲信号 $P_T(t)$ 的傅里叶变换由位于 $\omega=0,\pm\Omega,\pm2\Omega,\cdots$ 处的冲激函数所组成,其在 $\omega=\pm n\Omega$ 处的强度为 $\frac{2\sin(n\Omega\tau/2)}{n}$。图3.25(b)给出了 $T=2\tau$ 情况下的频谱图。

第 4 章

连续系统频域分析

4.1 引　　言

线性时不变连续时间系统的频域分析是依据线性系统的叠加特性和齐次特性，运用傅里叶级数或傅里叶变换，将信号分解成一系列离散的或连续的复指数信号之和，即对周期信号$f(t)$，有

$$f(t)=\sum_{n=-\infty}^{+\infty}C_n e^{jn\Omega t}$$

且

$$C_n=\frac{1}{T}\int_{-T/2}^{T/2}f(t)e^{-jn\Omega t}dt$$

式中，$\Omega=\frac{2\pi}{T}$。

对非周期信号$f(t)$，有

$$f(t)=\frac{1}{2\pi}\int_{-\infty}^{+\infty}F(\omega)e^{j\omega t}d\omega$$

且

$$F(\omega)=\int_{-\infty}^{+\infty}f(t)e^{-j\omega t}dt$$

然后将这些基本复指数信号作用于系统，并把所得的响应取和，即可给出系统对于信号$f(t)$的完整响应。

因此，频域分析法是把系统的激励和响应关系应用傅里叶变换从时域变换到频域来研究，从处理时间变量t转换成处理频率变量ω，从求解系统的微分方程转化为求解代数方程，通过响应的频谱函数来研究响应的频率结构和系统的功能。

本章将研究不同信号通过线性系统的响应，信号通过线性系统不失真的条件，理想低通模型及信号抽样、调制等。

4.2 周期信号激励下系统的响应

1. 复指数信号 $e^{j\omega t}$ 通过线性系统

对于一个单位冲激响应为 $h(t)$ 的线性时不变系统，若激励信号为

$$f(t)=e^{j\omega t},\qquad -\infty<t<\infty$$

则根据时域分析可知，系统对这一基本信号的零状态响应为

$$r_{zs}(t)=e^{j\omega t}*h(t)=\int_{-\infty}^{+\infty}h(\tau)e^{j\omega(t-\tau)}d\tau=e^{j\omega t}\int_{-\infty}^{+\infty}h(\tau)e^{-j\omega\tau}d\tau$$

由傅里叶变换的定义，记

$$H(\omega)=\int_{-\infty}^{+\infty}h(t)e^{-j\omega t}dt \tag{4.1}$$

有

$$r_{zs}(t)=H(\omega)e^{j\omega t}=|H(\omega)|e^{j[\omega t+\varphi(\omega)]} \tag{4.2}$$

式中，$H(\omega)=|H(\omega)|e^{j\varphi(\omega)}$ 称为频域系统函数。因 $h(t)$ 可描述系统的时域特性，故 $H(\omega)$ 反映系统的频域特性。

可见，当基本信号 $e^{j\omega t}$ 通过线性系统时，其零状态响应就是用基本信号 $e^{j\omega t}$ 乘以系统函数 $H(\omega)$。而 $H(\omega)$ 就是系统单位冲激响应 $h(t)$ 的傅里叶变换。

2. 正弦信号通过线性系统

正弦信号

$$f(t)=A\cos\Omega t,\qquad -\infty<t<+\infty$$

通过线性系统的分析，在电路分析中已研究过。因

$$f(t)=A\cos\Omega t=\frac{A}{2}(e^{j\Omega t}+e^{-j\Omega t})$$

由式(4.2)可知，此时系统的零状态响应为

$$r_{zs}(t)=\frac{A}{2}H(\Omega)(e^{j\Omega t}+e^{-j\Omega t})=A|H(\Omega)|\cos[\Omega t+\varphi(\omega)] \tag{4.3}$$

式中

$$H(\Omega)=H(\omega)\Big|_{\omega=\Omega}=|H(\Omega)|e^{j\varphi(\Omega)}$$

所以，线性系统对正弦信号激励的响应为与激励同频率的正弦量，其振幅为激励的振幅与系统函数 $H(\Omega)$ 模值之乘积，其相位为激励的初相位与系统函数 $H(\Omega)$ 相位之和，这结果与正弦稳态中相量法的分析结论完全一致。

3. 一般周期信号通过线性系统

对于周期为 T 的非正弦周期信号 $h(t)$，可展开为

$$f(t)=\sum_{n=-\infty}^{+\infty}C_n e^{jn\Omega t}$$

式中

$$C_n=\frac{1}{T}\int_{-T/2}^{T/2}f(t)e^{-jn\Omega t}dt$$

由式(4.2)可知,此时系统的零状态响应

$$r_{zs}(t)=\sum_{n=-\infty}^{+\infty}C_nH(n\Omega)e^{jn\Omega t}=\sum_{n=-\infty}^{+\infty}|C_n||H(n\Omega)|e^{j[n\Omega t+\varphi(n\Omega)+\theta(n\Omega)]}=$$

$$C_0+\sum_{n=-\infty}^{+\infty}2|C_n||H(n\Omega)|\cos[n\Omega t+\varphi(n\Omega)+\theta(n\Omega)] \tag{4.4}$$

式中,$C_n=|C_n|e^{j\theta(n\Omega)}$,$H(n\Omega)=|H(n\Omega)|e^{j\varphi(n\Omega)}$。

因此,当周期信号$f(t)$作用于线性系统时,其零状态响应$r_{zs}(t)$仍为一周期信号,其周期和$f(t)$相同,仅相应指数型傅里叶级数扩大$H(n\Omega)$倍,从而可得到$r_{zs}(t)$的三角型傅里叶级数。

由于周期信号都是周而复始,无始无终的信号,当其作用于线性系统时,其激励作用的起点只能在$t\to-\infty$时。这意味着由初始条件所引起的系统储能的变化已消失,其零输入响应不存在。另一方面,系统响应中所有随时间而衰减的暂态分量也将由于时间的无穷延续而消失,只有稳态分量存在。因此,周期信号作用于系统的零状态响应就是稳态响应。所以,对于一个线性电路,可根据电路分析课程中的谐波分析方法求其稳态响应。

下面从傅里叶变换的观点来研究周期信号作用于线性系统时响应的频谱。

因

$$\mathscr{F}[f(t)]=F(\omega)=2\pi\sum_{n=-\infty}^{+\infty}C_n\delta(\omega-n\Omega)$$

所以

$$\mathscr{F}[r(t)]=R(\omega)=2\pi\sum_{n=-\infty}^{+\infty}C_nH(n\Omega)\delta(\omega-n\Omega) \tag{4.5}$$

式中

$$H(n\Omega)=H(\omega)\Big|_{\omega=n\Omega}$$

可见,响应的频谱和激励信号的频谱一样,也是由无穷项冲激序列$\delta(\omega-n\Omega)$组成的,是离散频谱,只是响应频谱的冲激强度被系统函数加权。

【例4.1】 如图4.1(a)所示电路,响应为电流$i(t)$,激励为电压$e(t)$。

(1)求系统函数$H(\omega)$;

(2)若激励$e(t)$如图4.1(b)所示,求其响应$i(t)$;

(3)确定响应的频谱密度函数$I(\omega)$,画出其频谱图。

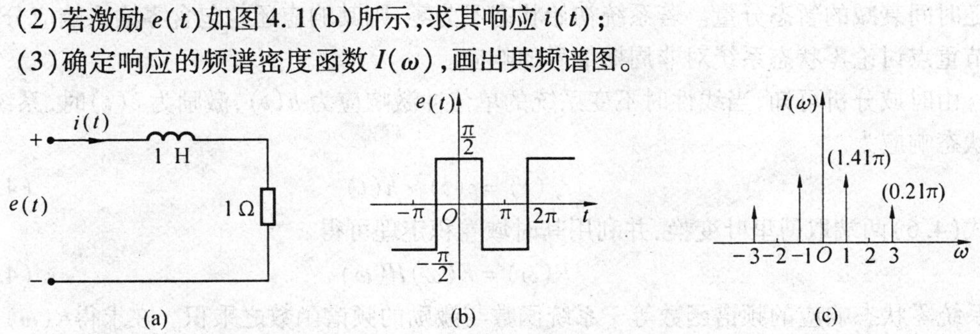

图4.1　例4.1图

解　(1)当$e(t)=\delta(t)$时,电路的冲激响应为

$$h(t)=e^{-t}u(t)$$

故电路的系统函数为

$$H(\omega)=\frac{1}{1+\mathrm{j}\omega}$$

(2)若激励 $e(t)$ 为如图4.1(b)所示波形,有 $\Omega=\frac{2\pi}{T}=1\ \mathrm{rad}\cdot\mathrm{s}^{-1}$,$e(t)$ 可表示为

$$e(t)=\sum_{n=-\infty}^{+\infty}\frac{1}{n}\sin\frac{n\pi}{2}\mathrm{e}^{\mathrm{j}nt}$$

或

$$e(t)=2\cos t-\frac{2}{3}\cos 3t+\frac{2}{5}\cos 5t-\cdots$$

电流响应为

$$i(t)=2\left|\frac{1}{1+\mathrm{j}}\right|\cos(t-\arctan 1)-\frac{2}{3}\left|\frac{1}{1+\mathrm{j}3}\right|\cos(3t-\arctan 3)+\cdots=$$

$$1.414\cos(t-45°)-0.21\cos(3t-71.6°)+0.08\cos(5t-78.8°)-\cdots$$

(3)响应的频谱函数为

$$I(\omega)=2\pi\left[\sum_{n=-\infty}^{+\infty}\frac{1}{n}\sin\frac{n\pi}{2}H(n)\delta(\omega-n)\right]=$$

$$\sum_{n=-\infty}^{+\infty}\frac{2\pi}{n}\sin\frac{n\pi}{2}\frac{1}{\mathrm{j}n+1}\delta(\omega-n)=$$

$$\begin{cases}\dfrac{2\pi}{n(\mathrm{j}n+1)}\sin\dfrac{n\pi}{2}\delta(\omega-n), & n=\pm1,\pm3,\cdots\\ 0, & n=0,\pm2,\pm4,\cdots\end{cases}$$

$I(\omega)$ 的幅度频谱如图4.1(c)所示。

4.3 非周期信号激励下系统的响应

非周期信号通过线性系统的响应与周期信号有所不同。由于非周期信号对系统的激励是有确定时间的,所以对于零状态系统,其响应只含零状态响应,其中既有稳态分量,也有随时间衰减的暂态分量。若系统初始状态不为零,则其响应还应包含零输入响应分量。本节重点讨论零状态系统对非周期信号的响应。

由时域分析可知,当线性时不变系统的单位冲激响应为 $h(t)$,激励为 $e(t)$ 时,系统的零状态响应为

$$r_{zs}(t)=e(t)*h(t) \tag{4.6}$$

将式(4.6)两端取傅里叶变换,并利用其时域卷积定理可得

$$R(\omega)=E(\omega)H(\omega) \tag{4.7}$$

即系统零状态响应的频谱函数等于系统函数与激励的频谱函数之乘积。在求得 $R(\omega)$ 后,则可利用

$$r_{zs}(t)=\mathscr{F}^{-1}[R(\omega)] \tag{4.8}$$

求得系统时域响应。

【例4.2】 某线性时不变系统的冲激响应 $h(t)=(\mathrm{e}^{-2t}-\mathrm{e}^{-3t})u(t)$,求激励信号

$e(t)=\mathrm{e}^{-t}u(t)$时系统的零状态响应。

解

$$H(\omega)=\mathscr{F}[h(t)]=\frac{1}{\mathrm{j}\omega+2}-\frac{1}{\mathrm{j}\omega+3}$$

由式(4.7)可知系统零状态响应 $r_{zs}(t)$ 的频谱函数为

$$R(\omega)=E(\omega)H(\omega)=\frac{1}{(\mathrm{j}\omega+1)(\mathrm{j}\omega+2)(\mathrm{j}\omega+3)}$$

将 $R(\omega)$ 用部分分式展开得

$$R(\omega)=\frac{1}{2}\frac{1}{\mathrm{j}\omega+1}-\frac{1}{\mathrm{j}\omega+2}+\frac{1}{2}\frac{1}{\mathrm{j}\omega+3}$$

进行反变换，可得

$$r_{zs}(t)=\mathscr{F}^{-1}[R(\omega)]=\left[\frac{1}{2}\mathrm{e}^{-t}-\mathrm{e}^{-2t}+\frac{1}{2}\mathrm{e}^{-3t}\right]u(t)$$

从上例可知，利用傅里叶变换求系统的零状态响应时，必须首先求得激励的频谱函数和频域系统函数，然后可求出零状态响应的频谱函数。这样从频谱改变的观点来解释激励与响应波形的差异，物理概念比较清楚，反映了系统本身是一个信号处理器。它依照自身的系统函数 $H(\omega)$ 的特性对输入信号的频谱 $E(\omega)$ 进行处理，使得输出响应的频谱 $R(\omega)$ 为 $E(\omega)H(\omega)$。但是傅里叶变换分析法求反变换一般比较困难，因此频域分析的目的通常不是由此求系统时域响应，而重点是在频域分析信号的频谱和系统的带宽以及研究信号通过系统传输时对信号频谱的影响等。

4.4　系统函数

从前面信号通过线性系统的分析中可以看到，系统函数 $H(\omega)$ 在系统频域分析中占有重要的地位，本节进一步研究 $H(\omega)$。

1. 定　义

系统函数 $H(\omega)$ 定义为

$$H(\omega)=\frac{R(\omega)}{E(\omega)} \tag{4.9}$$

即系统函数 $H(\omega)$ 等于零状态响应的频谱函数 $R(\omega)$ 与输入激励的频谱函数 $E(\omega)$ 之比，也就是电路分析中的网络函数或传输函数。随着激励信号与待求响应的关系不同，在电路分析中 $H(\omega)$ 将有不同的含义。它可以是阻抗函数、导纳函数、电压比或电流比。

2. $H(\omega)$ 的物理意义

由式(4.1)

$$H(\omega)=\mathscr{F}[h(t)]=\int_{-\infty}^{+\infty}h(t)\mathrm{e}^{-\mathrm{j}\omega t}\mathrm{d}t$$

可知 $H(\omega)$ 是系统单位冲激响应 $h(t)$ 的频谱函数，反之有

$$h(t)=\frac{1}{2\pi}\int_{-\infty}^{+\infty}H(\omega)\mathrm{e}^{\mathrm{j}\omega t}\mathrm{d}\omega \tag{4.10}$$

即 $H(\omega)$ 是将 $h(t)$ 分解为无穷多个指数信号之和时,其相应的频率密度函数。

由式(4.2)

$$r_{zs}(t)=H(\omega)e^{j\omega t}$$

可知,$H(\omega)$ 的另一个物理意义是当激励为 $e^{j\omega t}$ 时系统零状态响应的加权函数,而且可以看出零状态响应 $r_{zs}(t)$ 随时间 t 的变化规律与 $e^{j\omega t}$ 的变化规律完全相同,仅差一个加权函数 $H(\omega)$。

3. $H(\omega)$ 的求法

频域系统函数 $H(\omega)$ 的求解方法主要有:

(1)当给定激励与零状态响应时,根据定义求解,即

$$H(\omega)=\frac{R(\omega)}{E(\omega)}$$

(2)当已知系统单位冲激响应 $h(t)$ 时,由式(4.1)求解,即

$$H(\omega)=\mathscr{F}[h(t)]=\int_{-\infty}^{+\infty}h(t)e^{-j\omega t}dt$$

(3)当给定系统的电路模型时,用相量法求解。

(4)当给定系统的数学模型(微分方程)时,用傅里叶变换法求解。

【例4.3】 试求图4.2(a)中以 $i_2(t)$ 为响应时的系统函数 $H(\omega)$。

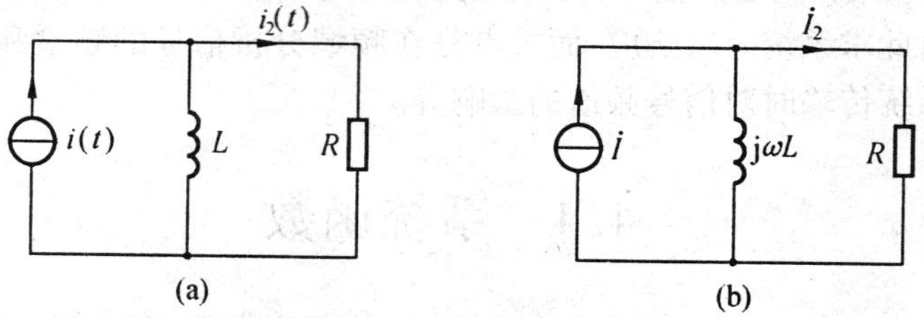

图4.2 例4.3图

解 图4.2(a)所示电路对应的频域电路模型如图4.2(b)所示。

根据相量分析法可知

$$H(\omega)=\frac{\dot{I}_2}{\dot{I}}=\frac{j\omega L}{R+j\omega L}$$

【例4.4】 已知描述系统的微分方程为

$$y''(t)+3y'(t)+2y(t)=f(t)$$

求系统函数 $H(\omega)$。

解 对原微分方程两边取傅里叶变换,并根据时域微分性质,可得

$$[(j\omega)^2+3(j\omega)+2]Y(\omega)=F(\omega)$$

所以

$$H(\omega)=\frac{Y(\omega)}{F(\omega)}=\frac{1}{(j\omega)^2+j3\omega+2}=\frac{1}{(2-\omega^2)+j3\omega}$$

4. 系统频率特性

由于 $H(\omega)$ 是冲激响应 $h(t)$ 的频谱函数,而 $h(t)$ 取决于系统本身结构,它描述了系统

的时域固有性质，因此 $H(\omega)$ 同样仅取决于系统本身结构。系统一旦给定，其系统函数 $H(\omega)$ 也随之确定，它反映了系统的频率特性，所以 $H(\omega)$ 是表征系统特征的重要物理量。已知

$$H(\omega) = |H(\omega)| e^{j\varphi(\omega)} \tag{4.11}$$

在这里，$|H(\omega)|$ 称为系统的幅频特性；$\varphi(\omega)$ 称为系统的相频特性。因此通过研究 $H(\omega)$ 就可了解系统的整个频率特性，从而了解系统的功能。

【例 4.5】　试求图 4.3 中以 $U_R(t)$ 为响应的系统函数 $H(\omega)$，并画出其频率特性曲线。

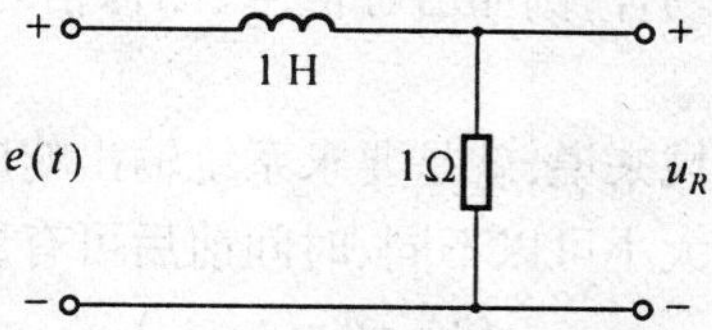

图 4.3　例 4.5 图

解　图 4.3 所示电路对应的频域模型，有

$$H(\omega) = \frac{\dot{U}_R}{\dot{U}} = \frac{1}{1 + j\omega}$$

所以，该系统幅频特性为

$$|H(\omega)| = \frac{1}{\sqrt{1+\omega^2}}$$

相频特性为

$$\varphi(\omega) = -\arctan\omega$$

其曲线如图 4.4 所示。可见该系统为一个低通滤波器。

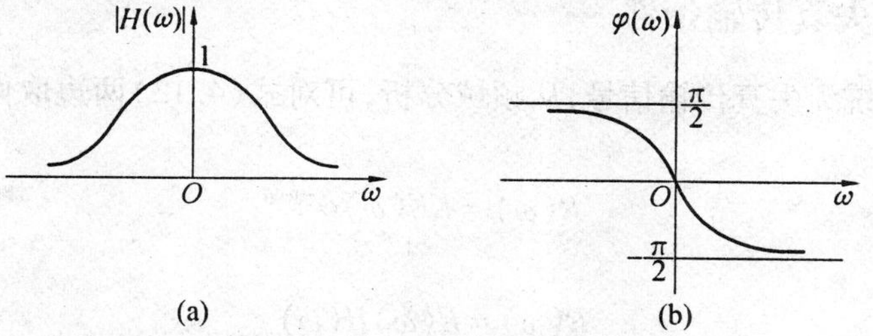

图 4.4　频率特性曲线

如果 $h(t)$ 是实函数，则系统幅频特性是 ω 的偶函数，相频特性是 ω 的奇函数。即

$$|H(\omega)| = |H(-\omega)|,\quad \varphi(\omega) = -\varphi(-\omega)$$

4.5　无失真传输及其条件

4.5.1　无失真传输

一个给定的线性非时变系统，在输入激励 $e(t)$ 的作用下，将会产生输出响应 $r(t)$。系统的这种功能，在时域分析和频域分析中可分别表示为

$$r(t)=e(t)*h(t)$$
$$R(\omega)=E(\omega)H(\omega)$$

这就是说，信号通过系统以后，将会改变原来的形状，成为新的波形；若从频率来说，系统改变了原有信号的频谱结构，组成了新的频谱。显然这种波形的改变或频谱的改变，将直接取决于系统本身的系统函数 $H(\omega)$。线性非时变系统的功能就像是一个滤波器。信号通过系统以后，某些频率分量的幅度保持不变，而另外一些频率分量的幅度产生了不同程度的衰减和相移。也就是说，信号经过系统作用后产生了失真。

在信号传输技术中，某些场合，例如语音信号、图像信号等，总是希望在传输过程中，信号的失真越小越好。

信号的无失真传输，从时域来说，就是要求系统输出响应的波形应当与系统输入激励信号的波形完全相同，而幅度大小可以不同、时间前后可有所差异，即

$$r(t)=Ke(t-t_0) \tag{4.12}$$

式中，K 与 t_0 均为常数。

这样，虽然输出响应 $r(t)$ 的幅度有系数 K 倍的变化，而且有 t_0 的延时，但整个波形的形状不变，如图 4.5 所示。

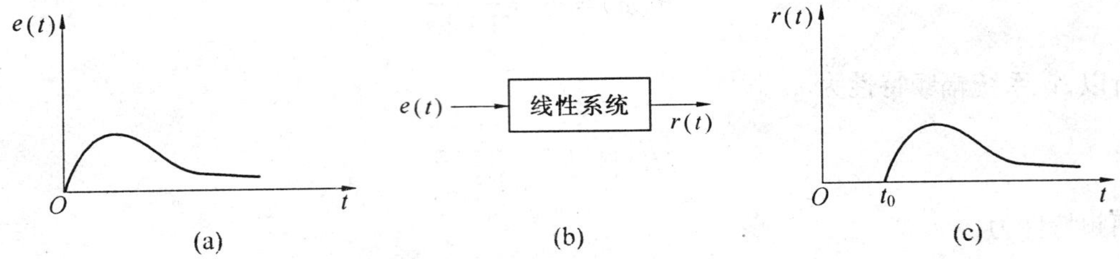

图 4.5　无失真传输

4.5.2　无失真传输条件

若要保持系统无失真传输信号，从频域分析，可对式(4.12)两边取傅里叶变换，并利用其时移性，有

$$R(\omega)=KE(\omega)e^{-j\omega t_0} \tag{4.13}$$

由于

$$R(\omega)=E(\omega)H(\omega)$$

所以无失真传输的系统函数为

$$H(\omega)=Ke^{-j\omega t_0} \tag{4.14}$$

即

$$|H(\omega)|=K,\quad \varphi(\omega)=-\omega t_0$$

因此，无失真传输系统在频域应满足两个条件：

(1) 系统的幅频特性在整个频率范围内应为常数 K，即系统的通频带为无穷大；

(2) 系统的相频特性在整个频率范围内应与 ω 成正比，即 $\varphi(\omega)=-\omega t_0$，如图 4.6 所示。

若对式(4.14)取傅里叶反变换，则可知系统的单位冲激响应为

$$h(t)=K\delta(t-t_0) \tag{4.15}$$

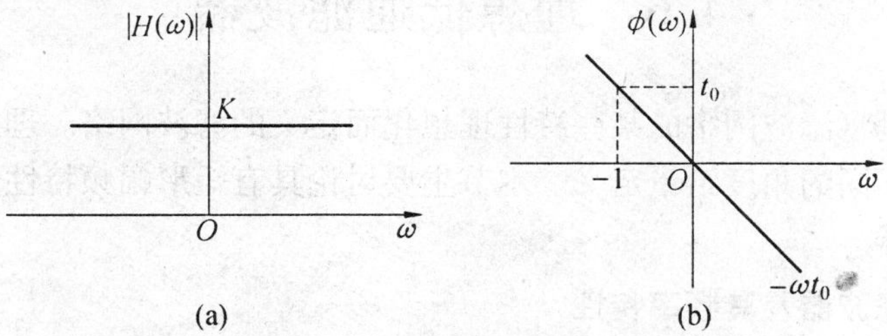

图 4.6　无失真传输条件

该式表明，一个无失真传输系统，其单位冲激响应仍为一个冲激函数，不过在强度上不一定为单位 1，位置上也不一定位于 $t=0$ 处。因此，式(4.14)从时域给出了无失真传输系统的条件。

无失真传输系统的幅频特性应在无限宽的频率范围内保持常量，这是不可能实现的。实际上，由于所有信号其能量总是随频率的增高而减少，因此，系统只要有足够大的频宽，以保证包含绝大多数能量的频率分量能够通过，就可以获得较满意的传输质量。

为了保证较高的通信质量，必须减小通信过程中的各类失真。因此正确理解和掌握信号传输的不失真条件以及信号通过线性系统的特性，对于通信技术具有重要的实际意义。

4.5.3　信号失真的类型

通常将失真分为以下两大类：

1. 非线性失真

一个系统，如果输出的响应中出现有输入激励信号中所没有的新的频率分量，则称之为非线性失真。而在线性系统中不会出现非线性失真。

2. 线性失真

在线性系统中出现的信号失真称为线性失真。在线性失真中，响应信号中不会出现激励信号中所没有的新的频率成分。线性失真是由于系统函数 $H(\omega)$ 不满足式(4.14)而引起的。

当 $|H(\omega)|$ 不等于常数 K 时所引起的失真称为幅度失真。幅度失真的原因在于系统对激励信号所有频率分量的幅度衰减不是均等的，一部分频率分量严重衰减，而另一部分频率分量可能畅通无阻，从而使输出波形不同于激励波形。

当 $\varphi(\omega)\neq-\omega t_0$ 时所产生的失真称为相位失真。不难想象，尽管信号所有频率分量的幅度衰减相等，但如果各频率分量的相移没有一定规律，致使各次谐波间相对位置发生变化，也将引起信号的失真。

4.6 理想低通滤波器

理想滤波器是将滤波网络的某些特性理想化而定义的滤波网络。理想滤波器可按不同的实际需要从不同的角度给予定义。本节主要讨论具有矩形幅频特性和线性相频特性的理想低通滤波器。

1. 理想低通滤波器及其频率特性

按照定义,一个理想低通滤波器允许低于截止频率 ω_0 的所有频率分量无失真地通过,而对于高于 ω_0 的所有频率分量能够完全抑制。所以,$|\omega|<\omega_0$ 的频率范围称为通带;$|\omega|>\omega_0$ 的频率范围称为阻带。只有在通带内理想低通滤波器才满足无失真传输条件。它的频率特性表示为

$$H(\omega)=|H(\omega)|e^{j\varphi(\omega)}$$

其中

$$|H(j\omega)|=\begin{cases}1, & |\omega|>\omega_0\\ 0, & |\omega|<\omega_0\end{cases}$$

$$\varphi(\omega)=-\omega t_0$$

图 4.7 示出了理想低通滤波器的幅频特性和相频特性。

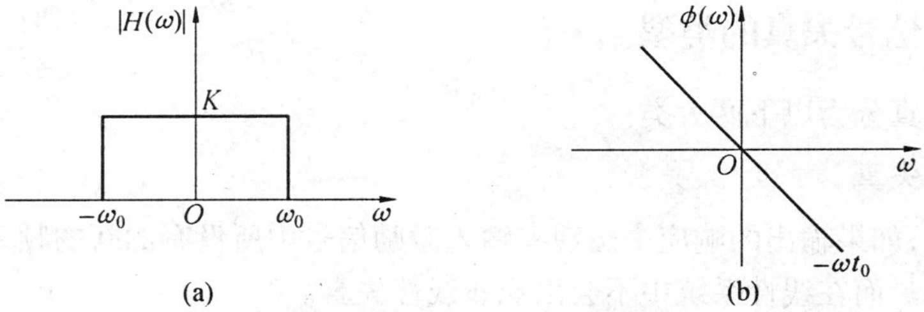

图 4.7 理想低通滤波器的幅频特性和相频特性

2. 理想低通滤波器的冲激响应

理想低通滤波器的冲激响应可由其频率特性 $H(\omega)$ 的傅里叶反变换求得,即

$$h(t)=\mathscr{F}^{-1}[H(\omega)]=\frac{1}{2\pi}\int_{-\infty}^{+\infty}H(\omega)e^{j\omega t}d\omega=\frac{1}{2\pi}\int_{-\omega_0}^{\omega_0}e^{j\omega(t-t_0)}d\omega=\frac{\omega_0}{\pi}\mathrm{Sa}[\omega_0(t-t_0)]$$

冲激响应 $h(t)$ 的波形如图 4.8 所示。

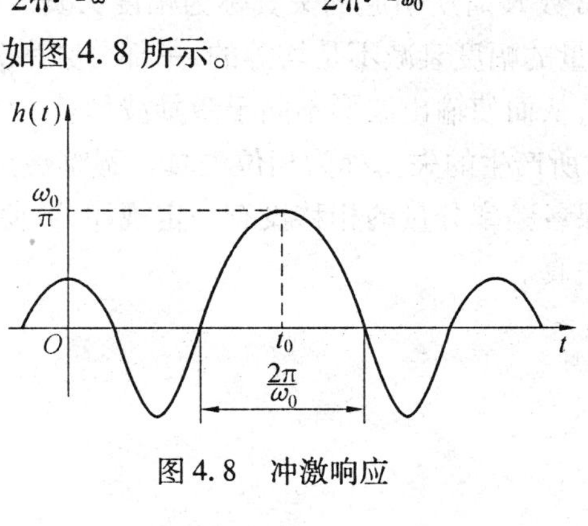

图 4.8 冲激响应

由此可见，冲激响应 $h(t)$ 的波形是抽样函数。峰值$\frac{\omega_0}{\pi}$与截止频率 ω_0 成正比，波形的主瓣持续时间为$\frac{2\pi}{\omega_0}$，即与 ω_0 成反比。

由图4.8可知，对于理想低通滤波器，其冲激响应 $h(t)$ 的波形不同于激励信号 $\delta(t)$ 的波形，而产生了严重失真。这是因为理想低通滤波器是通频带有限系统，而冲激信号 $\delta(t)$ 的频带宽度是无限宽的，经过理想低通滤波器的处理，它必然对信号波形产生影响。凡是高于 ω_0 的频率分量都衰减为零。同时可以看到，冲激响应峰值出现的时刻 t_0 比激励信号 $\delta(t)$ 延迟了一段时间 t_0，它正是低通滤波器相频特性的斜率。如果截止频率 ω_0 增大，则 $h(t)$ 峰值增加，主瓣宽度压缩。当 $\omega_0 \to +\infty$ 时，系统将失去低通滤波特性而变成一个无失真传输系统。

另外，由图4.8可以看到，冲激响应 $h(t)$ 在 $t<0$ 时已存在，即系统响应在时间上超前于激励，显然，这是违背因果规律的。因此理想低通滤波器属于非因果系统，实际上在物理上是无法实现的。根据推理，同样可以证明其他理想滤波器（如理想高通、理想带通滤波器等）也是物理上不可实现的系统。

判断物理可实现系统的时域准则是：响应不能在激励加入之前发生，也就是说物理可实现系统的冲激响应 $h(t)$ 必须是单边的，即 $t<0$ 时，$h(t)=0$。

可以证明，物理可实现系统的频域条件是幅频特性 $|H(\omega)|$ 必须满足下列关系式

$$\int_{-\infty}^{+\infty} \frac{|\ln|H(j\omega)||}{1+\omega^2} d\omega < +\infty \tag{4.16}$$

其中，$|H(j\omega)|$ 必须是平方可积的，即

$$\int_{-\infty}^{+\infty} |H(j\omega)|^2 d\omega < +\infty \tag{4.17}$$

上面两个式子称为佩利－维纳准则。可以看出，如果系统函数的幅值在某一有限频带中为零，即 $|H(j\omega)|=0$，则因为 $|\ln|H(j\omega)||=+\infty$，该系统将不符合因果性，也就是说该系统在物理上是无法实现的。因此，对于物理可实现系统，只允许 $|H(j\omega)|$ 在某些离散频率上为零，而不允许在一个有限宽的频带内为零，所以很明显，理想滤波器（包括理想低通、高通、带通、带阻滤波器）在实际上都是不能实现的。然而，只要可实现的滤波器能够做到相当接近于理想滤波特性，则有关理想滤波器的研究就不因无法实现而失去价值。

图4.9(a)所示就是一个二阶低通滤波器。若 $R=\sqrt{\frac{L}{2C}}$，$\omega_0=\frac{1}{\sqrt{LC}}$，则其冲激响应 $h(t)$ 和频率特性如图4.9(b)和(c)所示。可以看到，其特性接近于理想低通滤波器。

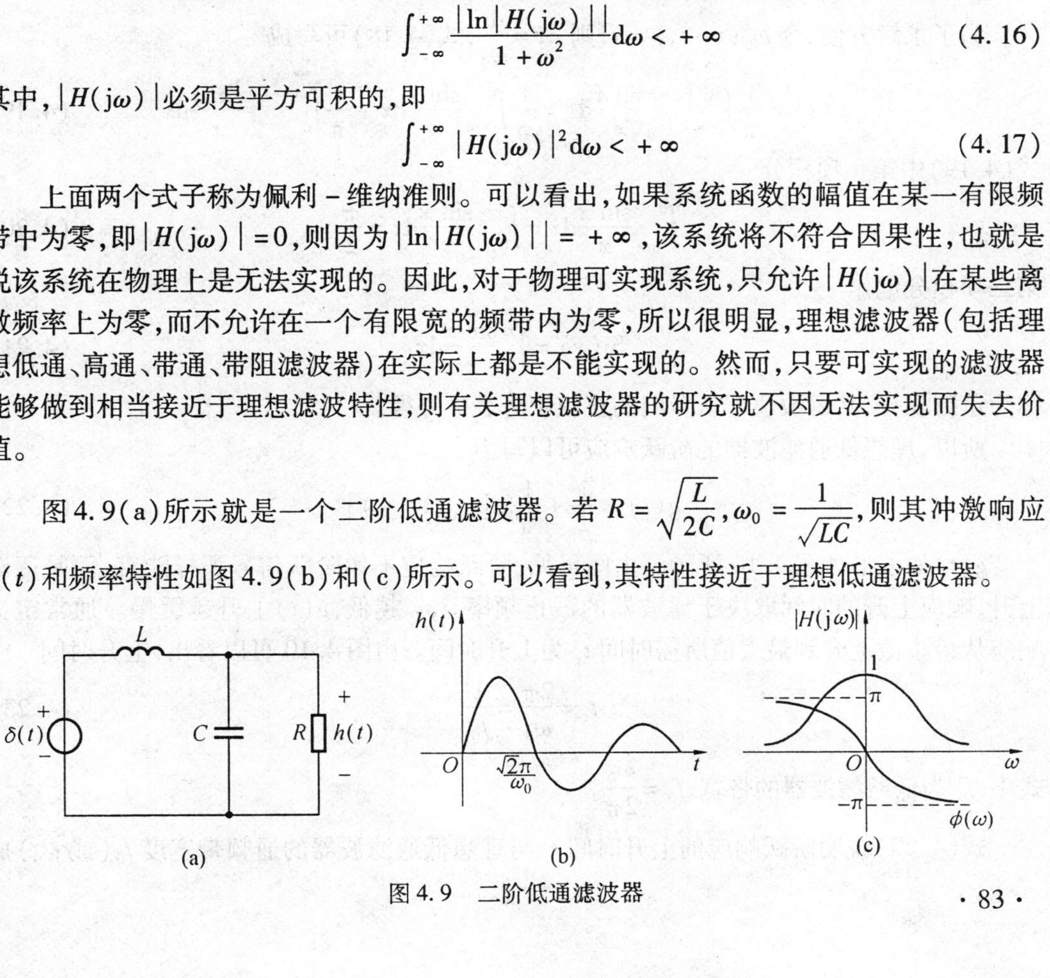

图4.9　二阶低通滤波器

3. 理想低通滤波器的阶跃响应

阶跃函数是一个很有实用意义的信号,因此有必要讨论理想低通滤波器对阶跃信号的响应。

在阶跃信号中有一个跳变点,这种信号随着时间的急剧改变意味着包含高频分量,如果这些高频分量由于滤波器带宽小而被滤除,则输出不再有跳变点,而表现为一个逐渐上升的时间波形。此上升时间与滤波器的截止频率成反比关系。截止频率越低,输出信号上升得越慢。

若理想低通滤波器的阶跃响应记为 $g(t)$,则根据时域分析可知,阶跃响应 $g(t)$ 和冲激响应 $h(t)$ 有如下关系:

$$g(t)=\int_{-\infty}^{t}h(\tau)\mathrm{d}\tau$$

因为

$$h(t)=\frac{\omega_0}{\pi}\mathrm{Sa}[\omega_0(t-t_0)]$$

所以

$$g(t)=\int_{-\infty}^{t}\frac{\omega_0}{\pi}\mathrm{Sa}[\omega_0(\tau-t_0)]\mathrm{d}\tau \tag{4.18}$$

为了求解方便,令 $\omega_0(\tau-t_0)=x$,则 $\mathrm{d}\tau=\frac{\mathrm{d}t}{\omega_0}$,式(4.18)可写成

$$g(t)=\frac{1}{\pi}\int_{-\infty}^{\omega_0(\tau-t_0)}\frac{\sin x}{x}\mathrm{d}x=\frac{1}{\pi}\int_{-\infty}^{0}\frac{\sin x}{x}\mathrm{d}x+\frac{1}{\pi}\int_{0}^{\omega(\tau-t_0)}\frac{\sin x}{x}\mathrm{d}x \tag{4.19}$$

式(4.19)中第一项积分

$$\int_{-\infty}^{0}\frac{\sin x}{x}\mathrm{d}x=\int_{0}^{+\infty}\frac{\sin x}{x}\mathrm{d}x=\frac{\pi}{2} \tag{4.20}$$

第二项积分记作

$$\mathrm{Si}(y)=\int_{0}^{y}\frac{\sin x}{x}\mathrm{d}x \tag{4.21}$$

称为正弦积分,其函数值可从专门的正弦积分表中查得。

所以,理想低通滤波器的阶跃响应可以写为

$$g(t)=\frac{1}{2}+\frac{1}{\pi}\mathrm{Si}[\omega_0(t-t_0)] \tag{4.22}$$

$g(t)$的波形如图 4.10 所示。由图可见,阶跃响应不像阶跃信号那样陡直,而是逐渐上升,响应上升的时间取决于滤波器的截止频率。ω_0 越低,$g(t)$上升越缓慢。通常定义响应从最小值上升到最大值所需时间 t_r 为上升时间。由图 4.10 可以看出,上升时间

$$t_r=\frac{2\pi}{\omega_0}=\frac{1}{f_0} \tag{4.23}$$

式中,f_0 为低通滤波器的带宽,$f_0=\frac{\omega_0}{2\pi}$。

式(4.23)说明阶跃响应的上升时间 t_r 与理想低通滤波器的通频带宽度 f_0(或 ω_0)成

反比。ω_0 越高，阶跃响应的上升时间 t_r 就越短，而当 $\omega_0 \to +\infty$ 时，则 $t_r \to 0$，滤波器无低通特性而成为一个无失真传输系统。

此外，由图4.10可以看到，阶跃响应 $g(t)$ 在 $t<0$ 时也存在，它同样反映了理想滤波器的非因果性和不可实现性。实际上可实现的低通滤波器的阶跃响应 $g(t)$ 接近于图4.11所示波形，例如图4.9(a)所示二阶低通滤波器的阶跃响应 $g(t)$ 如图4.11所示。

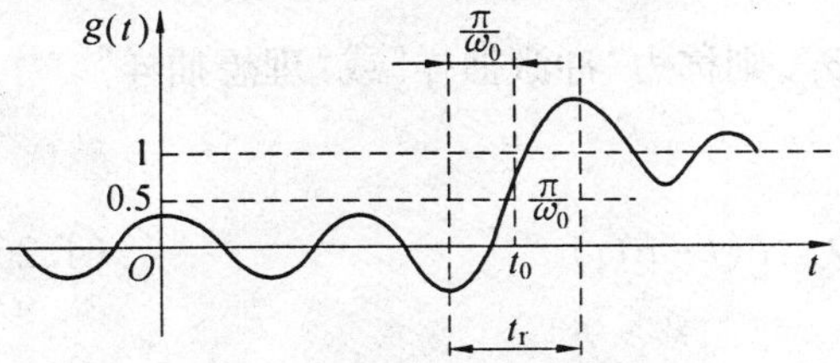

图4.10　理想低通滤波器的阶跃响应

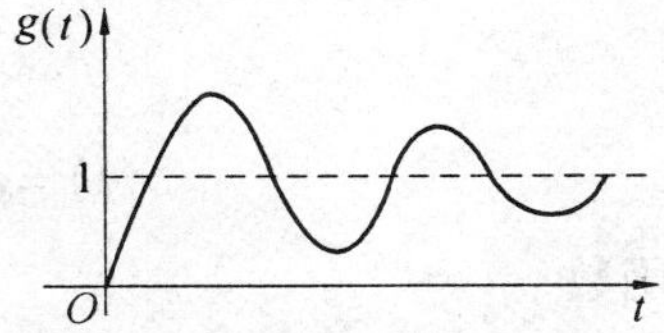

图4.11　可实现的低通滤波器的阶跃响应

4.7　抽样信号与抽样定理

前面主要研究了连续时间信号。但在许多实际问题中，需要将连续时间信号变换为离散信号，它仅在离散时刻才有定义。实际工程上大多数离散信号是从每隔一定时间对连续信号进行抽样而获得的。本节将讨论对连续信号进行抽样所引起的问题，从而得出无论在理论上还是在实践上都有重要意义的抽样定理。

4.7.1　限带信号和抽样信号

限带信号 $f(t)$ 是指其频谱宽度有限的信号，即频谱函数满足

$$F(\omega)=0,\quad |\omega|>\omega_m \tag{4.24}$$

式中，ω_m 称为信号 $f(t)$ 的最高频率。例如图4.12(a)所示 $f(t)$，若其频谱函数如图4.12(b)所示，则称 $f(t)$ 为限带信号。

抽样信号是指利用抽样序列 $s(t)$ 从连续信号 $f(t)$ 中"抽取"一系列离散样值而得的离散信号，或称为取样信号，用 $f_s(t)$ 表示。连续信号抽取的过程可用图4.13所示的数学模型，即抽样信号

$$f_s(t)=f(t)s(t) \tag{4.25}$$

式中，抽样序列 $s(t)$ 也称为开关函数。若其间隔时间相同，均为 T_s，则称均匀抽样。T_s 称为抽样周期；f_s 称为抽样频率，$f_s=\dfrac{1}{T_s}$；ω_s 称为抽样角频率，$\omega_s=2\pi f_s$。

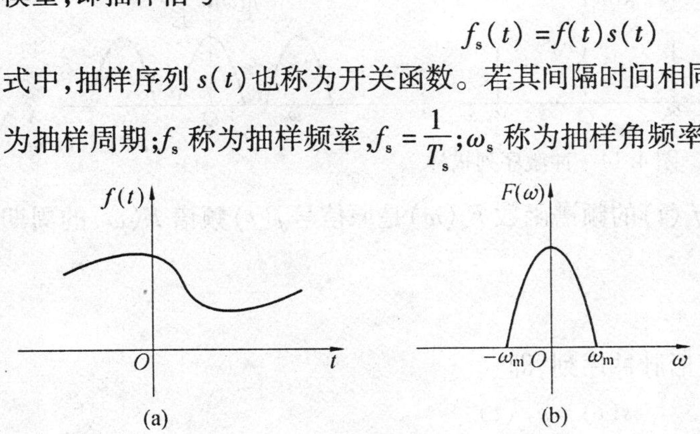

图4.12　限带信号

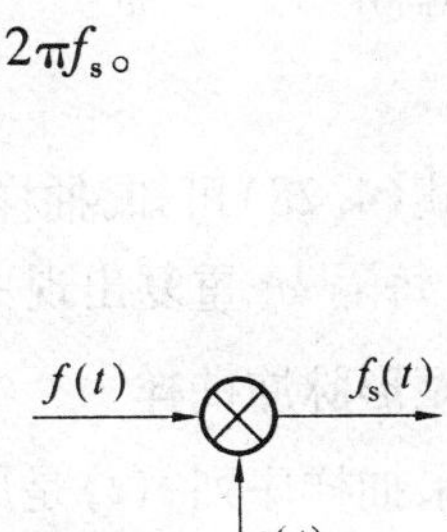

图4.13　抽样过程

4.7.2　抽样信号$f_s(t)$的频谱

因抽样信号$f_s(t)=f(t)s(t)$，故随抽样序列$s(t)$不同，$f_s(t)$也不尽相同，下面讨论常用的两种抽样信号频谱。

1. 冲激序列抽样

如果抽样脉冲$s(t)$是周期冲激函数序列δ_{T_s}，则称为“冲激抽样”或“理想抽样”。其中

$$S(t)=\delta_{T_s}(t)=\sum_{n=-\infty}^{+\infty}\delta(t-nT_s) \tag{4.26}$$

其频谱函数

$$S(\omega)=\mathscr{F}[s(t)]=\omega_s\sum_{n=-\infty}^{+\infty}\delta(\omega-n\omega_s) \tag{4.27}$$

式中，$\omega_s=\dfrac{2\pi}{T_s}$。

由式(4.27)可知，抽样信号

$$f_s(t)=f(t)s(t)=f(t)\delta_{T_s}(t)$$

设$\mathscr{F}[f(t)]=F(\omega)$，根据频域卷积定理，得抽样信号$f_s(t)$的频谱函数为

$$F_s(\omega)=\frac{1}{2\pi}F(\omega)*S(\omega)=\frac{1}{2\pi}F(\omega)*[\omega_s\sum_{n=-\infty}^{+\infty}\delta(\omega-n\omega_s)]$$

利用冲激函数卷积的性质，得

$$F_s(\omega)=\frac{\omega_s}{2\pi}\sum_{n=-\infty}^{+\infty}F(\omega-n\omega_s)=\frac{1}{T_s}\sum_{n=-\infty}^{+\infty}F(\omega-n\omega_s) \tag{4.28}$$

图4.14给出了$s(t)$，$f(t)$和$f_s(t)$及其频谱$S(\omega)$，$F(\omega)$和$F_s(\omega)$的关系。

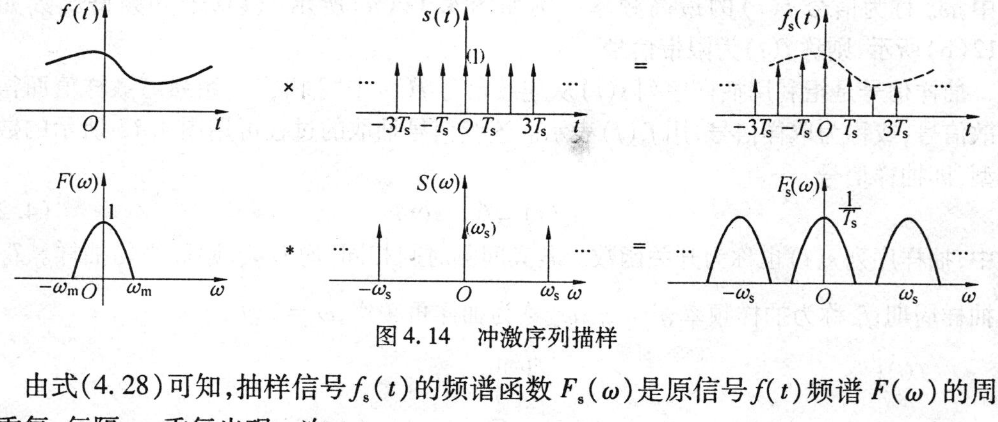

图4.14　冲激序列描样

由式(4.28)可知，抽样信号$f_s(t)$的频谱函数$F_s(\omega)$是原信号$f(t)$频谱$F(\omega)$的周期性重复，每隔ω_s重复出现一次。

2. 矩形脉冲抽样

如果抽样序列$s(t)$是周期矩形脉冲序列，即

$$s(t)=p_{T_s}(t)$$

其波形如图4.15所示，其频谱函数为

$$S(\omega)=\mathscr{F}[s(t)]=\frac{2\pi\tau}{T_s}\sum_{n=-\infty}^{+\infty}\mathrm{Sa}\left(\frac{n\omega_s\tau}{2}\right)\delta(\omega-n\omega_s) \tag{4.29}$$

如图 4.15 所示，它是频域周期 $\omega_s=\frac{2\pi}{T_s}$ 的冲激函数序列，冲激强度的包络线是抽样函数

$$\frac{2\pi\tau}{T_s}\mathrm{Sa}(\omega\tau/2)$$

由 $f_s(t)=f(t)s(t)=f(t)p_{T_s}(t)$，根据频域卷积定理可得抽样信号 $f_s(t)$ 的频谱函数为

$$F_s(\omega)=\frac{1}{2\pi}F(\omega)*S(\omega)=\frac{\tau}{T_s}F(\omega)*\sum_{n=-\infty}^{+\infty}Sa\left(\frac{n\omega_s\tau}{2}\right)\delta(\omega-n\omega_s)=$$

$$\frac{\tau}{T_s}\sum_{n=-\infty}^{+\infty}\mathrm{Sa}\left(\frac{n\omega_s\tau}{2}\right)F(\omega-n\omega_s) \tag{4.30}$$

$f_s(t)$ 及其频谱 $F(\omega)$，$F_s(\omega)$ 如图 4.15 所示。

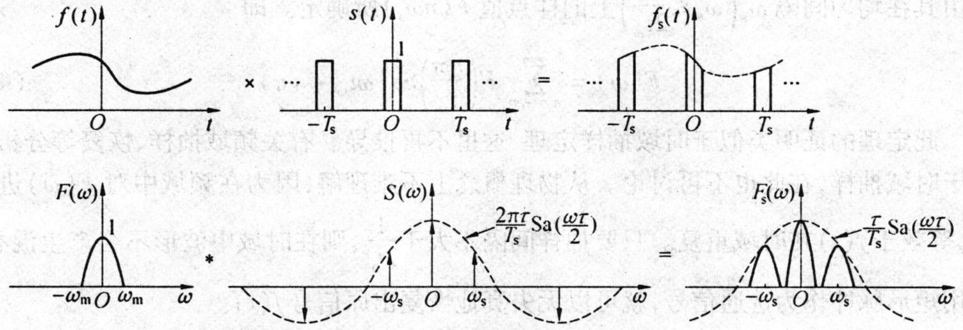

图 4.15　矩形脉冲抽样

由图 4.15 可以看出，抽样信号 $f_s(t)$ 的频谱函数是由原信号 $f(t)$ 的频谱 $F(\omega)$ 的无限个频移组成的，其频移的角频率为 $n\omega_s(n=0,\pm1,\pm2,\cdots)$，其幅度随 $\frac{\tau}{T_s}\mathrm{Sa}\left(\frac{\omega\tau}{2}\right)$ 变化。

4.7.3　时域抽样定理

1. 时域抽样定理

抽样定理在通信及信息理论传输方面占有十分重要的地位。一个频带有限的信号 $f(t)$，如果其最高频率为 ω_m，则信号 $f(t)$ 可以用时间间隔不大于 $\frac{\pi}{\omega_m}$ 的抽样信号唯一确定，这就是时域抽样定理。

抽样定理给出了连续信号离散化时的最大允许抽样间隔 $T_s=\frac{\pi}{\omega_m}$，此间隔称为奈奎斯特(Nyquist)间隔。对应的抽样频率 $f_s=2f_m$ 称为奈奎斯特频率(或 $\omega_s=2\omega_m$)，即最低允许的抽样频率。同时该定理说明，在满足 $\omega_s\geqslant2\omega_m$ 条件下所得到的离散信号包含原连续信号 $f(t)$ 的全部信息。

2. 原信号 $f(t)$ 的恢复

若使均匀冲激抽样信号 $f_s(t)$ 通过一个系统函数为

$$H(\omega)=\begin{cases}T_s, & |\omega|<\omega_m \\ 0, & |\omega|>\omega_m\end{cases} \tag{4.31}$$

的理想低通滤波器，则可恢复出原信号 $f(t)$，$f(t)$ 的恢复式为

$$f(t)=\sum_{n=-\infty}^{+\infty} f(nT_s)\frac{\sin\left[\frac{\pi}{T_s}(t-nT_s)\right]}{\frac{\pi}{T_s}(t-nT_s)}=\sum_{n=-\infty}^{+\infty} f(nT_s)\mathrm{Sa}\left[\frac{\pi}{T_s}(t-nT_s)\right] \tag{4.32}$$

4.7.4 频域抽样定理

根据时域与频域的对偶性，可得频域抽样定理为：

一个在时域区间 $(-t_m, t_m)$ 以外为零的有限时间信号 $f(t)$ 的频谱函数 $F(\omega)$，可唯一地由其在均匀间隔 $\omega_s\left(\omega_s\leqslant\frac{1}{2t_m}\right)$ 上的样点值 $F(n\omega_s)$ 所确定。即

$$F(\omega)=\sum_{n=-\infty}^{+\infty} F\left(\frac{n\pi}{t_m}\right)\mathrm{Sa}(\omega t_m-n\pi) \tag{4.33}$$

此定理的证明类似于时域抽样定理，这里不再推导。有关频域抽样、恢复等分析也类似于时域抽样，在此也不再讨论。从物理概念上不难理解，因为在频域中对 $F(\omega)$ 进行抽样，等效于 $f(t)$ 在时域重复。只要抽样间隔不大于 $\frac{1}{2t_m}$，则在时域中波形不会产生混叠，故可用矩形脉冲作为选通信号，就可以无失真地恢复出原信号 $f(t)$。

4.8 调制与解调

1. 调制

在无线电通信系统中，为实现电信号的传输，需要将待传送信号的频谱搬移到较高的频率范围，这种频谱的搬移称为信号的调制。

需要调制的原因主要有两方面。一方面，由电磁波辐射理论可知，只有当发射天线的尺寸等于信号波长的 1/10 或更大些，信号才能有效地通过天线发射出去；因为声音、图像等形成的电信号的频率很低，所以需要的天线尺寸应达到几十公里甚至几百公里，这显然是不可行的。另一方面，即使能把低频信号发射出去，也会造成各种低频信号的相互干扰，无法接收。

利用调制过程将每一个信号的频谱搬移到互不重叠的频率范围，使接收信号时，不致相互干扰。这个问题的解决使得在一个信道中可以传输多个信号，即实现了信道的“频分多路复用”。

调制，通常是由低频信号（又称调制信号）去控制一个高频振荡的振幅、频率或初相位等参数之中的任意一个来达到的，分别称为幅度调制、频率调制和相位调制；频率调制

和相位调制又统称角度调制。

图 4.16 所示为幅度调制(AM)系统。其中 $f(t)$ 为调制信号,亦即待传输或处理的信号;$s(t)=\cos\omega_0 t$ 称为载波信号,ω_0 为载波频率。因此,由此系统输出的响应 $y(t)$ 为

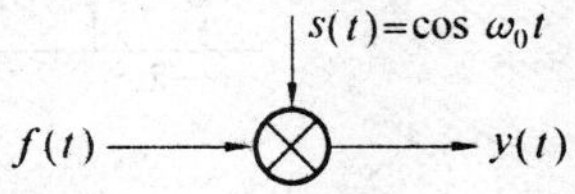

图 4.16　幅度调制系统

$$y(t)=f(t)\cos\omega_0 t \tag{4.34}$$

可见 $y(t)$ 是一个幅度随 $f(t)$ 变化的振荡信号,故称为调幅信号。若记

$$y(t)\leftrightarrow Y(\omega),\quad f(t)\leftrightarrow F(\omega),\quad s(t)\leftrightarrow S(\omega)$$

则由频域卷积定理,有

$$Y(\omega)=\frac{1}{2\pi}F(\omega)*S(\omega) \tag{4.35}$$

式中

$$S(\omega)=\pi[\delta(\omega-\omega_0)+\delta(\omega+\omega_0)]$$

所以

$$Y(\omega)=\frac{1}{2}[F(\omega-\omega_0)+F(\omega+\omega_0)] \tag{4.36}$$

若 $F(\omega)$ 和 $S(\omega)$ 如图 4.17(a),(b)所示,则调幅信号 $y(t)$ 的频谱 $Y(\omega)$ 如图 4.17(c)所示。

由图 4.17 可知,经调制后,原信号的频谱被重新复制并搬移至 $\pm\omega_0$ 处,即所需要的高频范围内。这种经过调制的高频信号很容易以电磁波形式辐射传播。

除幅度调制外,还有频率调制(FM)和相位调制(PM),它们较幅度调制具有更好的抑制噪声和抗干扰能力。

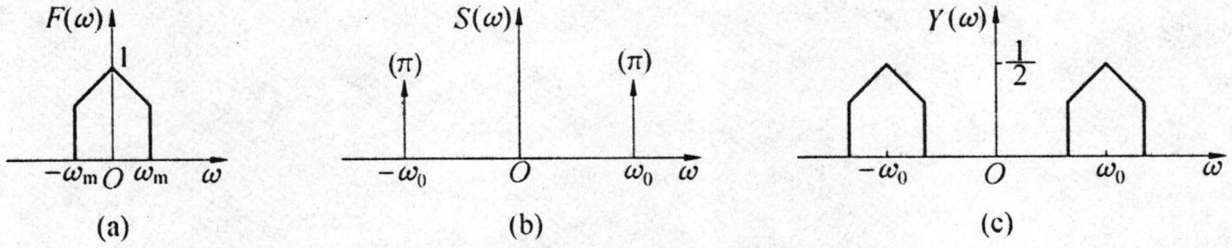

(a)　(b)　(c)

图 4.17　幅度调制系统的 $F(\omega)$,$S(\omega)$,$Y(\omega)$ 图像

2. 解调

由已调制高频信号 $y(t)$ 恢复原调制信号 $f(t)$ 的过程称为解调。图 4.18(a)所示为调幅信号的解调系统,其中 $s(t)=\cos\omega_0 t$ 称本地载波信号,它与原调幅的载波信号同频率同相位。可见该系统是把接收到的调幅信号经本地载波信号再调制,即

$$g(t)=y(t)s(t)=f(t)\cos^2\omega_0 t=\frac{1}{2}[f(t)+f(t)\cos 2\omega_0 t]$$

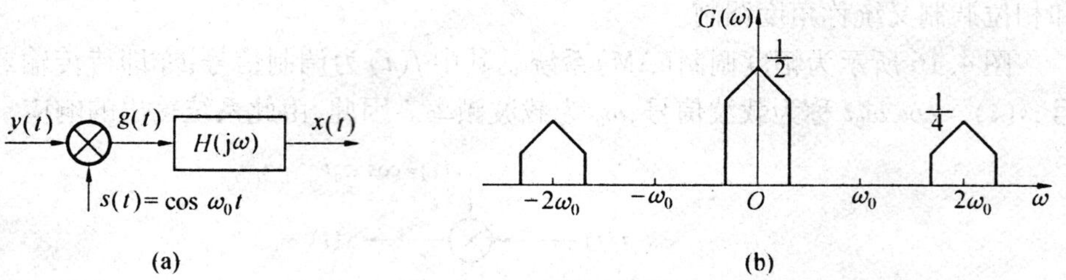

图4.18　调幅信号的解调系统

两端取傅里叶变换得

$$G(\omega)=\frac{1}{2}F(\omega)+\frac{1}{4}[F(\omega+2\omega_0)+F(\omega-2\omega_0)] \tag{4.37}$$

由图4.18(b)所示$G(\omega)$的频谱结构中可知，其中含有原信号$f(t)$的全部信息$F(\omega)$，此外还有附加的高频分量。当$g(t)$通过理想低通滤波器时，只要使该滤波器幅度为2，截止频率ω_c满足

$$\omega_m \leqslant \omega_c \leqslant 2\omega_0-\omega_m$$

由输出响应$x(t)=f(t)$达到恢复调制信号$f(t)$，完成解调的目的。

第5章 连续系统的复频域分析

5.1 拉普拉斯变换

1. 从傅里叶变换到拉普拉斯变换

由前章已知，当函数$f(t)$满足狄利克雷条件时，便构成一对傅里叶变换式

$$F(\omega)=\int_{-\infty}^{+\infty}f(t)e^{-j\omega t}dt \tag{5.1}$$

$$f(t)=\frac{1}{2\pi}\int_{-\infty}^{+\infty}F(\omega)e^{j\omega t}d\omega \tag{5.2}$$

考虑到在实际问题中遇到的总是因果信号，令信号起始时刻为零，于是在$t<0$的时间范围内$f(t)$等于零，这样，正变换表示的积分下限可以从零开始。

$$F(\omega)=\int_{0}^{+\infty}f(t)e^{-j\omega t}dt \tag{5.3}$$

但$F(\omega)$仍包含有$-\omega$与$+\omega$两部分分量，因此逆变换的积分限不改变。

再从狄利克雷条件考虑，在此条件之中，绝对可积的要求限制了某些增长信号，如e^{at} $(a<0)$傅里叶变换的存在，而对于阶跃信号、周期信号虽未受此约束，但其变换式中出现冲激函数$\delta(\omega)$，为使更多的函数存在变换，并简化某些变换形式或运算过程，引入一个衰减因子$e^{\sigma t}$（σ为任意实数）使它与$f(t)$相乘，于是$e^{\sigma t}f(t)$得以收敛，绝对可积条件就容易满足。按此原理，写出$e^{\sigma t}f(t)$的傅里叶变换

$$F_1(\omega)=\int_{0}^{+\infty}[f(t)e^{-\sigma t}]e^{-j\omega t}dt=\int_{0}^{+\infty}f(t)e^{-(\sigma+j\omega)t}dt \tag{5.4}$$

将式中$(\sigma+j\omega)$用符号s代替，令

$$s=\sigma+j\omega,\qquad s\text{称为复频率}$$

上式可写作$F(s)=\int_{0}^{+\infty}f(t)e^{-st}dt$，积分限从0开始称为单边拉氏变换，从$-\infty$开始称为双边拉氏变换，在本门课程中主要研究单边拉氏变换。

下面由傅里叶逆变换表示求$[f(t)e^{-\sigma t}]$，再寻找由$F(s)$求$f(t)$的一般表示式。

$$f(t)e^{-\sigma t}=\frac{1}{2\pi}\int_{-\infty}^{+\infty}F_1(\omega)e^{j\omega t}d\omega$$

等式两边各乘以$e^{\sigma t}$，因为它不是ω的函数，可以放到积分号内，于是得到

$$f(t)=\frac{1}{2\pi}\int_{-\infty}^{+\infty}F_1(\omega)\mathrm{e}^{(\sigma+\mathrm{j}\omega)t}\mathrm{d}\omega$$

已知 $s=\sigma+\mathrm{j}\omega$，所以 $\mathrm{d}s=\mathrm{d}\sigma+\mathrm{dj}\omega$，若 σ 为选定的常量，则 $\mathrm{d}s=\mathrm{dj}\omega,\mathrm{d}\omega=\frac{\mathrm{d}s}{\mathrm{j}}$，当 ω 在 $(-\infty,+\infty)$ 区间变化时，s 应在 $(\sigma-\mathrm{j}\infty,\sigma+\mathrm{j}\infty)$ 区间变化，所以变量代换后可得到

$$f(t)=\frac{1}{2\pi\mathrm{j}}\int_{\sigma-\mathrm{j}\infty}^{\sigma+\mathrm{j}\infty}F(s)\mathrm{e}^{st}\mathrm{d}s \tag{5.5}$$

至此我们已经得到了拉普拉斯变换式（也可称为拉氏变换式）。式中的 $f(t)$ 称为原函数，$F(s)$ 称为像函数。

由上可知，只要 σ 大于某个值，使 $\lim\limits_{t\to+\infty}f(t)\mathrm{e}^{-\sigma t}=0$，则信号 $f(t)$ 的拉普拉斯变换 $F(s)$ 必然存在。

为了简便，拉氏变换与反变换通常记为

$$F(s)=\mathscr{L}[f(t)]$$
$$f(t)=\mathscr{L}^{-1}[f(s)]$$

或简便记为变换式

$$f(t)\leftrightarrow F(s)$$

拉氏变换与傅氏变换定义的表示形式相似，以后将要讲到它们的性质也有许多相同之处。

拉普拉斯变换与傅里叶变换的基本差别在于：傅里叶变换将时域函数 $f(t)$ 变换为频域函数 $F(\omega)$，或作相反变换，时域中的变量 t 和频域中的变量 ω 都是实数；而拉氏变换将时域函数 $f(t)$ 变换为复变函数 $F(s)$，或作相反变换，这时，时域变量 t 虽然是实数，$F(s)$ 的变量 s 却是复数，与 ω 相比，变量 s 可称为“复频率”。傅里叶变换建立了时域和频域间的联系，而拉氏变换则建立了时域与复频域间的联系（复频域也称为 s 域）。

在以上讨论中，$\mathrm{e}^{-\sigma t}$ 衰减因子的引入是一个关键问题。从数字观点看，这是将函数 $f(t)$ 乘以因子 $\mathrm{e}^{-\sigma t}$，使之满足绝对可积条件；从物理意义看，是将频率 ω 变换为复频率 s，ω 只能描述振荡的重复频率，而 s 不仅能给出重复频率，还可以表示振荡幅度的增长速度或衰减速率。傅里叶变换是 $\sigma=0$，只在 $\mathrm{j}\omega$ 轴变化（图 5.1）。而拉氏变换是在 s 平面内变化，所以说傅里叶变换是拉普拉斯变换的特例。

2. 收敛域

如图 5.2 所示，σ_0 称为收敛坐标，通过 σ_0 垂直于 σ 轴的线称为收敛轴，大于收敛轴的平面称为收敛域。

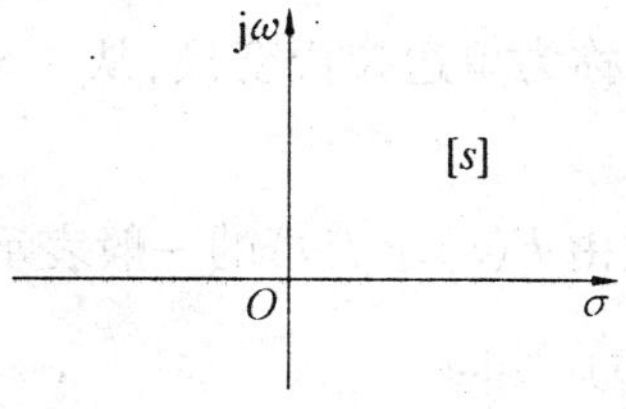

图 5.1　变化域

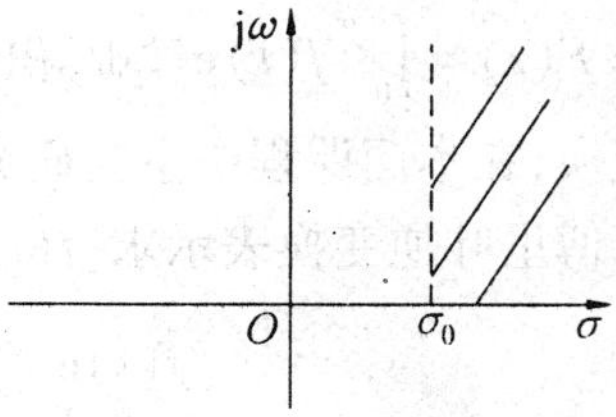

图 5.2　收敛域

【例 5.1】　求指数衰减信号 $f(t)=e^{-at}\varepsilon(t)$ 的拉氏变换。$(a>0)$

解　由定义可知

$$F(s)=\int_0^{+\infty}e^{-at}e^{-st}dt=\int_0^{+\infty}e^{-(s+a)t}dt=-\frac{e^{-(s+a)t}}{s+a}\bigg|_0^{+\infty}$$

如图 5.3 所示，当 s 中的 $\sigma>-a$ 时，则 $t\to\infty$，有 $e^{-(s+a)t}\to 0$，所以有 $F(s)=\dfrac{1}{s+a}$。$\sigma>-a$ 时使上式存在的区域称为 $F(s)$ 的收敛域，如图 5.4 所示。

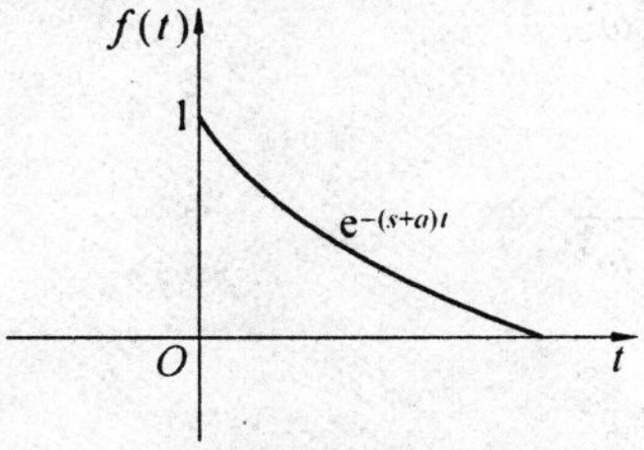

图 5.3　时域图

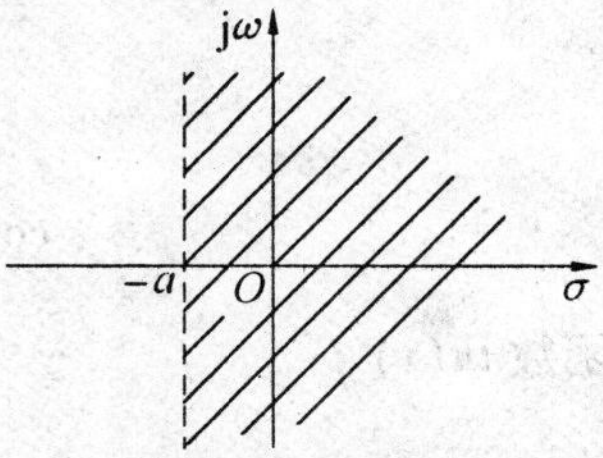

图 5.4　$F(s)$ 的收敛域

同理可得到指数增长函数 $f(t)=e^{at}\varepsilon(t)\ (a>0)$，则有 $F(s)=\dfrac{1}{s-a}$。

3. 常用信号的拉普拉斯变换

(1) 指数函数 $e^{\pm at}\varepsilon(t)$

$$F(s)=\int_0^{+\infty}e^{\pm at}e^{-st}dt=\frac{1}{s\mp a}\tag{5.6}$$

即

$$e^{\pm at}\varepsilon(t)\leftrightarrow\frac{1}{s\mp a}$$

(2) 单位冲激信号 $\delta(t)$

$$F(s)=\int_0^{+\infty}\delta(t)e^{-st}dt=1\tag{5.7}$$

即

$$\delta(t)\leftrightarrow 1$$

(3) 单位阶跃信号 $u(t)$

$$F(s)=\int_0^{+\infty}u(t)e^{-st}dt=\int_0^{+\infty}e^{-st}dt=-\frac{1}{s}e^{-st}\bigg|_0^{+\infty}=\frac{1}{s}\tag{5.8}$$

即

$$u(t)\leftrightarrow\frac{1}{s}$$

因为单边拉氏变换积分区间为 $[0,+\infty)$，所以，常数 1 的拉氏变换与 $\varepsilon(t)$ 相同。即有

$$1\leftrightarrow\frac{1}{s}$$

(4) 正弦信号 $\sin\omega t$

由欧拉公式

$$\sin \omega t = \frac{1}{2\mathrm{j}}(\mathrm{e}^{\mathrm{j}\omega t} - \mathrm{e}^{-\mathrm{j}\omega t})$$

得

$$F(s) = \frac{1}{2\mathrm{j}}\left(\frac{1}{s-\mathrm{j}\omega} - \frac{1}{s+\mathrm{j}\omega}\right) = \frac{\omega}{s^2+\omega^2} \tag{5.9}$$

即

$$\sin \omega t \leftrightarrow \frac{\omega}{s^2+\omega^2}$$

同理可得

$$\cos \omega t \leftrightarrow \frac{s}{s^2+\omega^2}$$

(5)斜坡函数 $tu(t)$

由定义得

$$F(s) = \mathscr{L}[t\varepsilon(t)] = \int_0^{+\infty} t\mathrm{e}^{-st}\mathrm{d}t \tag{5.10}$$

由分部积分公式，得

$$F(s) = -\frac{t\mathrm{e}^{-st}}{s}\bigg|_0^{+\infty} - \int_0^{+\infty} -\frac{\mathrm{e}^{-st}}{s}\mathrm{d}t = \frac{1}{s^2}$$

即

$$tu(t) \leftrightarrow \frac{1}{s^2}$$

(6)t^n(n 是正整数)

$$\mathscr{L}[t^n] = \int_0^{+\infty} t^n \mathrm{e}^{-st}\mathrm{d}t$$

用分部积分法，得

$$\int_0^{+\infty} t^n \mathrm{e}^{-st}\mathrm{d}t = -\frac{t^n}{s}\mathrm{e}^{-st}\bigg|_0^{+\infty} + \frac{n}{s}\int_0^{+\infty} t^{n-1}\mathrm{e}^{-st}\mathrm{d}t = \frac{n}{s}\int_0^{+\infty} t^{n-1}\mathrm{e}^{-st}\mathrm{d}t$$

$$\mathscr{L}[t^n] = \frac{n}{s}\mathscr{L}[t^{n-1}]$$

容易求得，当 $n=1$ 时

$$\mathscr{L}[t] = \frac{1}{s}\mathscr{L}[u(t)] = \frac{1}{s}\cdot\frac{1}{s} = \frac{1}{s^2}$$

当 $n=2$ 时

$$\mathscr{L}[t^2] = \frac{2}{s^2}$$

依此类推，得

$$\mathscr{L}[t^n] = \frac{n!}{s^{n+1}} \tag{5.11}$$

对于其他常用函数的拉氏变换见附表3。

5.2 拉普拉斯变换的性质与应用

1. 线性性质

若$f_1(t)\leftrightarrow F_1(s)$，$f_2(t)\leftrightarrow F_2(s)$，则

$$a_1f_1(t)+a_2f_2(t)\leftrightarrow a_1F_1(s)+a_2F_2(s) \tag{5.12}$$

【例5.2】 求图5.5的$F(s)$。

解 $f(t)=f_1(t)+f_2(t)+f_3(t)$

$$f_1(t)=\frac{E}{T}tu(t)$$

$$f_2(t)=-Eu(t-T)$$

$$f_3(t)=-\frac{E}{T}(t-T)u(t-T)$$

$$f_1(t)\leftrightarrow\frac{E}{T}\cdot\frac{1}{s^2}$$

$$f_2(t)\leftrightarrow-\frac{E}{T}\cdot e^{-sT}$$

$$f_3(t)\leftrightarrow-\frac{E}{T}\cdot\frac{1}{s^2}\cdot e^{-sT}$$

则

$$F(s)=F_1(s)+F_2(s)+F_3(s)=$$

$$\frac{E}{Ts^2}-\frac{E}{s}\cdot e^{-sT}-\frac{E}{Ts^2}\cdot e^{-sT}=$$

$$\frac{E}{Ts^2}[1-(sT+1)e^{-sT}]$$

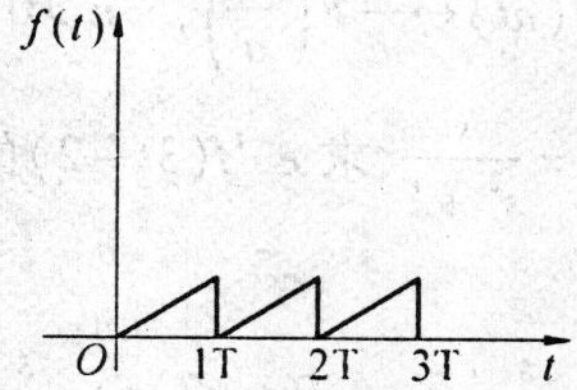

图5.5 例5.2图

2. 时移特性

$f(t)\leftrightarrow F(s)$，则

$$f(t\pm t_0)u(t-t_0)\leftrightarrow F(s)e^{\pm st_0} \tag{5.13}$$

$$F(s)=F_1(s)+F_1(s)e^{-sT}+F_1(s)e^{-2sT}+\cdots=F_1(s)[1+e^{-sT}+e^{-2sT}+\cdots]=\frac{F_1(s)}{1-e^{-sT}}$$

【例5.3】 求图5.6的$F(s)$。

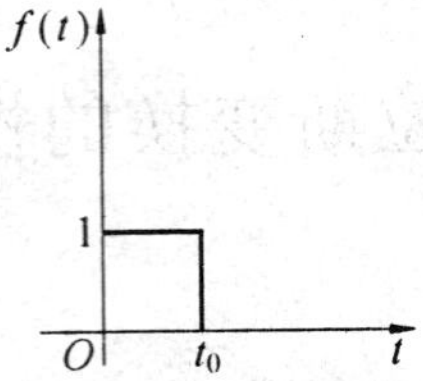

图5.6　例5.3图

解
$$u(t)\leftrightarrow\frac{1}{s},\qquad u(t-t_0)\leftrightarrow\frac{1}{s}e^{-st_0}$$
$$f(t)=u(t)-u(t-t_0)$$
$$F(s)=\frac{1}{s}[1-e^{-st_0}]$$

3. 复频移特性（s 域平移）

若$f(t)\leftrightarrow F(s)$，则
$$f(t)e^{\pm s_0 t}\leftrightarrow F(s\mp s_0)\tag{5.14}$$

【例5.4】 求 $e^{-at}\sin\omega_0 t\cdot\varepsilon(t)$和 $e^{-at}\cos\omega_0 t\cdot\varepsilon(t)$的拉氏变换。

解
$$\sin\omega_0 t\cdot\varepsilon(t)\leftrightarrow\frac{\omega_0}{s^2+\omega_0^2}$$
$$\cos\omega_0 t\cdot\varepsilon(t)\leftrightarrow\frac{s}{s^2+\omega_0^2}$$

故
$$e^{-at}\sin(\omega_0 t)\cdot\varepsilon(t)\leftrightarrow\frac{\omega_0}{(s+a)^2+\omega_0^2}$$
$$e^{-at}\cos\omega_0 t\cdot\varepsilon(t)\leftrightarrow\frac{s+a}{(s+a)^2+\omega_0^2}$$

4. 尺度变换

若$f(t)\leftrightarrow F(s)$，则
$$f(at)\leftrightarrow\frac{1}{a}F\left(\frac{s}{a}\right),\quad a>0\tag{5.15}$$

【例5.5】 已知$f(t)\leftrightarrow F(s)=\frac{s}{s^2+1}$，求 $e^{-t}f(3t-2)$的 $F(s)$。

解　因为
$$f(t)\leftrightarrow\frac{s}{s^2+1},\qquad f(t-2)\leftrightarrow\frac{s}{s^2+1}e^{-2s}$$
$$f(3t-2)\leftrightarrow\frac{1}{3}\cdot\frac{\frac{s}{3}}{\left(\frac{s}{3}\right)^2+1}\cdot e^{-2\frac{s}{3}}$$
$$e^{-t}f(3t-2)\leftrightarrow\frac{1}{3}\cdot\frac{\frac{s+1}{3}}{\left(\frac{s+1}{3}\right)^2+1}\cdot e^{-\frac{2(s+1)}{3}}$$

$$F(s)=\frac{s+1}{(s+1)^2+9}e^{-\frac{2}{3}(s+1)}$$

5. 时域微分

若$f(t)\leftrightarrow F(s)$，则

$$f'(t)\leftrightarrow sF(s)-f(0_-)$$

$$f''(t)\leftrightarrow s[sF(s)-f(0_-)]-f'(0_-)$$

$f(0_-)$初始状态为零（单边）

6. 时域积分

若$f(t)\leftrightarrow F(s)$，则

$$\int_{0_-}^{t}f(\tau)\mathrm{d}\tau\leftrightarrow\frac{F(s)}{s}$$

如果函数的积分区间不是从零开始，而是从$-\infty$开始，则可表示为

$$f(t)=\int_{0_-}^{t}f(\tau)\mathrm{d}\tau=\int_{-\infty}^{0_-}f(\tau)\mathrm{d}\tau+\int_{0_-}^{t}f(\tau)\mathrm{d}\tau$$

此时

$$F(s)=\frac{\int_{-\infty}^{0_-}f(\tau)\mathrm{d}\tau}{s}+\frac{F(s)}{s}$$

7. 卷积

时域卷积

$$f_1(t)*f_2(t)\leftrightarrow F_1(s)\cdot F_2(s)$$

s 域

$$f_1(t)\cdot f_2(t)\leftrightarrow\frac{1}{2\pi\mathrm{j}}F_1(s)*F_2(s)$$

8. s 域微分特性

若$f(t)\leftrightarrow F(s)$，则

$$F'(s)\leftrightarrow -tf(t)$$

$$F^n(s)\leftrightarrow(-t)^nf(t)$$

9. s 域积分特性

若$f(t)\leftrightarrow F(s)$，则

$$\int_{s}^{+\infty}F(s)\mathrm{d}s\leftrightarrow\frac{f(t)}{t}$$

10. 初值定理

设函数$f(t)$及其导数$f'(t)$存在并有拉氏变换，则$f(t)$的初值为

$$f(0_+)=\lim_{t\to 0_+}f(t)=\lim_{s\to+\infty}sF(s) \tag{5.16}$$

11. 终值定理

若函数$f(t)$及其导数$f'(t)$存在并有拉氏变换，且$sF(s)$的所有极点都位于s平面的

左半面(原点处可有单极点),则$f(t)$的终值为

$$f(+\infty)=\lim_{t\to+\infty}f(t)=\lim_{s\to 0}sF(s) \tag{5.17}$$

5.3 拉普拉斯反变换

利用拉氏变换方法分析电路问题时,最后需要求像函数的逆变换,由拉氏变换定义可知,欲求$F(s)$的逆变换可按$f(t)=\dfrac{1}{2\pi j}\int_{\sigma-j\infty}^{\sigma+j\infty}F(s)e^{st}ds$进行复变函数积分求得。实际上,往往可以借助一些代数运算将$F(s)$表达式分解,分解后各项s函数式的逆变换可以查表得出,使求解过程大大简化,无须进行积分运算,这种分解方法称为部分分式分解。

对线性系统而言,可以由式

$$a_n y^{(n)}(t)+a_{n+1}y^{(n-1)}(t)+\cdots+a_1 y'(t)+a_0 y(t)=$$
$$b_m f^{(m)}(t)+b_{m-1}f^{(m-1)}(t)+\cdots+b_1 f'(t)+b_0 f(t) \tag{5.18}$$

由上式再根据拉普拉斯变换的微分性质

$$f'(t)\leftrightarrow sF(s)-f(0_-)$$

有

$$(a_n s^n+a_{n-1}s^{n-1}+\cdots+a_1 s+a_0)Y(s)=(b_m s^m+b_{m-1}s^{m-1}+\cdots+b_1 s+b_0)F(s)$$

$$H(s)=\frac{Y(s)}{F(s)}=\frac{b_m s^m+b_{m-1}s^{m-1}+\cdots+b_1 s+b_0}{a_n s^n+a_{n-1}s^{n-1}+\cdots+a_1 s+a_0} \tag{5.19}$$

因为要求$F(s)$的逆变换,故代换

$$F(s)=\frac{N(s)}{D(s)}=\frac{b_m s^m+b_{m-1}s^{m-1}+\cdots+b_1 s+b_0}{a_n s^n+a_{n-1}s^{n-1}+\cdots+a_1 s+a_0} \tag{5.20}$$

式中,系数a_i和b_i都是实数,m和n为正整数,若$m<n$,$F(s)$为有理真分式。

为了便于分解,将$F(s)$的分母$D(s)$写成以下形式

$$D(s)=b_n(s-P_1)(s-P_2)\cdots(s-P_n) \tag{5.21}$$

式中,$P_1,P_2,\cdots,P_n$为$D(s)=0$的根,也就是说,当s等于任一根值时,$D(s)=0$,$F(s)$等于无限大,$P_1,P_2,\cdots,P_n$称为$F(s)$的“极点”,关于“极、零点”会在第6章讲解。

同理,$N(s)$也可以改写成

$$N(s)=a_m(s-Z_1)(s-Z_2)\cdots(s-Z_m) \tag{5.22}$$

式中,$Z_1,Z_2,\cdots,Z_m$称为$F(s)$的“零点”,它们是$N(s)=0$方程式的根。

下面分几种情况讨论:

1. $D(s)=0$的所有根均为实根

假定$P_1,P_2,\cdots,P_n$均为实根,且无重根,例如,考虑如下的变换式求逆变换

$$F(s)=\frac{A(s)}{(s-P_1)(s-P_2)(s-P_3)} \tag{5.23}$$

式中,P_1,P_2,P_3是不相等的实数,对于$m<n$的情况,即分母多项式的阶次高于分子多项式的阶次。这时$F(s)$可分解为以下形式

$$F(s)=\frac{k_1}{s-P_1}+\frac{k_2}{s-P_2}+\frac{k_3}{s-P_3} \tag{5.24}$$

显然

$$f(t)=k_1\mathrm{e}^{P_1t}+k_2\mathrm{e}^{P_2t}+k_3\mathrm{e}^{P_3t}$$

现在只要找到到各系数 k_1,k_2,k_3 的值，为求得 k_1，以 $(s-P_1)$ 乘以

$$F(s)=\frac{k_1}{s-P_1}+\frac{k_2}{s-P_2}+\frac{k_3}{s-P_3}$$

两端，则有

$$(s-P_1)F(s)=k_1+\frac{(s-P_1)k_2}{s-P_2}+\frac{(s-P_1)k_3}{s-P_3}$$

令 $s=P_1$ 代入，得

$$k_1=(s-P_1)F(s)\Big|_{s=P_1}$$

同理可以求得对任意极点 P_i 所对应的系数 k_i

$$k_i=(s-P_i)F(s)\Big|_{s=P_i} \tag{5.25}$$

【例 5.6】　设 $F(s)=\dfrac{s+4}{s(s+1)(s+2)}$，求原函数 $f(t)$。

解　分母多项式有三个单根

$$P_1=0,\quad P_2=-1,\quad P_3=-2$$

所以

$$F(s)=\frac{k_1}{s}+\frac{k_2}{s+1}+\frac{k_3}{s+2}$$

各系数分别为

$$k_1=sF(s)\Big|_{s=0}=\frac{s+4}{(s+1)(s+2)}\Big|_{s=0}=2$$

$$k_2=(s+1)F(s)\Big|_{s=-1}=\frac{s+4}{s(s+2)}\Big|_{s=-1}=-3$$

$$k_3=(s+2)F(s)\Big|_{s=-2}=\frac{s+4}{s(s+1)}\Big|_{s=-2}=1$$

根据拉氏变换的性质进行反变换

$$f(t)=(2-3\mathrm{e}^{-t}+\mathrm{e}^{-2t})\varepsilon(t)$$

对于 $m\geqslant n$ 的情况，可用长除法将分子中的高次项提出，余下的部分满足 $m<n$，仍按以上方法分析。

【例 5.7】　设 $F(s)=\dfrac{2s^2+6s+6}{s^2+3s+2}$，求 $f(t)$。

解　$F(s)$ 的分子分母为同次幂，但分子的最高次大于分母的最高次。所以先相除，得

$$F(s)=2+\frac{2}{s^2+3s+2}=2+F_1(s)$$

$F_1(s)$可展开为

$$F_1(s)=\frac{k_1}{s+1}+\frac{k_2}{s+2}$$

解得系数 $k_1=2, k_2=-2$,从而

$$F(s)=2+\frac{2}{s+1}-\frac{2}{s+2}$$

所以

$$f(t)=2\delta(t)+2e^{-t}-2e^{-2t},\quad t\geqslant 0$$

【例 5.8】 求函数 $F(s)=\dfrac{s^3+5s^2+9s+7}{(s+1)(s+2)}$的逆变换。

解 利用长除法得

$$F(s)=s+2+\frac{s+3}{(s+1)(s+2)}$$

$$F(s)=s+2+\frac{2}{s+1}-\frac{1}{s+2}$$

$$f(t)=\delta'(t)+2\delta(t)+2e^{-t}-e^{-2t},\quad t\geqslant 0$$

2. $D(s)=0$ 具有共轭复根

考虑下面函数的分解

$$F(s)=\frac{A(s)}{B(s)[(s+\alpha)^2+\beta^2]}=\frac{A(s)}{B(s)[(s+\alpha-j\beta)(s+\alpha+j\beta)]}\tag{5.26}$$

式中,共轭极点出现在 $-\alpha\pm j\beta$ 处;$D(s)$表示分母多项式中的其余部分,引入符号

$$F_1(s)=\frac{A(s)}{B(s)}$$

则上式可写为

$$F(s)=\frac{F_1(s)}{(s+\alpha-j\beta)(s+\alpha+j\beta)}=\frac{k_1}{s+\alpha-j\beta}+\frac{k_2}{s+\alpha+j\beta}\tag{5.27}$$

用式

$$k_i=(s-P_i)F(s)\big|_{s=P_i}$$

求得

$$k_1=(s+\alpha-j\beta)F(s)\Big|_{s=-\alpha+j\beta}=\frac{F_1(-\alpha+j\beta)}{2j\beta}$$

$$k_2=(s+\alpha+j\beta)F(s)\Big|_{s=-\alpha-j\beta}=\frac{F_1(-\alpha-j\beta)}{-2j\beta}$$

k_1 与 k_2 是共轭关系,假定 $k_1=A+jB$,则

$$k_2=A-jB=k_1^*$$

给出逆变换公式

$$f(t)=\mathscr{L}\left[\frac{k_1}{s+\alpha-j\beta}+\frac{k_2}{s+\alpha+j\beta}\right]=e^{-\alpha t}(k_1e^{j\beta t}+k_1^*e^{-j\beta t})=2e^{-\alpha t}(A\cos\beta t-B\sin\beta t)\tag{5.28}$$

【例 5.9】 求下面函数的逆变换

$$F(s)=\frac{s^2+3}{(s^2+2s+5)(s+2)}$$

解　$F(s)=\dfrac{s^2+3}{(s+1-2\mathrm{j})(s+1+2\mathrm{j})(s+2)}=\dfrac{k_0}{s+2}+\dfrac{k_1}{s+1-2\mathrm{j}}+\dfrac{k_2}{s+1+2\mathrm{j}}$

分别求系数 k_0,k_1,k_2

$$k_0=(s+2)F(s)\Big|_{s=-2}=\frac{7}{5}$$

$$k_1=(s+1-2\mathrm{j})F(s)\Big|_{s=-1+2\mathrm{j}}=\frac{-1+2\mathrm{j}}{5}$$

即

$$A=-\frac{1}{5},B=\frac{2}{5}$$

根据逆变换公式可得

$$f(t)=\frac{7}{5}\mathrm{e}^{-2t}-2\mathrm{e}^{-t}\left(\frac{1}{5}\cos 2t-\frac{2}{5}\sin 2t\right),\qquad t\geqslant 0$$

3. 有多重极点($D(s)=0$ 的根为重根)

考虑下面函数的分解

$$F(s)=\frac{N(s)}{D(s)}=\frac{N(s)}{(s-P_1)^3}$$

对 $F(s)$进行分解时,与 s_1 有关的分式要有三项,即

$$F(s)=\frac{k_{11}}{(s-s_1)^3}+\frac{k_{12}}{(s-s_1)^2}+\frac{k_{13}}{s-s_1}\tag{5.29}$$

确定系数 k_{11},k_{12},k_{13}时,可按如下方法

$$(s-s_1)^3F(s)=k_{11}+k_{12}(s-s_1)+k_{13}(s-s_1)^2$$

令 $s=s_1$,则有

$$k_{11}=(s-s_1)^3F(s)\Big|_{s=s_1}=(s-s_1)^3\frac{k_{11}}{(s-s_1)^3}+k_{12}(s-s_1)+k_{13}(s-s_1)^2$$

$$k_{12}=\frac{\mathrm{d}}{\mathrm{d}s}[(s-s_1)^3F(s)]\Big|_{s=s_1}=k_{12}+2(s-s_1)k_{13}$$

$$k_{13}=\frac{1}{2}\cdot\frac{\mathrm{d}^2}{\mathrm{d}s^2}[(s-s_1)^3F(s)]\Big|_{s=s_1}=k_{13}$$

由上可确定 k_{1n}的一般式

$$k_{1n}=\frac{1}{(n-1)!}\times\frac{\mathrm{d}^{n-1}}{\mathrm{d}s^{n-1}}F(s)\Big|_{s=s_1},\quad n=1,2,\cdots,m\tag{5.30}$$

查附表可得到

$$\frac{k}{(s-s_1)^m}\leftrightarrow\frac{kt^{m-1}}{(m-1)!}\mathrm{e}^{s_1t}\tag{5.31}$$

$$t^n\leftrightarrow\frac{n!}{s^{n+1}}\tag{5.32}$$

【例 5.10】 求下面函数的逆变换

$$F(s)=\frac{s-2}{s(s+1)^3}$$

解 将 $F(s)$写成展开式

$$F(s)=\frac{k_{11}}{(s-s_1)^3}+\frac{k_{12}}{(s-s_1)^2}+\frac{k_{13}}{s-s_1}+\frac{k_2}{s}$$

可求

$$k_2=sF(s)\bigg|_{s=0}=\frac{s-2}{(s+1)^3}\bigg|_{s=0}=-2$$

为求出与重根有关的各系数,令

$$F_1(s)=(s+1)^3F(s)=\frac{s-2}{s}$$

可得到

$$k_{11}=\frac{s-2}{s}\bigg|_{s=-1}=3$$

$$k_{12}=\frac{\mathrm{d}}{\mathrm{d}s}\frac{s-2}{s}\bigg|_{s=-1}=\frac{s-(s-2)}{s^2}\bigg|_{s=-1}=2$$

$$k_{13}=\frac{1}{2}\cdot\frac{\mathrm{d}^2}{\mathrm{d}s^2}\frac{s-2}{s}\bigg|_{s=-1}=\frac{1}{2}\cdot\frac{\mathrm{d}}{\mathrm{d}s}\frac{2}{s^2}\bigg|_{s=-1}=\frac{1}{2}\left[\frac{-2s\times 2}{s^4}\right]\bigg|_{s=-1}=\frac{1}{2}\times 4=2$$

于是有

$$F(s)=\frac{3}{(s+1)^3}+\frac{2}{(s+1)^2}+\frac{2}{s+1}-\frac{2}{s}$$

逆变换为

$$f(t)=\frac{3}{2}t^2\mathrm{e}^{-t}+2t\mathrm{e}^{-t}+2\mathrm{e}^{-t}-2,\quad t\geqslant 0$$

5.4 LTI 系统的 s 域分析

5.4.1 微分方程的拉普拉斯变换解法

【例 5.11】 求 $y''(t)+3y'(t)+2y(t)=\mathrm{e}^{-3t}$的解,已知 $y(0_-)=1,y'(0_-)=2$。

解 逐项取拉氏变换

$$s^2Y(s)-sy(0_-)-y'(0_-)+3sY(s)-3y(0_-)+2Y(s)=\frac{1}{s+3}$$

$$(s^2+3s+2)Y(s)=\frac{1}{s+3}+s+2+3=\frac{(s+5)(s+3)+1}{s+3}=\frac{s^2+8s+16}{s+3}$$

$$Y(s)=\frac{s^2+8s+16}{s+3}\,\frac{1}{(s+2)(s+1)}=\frac{k_1}{s+1}+\frac{k_2}{s+2}+\frac{k_3}{s+3}$$

解得

$$k_1=(s+1)Y(s)\Big|_{s=-1}=\frac{9}{2}$$

$$k_2=(s+2)Y(s)\Big|_{s=-2}=-4$$

$$k_3=(s+3)Y(s)\Big|_{s=-3}=\frac{1}{2}$$

$$Y(s)=\frac{4.5}{s+1}-\frac{4}{s+2}+\frac{0.5}{s+3}$$

取逆变换有

$$y(t)=\left(\frac{9}{2}e^{-t}-4e^{-2t}+\frac{1}{2}e^{-3t}\right)u(t)$$

【例5.12】 已知方程 $y''(t)+3y'(t)+2y(t)=2x'(t)+6x(t)$，且 $x(t)=u(t)$，$y(0_-)=2$，$y'(0_-)=1$，求相应 $y(t)$。

解 取拉氏变换，得

$$s^2Y(s)-sy(0_-)-y'(0_-)+3sY(s)-3y(0_-)+2Y(s)=2sX(s)-2x(0_-)+6X(s)$$

$$(s^2+3s+2)Y(s)-2s-1-6=(2s+6)X(s)$$

$$Y(s)=\frac{2s+7}{s^2+3s+2}+\frac{2s+6}{s^2+3s+2}\cdot\frac{1}{s}$$

$$Y_{zi}(s)=\frac{2s+7}{s^2+3s+2}=\frac{2s+7}{(s+2)(s+1)}=\frac{k_1}{s+1}+\frac{k_2}{s+2}$$

$$k_1=(s+1)Y_{zi}(s)\Big|_{s=-1}=5$$

$$k_2=(s+2)Y_{zi}(s)\Big|_{s=-2}=-3$$

$$Y_{zi}(s)=\frac{5}{s+1}-\frac{3}{s+2}$$

$$y_{zi}(t)=(5e^{-t}-3e^{-2t})\varepsilon(t)$$

$$Y_{zs}(s)=\frac{2s+6}{s(s^2+3s+2)}=\frac{k_1}{s}+\frac{k_2}{s+1}+\frac{k_3}{s+2}$$

$$k_1=sY_{zs}(s)\Big|_{s=0}=3$$

$$k_2=(s+1)Y_{zs}(s)\Big|_{s=-1}=-4$$

$$k_3=(s+2)Y_{zs}(s)\Big|_{s=-2}=1$$

$$Y_{zs}(s)=\frac{3}{s}-\frac{4}{s+1}+\frac{1}{s+2}$$

$$y_{zs}(t)=(3-4e^{-t}+e^{-2t})\varepsilon(t)$$

$$y(t)=y_{zi}(t)+y_{zs}(t)=(e^{-t}-2e^{-2t}+3)u(t)$$

【例5.13】 已知方程 $y'''(t)+6y''(t)+11y'(t)+6y(t)=2x''(t)+6x'(t)+6x(t)$，$y(0_-)=y'(0_-)=y''(0_-)=0$，$x=x'(0_-)=0$，求相应 $h(t)$。

解 $s^3Y(s)-s^2y(0_-)-sy'(0_-)-y''(0_-)+6s^2Y(s)-6sy(0_-)-6y'(0_-)+11sY(s)-11y(0_-)+6Y(s)=2s^2X(s)-2sx(0_-)-2x'(0_-)+6sX(s)-6x(0_-)+6X(s)$

化简，得

$$(s^3+6s^2+11s+6)Y(s)=(2s^2+6s+6)X(s)$$

$$H(s)=\frac{Y(s)}{X(s)}=\frac{2s^2+6s+6}{s^3+6s^2+11s+6}=\frac{2s^2+6s+6}{(s+1)(s+2)(s+3)}=\frac{1}{s+1}-\frac{2}{s+2}+\frac{3}{s+3}$$

$$h(t)=(\mathrm{e}^{-t}-2\mathrm{e}^{-2t}+3\mathrm{e}^{-3t})u(t)$$

5.4.2 电路的 s 域模型

1. 电阻元件

由图5.7有

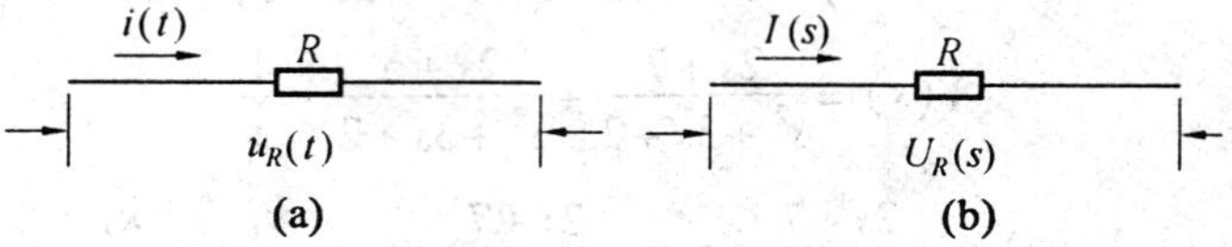

图5.7 电阻元件

$$u_R(t)=R\cdot i(t) \tag{5.33}$$

两边取拉氏变换，有

$$U_R(s)=R\cdot I(s) \tag{5.34}$$

电阻换成 s 域不变。

2. 电容元件

由图5.8有

图5.8 电容元件

$$u_C(t)=\frac{1}{C}\int_{-\infty}^{t}i(\tau)\,\mathrm{d}\tau=\frac{1}{C}\int_{-\infty}^{0_-}i(\tau)\,\mathrm{d}\tau+\frac{1}{C}\int_{0_-}^{t}i(\tau)\,\mathrm{d}\tau \tag{5.35}$$

$$U_C(s)=\frac{u_C(0^-)}{s}+\frac{I(s)}{sC} \tag{5.36}$$

$$I(s)=sCU_C(s)-Cu_C(0_-) \tag{5.37}$$

其中 $\frac{1}{sC}$ 和 sC 分别称为电容的 s 域阻抗和 s 域导纳，或称为运算阻抗和运算导纳，而 Cu_C

(0_-)和$\frac{u_C(0_-)}{s}$则分别为与 C 上初始电压 $u_C(0_-)$ 有关的附加电流源和附加电压源的量值。它反映了 C 上初始储能对响应的影响。

3. 电感元件

由图 5.9 有

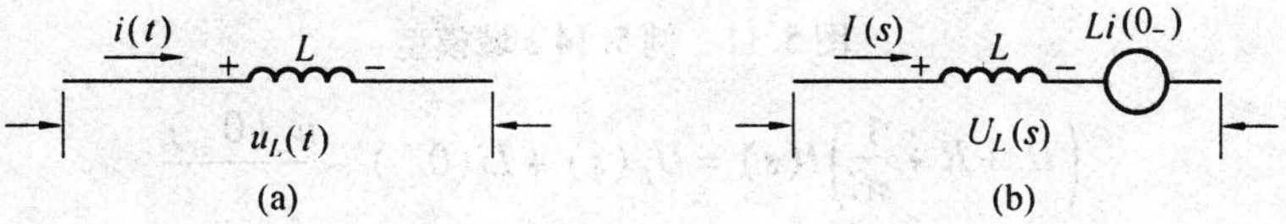

图 5.9　电感元件

$$u_L(t)=L\cdot\frac{\mathrm{d}i(t)}{\mathrm{d}t} \tag{5.38}$$

$$U_L(s)=L[sI(s)-i(0_-)]=LsI(s)-Li(0_-) \tag{5.39}$$

$$I_L(s)=\frac{1}{sL}U_L(s)+\frac{i_L(0_-)}{s} \tag{5.40}$$

其中 Ls 和$\frac{1}{sL}$分别为电感的运算阻抗和运算导纳，$Li_L(0_-)$和$\frac{i_L(0_-)}{s}$分别表示与电感中初始电流 $i_L(0_-)$有关的附加电压源和附加电流源的量值，它同样反映了 L 中的初始储能对响应的影响。

说明：容抗、感抗在 s 域模型内为运算阻抗。

基尔霍夫第一、第二定律

$$\sum i(t)=0$$

取拉氏变换

$$\sum I(s)=0 \tag{5.41}$$

$$\sum u(t)=0$$

取拉氏变换

$$\sum U(s)=0 \tag{5.42}$$

【例 5.14】　已知 $e(t)$(图 5.10)，求 $i(t)$。

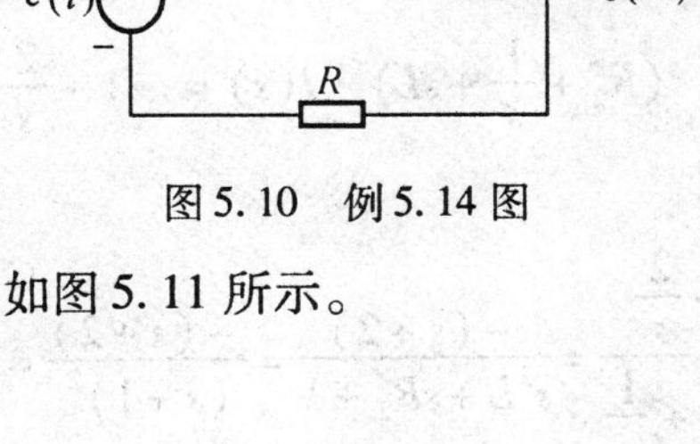

图 5.10　例 5.14 图

解　(1)画出 s 域模型，如图 5.11 所示。

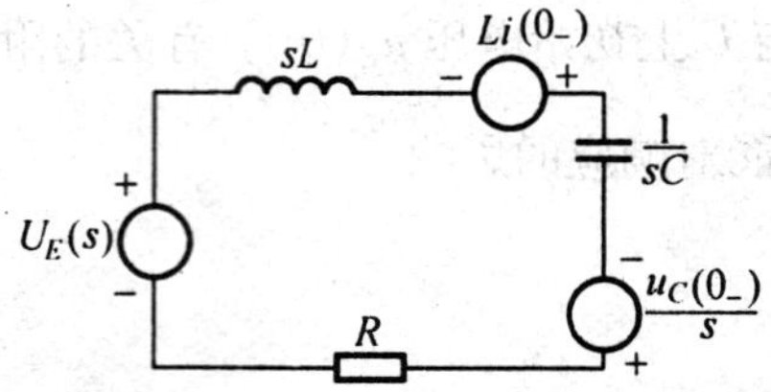

图 5.11　例 5.14 s 域模型

$$\left(sL+R+\frac{1}{sC}\right)I(s)=U_E(s)+Li(0_-)-\frac{u_C(0_-)}{s}$$

$$I(s)=\frac{U_E(s)+Li(0_-)-\frac{u_C(0_-)}{s}}{sL+R+\frac{1}{sC}}=\frac{Li(0^-)+\frac{u_C(0^-)}{s}}{sL+R+\frac{1}{sC}}+\frac{U_E(s)}{sL+R+\frac{1}{sC}}$$

$\dfrac{Li(0_-)+\frac{u_C(0_-)}{s}}{sL+R+\frac{1}{sC}}$为零输入响应；$\dfrac{U_E(s)}{sL+R+\frac{1}{sC}}$为零状态响应。

【例 5.15】　如图 5.12(a)所示，当 $t\leqslant 0$ 时电路处于稳态，设 $R_1=4\ \Omega$，$R_2=2\ \Omega$，$L=1$ H，$C=1$ F，求 $t\geqslant 0$ 的响应 $u_C(t)$。

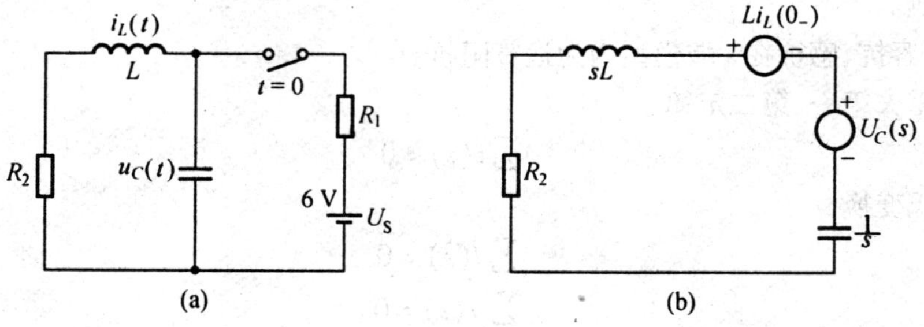

图 5.12　例 5.15 图

解　0_-时电容已充满，相当于断路，电感已充满，相当于短路。

$$i_L(0_-)=\frac{6\ \text{V}}{4\ \Omega+2\ \Omega}=1\ \text{A}$$

$$u_C(t)=\frac{R_2}{R_1+R_2}U_S=2\ \text{V}$$

由 s 域电路(图 5.12(b))，列网孔方程

$$\left(R_2+\frac{1}{s}+sL\right)\cdot I(s)=-1-\frac{2}{s}$$

所以

$$I(s)=\frac{-1-\frac{2}{s}}{R_2+sL+\frac{1}{s}}=\frac{-(s+2)}{s^2L+sR_2+1}=\frac{-(s+2)}{(s+1)^2}=\frac{-1}{(s+1)^2}-\frac{1}{s+1}$$

取拉氏反变换

$$i(t)=(-t\mathrm{e}^{-t}-\mathrm{e}^{-t})u(t)$$

又因为

$$U_C(s)=\frac{1}{sC}I(s)+\frac{u_C(0_-)}{s}=\frac{1}{s}I(s)+\frac{2}{s}=\frac{2}{s}-\frac{s+2}{s(s+1)^2}$$

最后

$$u_C(t)=(t\mathrm{e}^{-t}+2\mathrm{e}^{-t})u(t)$$

注：

$$U_C(s)=\frac{2}{s}-\frac{s+2}{s(s+1)^2}=\frac{2}{s}-\left[\frac{k_1}{s}+\frac{k_{21}}{(s+1)^2}+\frac{k_{22}}{s+1}\right]=$$

$$\frac{2}{s}-\frac{2}{s}-\frac{k_{21}}{(s+1)^2}-\frac{k_{22}}{s+1}=\frac{1}{(s+1)^2}-\frac{2}{s+1}$$

第6章

系统函数与系统特性分析

6.1　系统函数 $H(s)$

1. 系统函数的一般概念

系统函数 $H(s)$ 定义为系统零状态响应的像函数与输入信号的像函数之比，即

$$H(s)=\frac{Y_{zs}(s)}{F(s)}=\frac{b_m s^m+b_{m-1}s^{m-1}+\cdots+b_1 s+b_0}{a_n s^n+a_{n-1}s^{n-1}+\cdots+a_1 s+a_0} \tag{6.1}$$

如图6.1所示，对于给定的系统，根据所取响应变量的不同，其系统函数具有不同的意义（表6.1）。

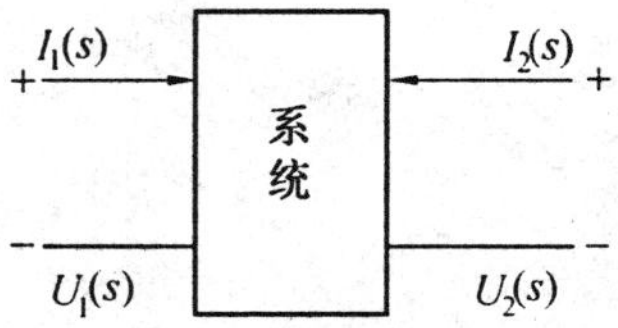

图6.1　系统函数

注意：前提在零状态情况下。

表6.1

	输入（激励）	输出（响应）	系统函数
在同一端口	$I_1(s)$	$U_1(s)$	$Z(s)=\frac{U_1(s)}{I_1(s)}$ 输入阻抗（或策动点阻抗）
在同一端口	$U_1(s)$	$I_1(s)$	$Y(s)=\frac{I_1(s)}{U_1(s)}$ 输入导纳（或策动点导纳）

分别在各自端口情况见表6.2。

表6.2

$I_1(s)$	$U_2(s)$	$Z_{21}(s)=\dfrac{U_2(s)}{I_1(s)}$	转移阻抗
$U_1(s)$	$I_2(s)$	$Y_{21}(s)=\dfrac{I_2(s)}{U_1(s)}$	转移导纳
$I_1(s)$	$I_2(s)$	$T_{i21}(s)=\dfrac{I_2(s)}{I_1(s)}$	电流传输函数(或转移电流比)
$U_1(s)$	$U_2(s)$	$T_{u21}(s)=\dfrac{U_2(s)}{U_1(s)}$	电压传输函数(或转移电压比)

其中 $Z(s)$ 称为 s 域阻抗,$Y(s)$ 是 s 域导纳。

激励与响应是同一端口,则网络函数称为“策动点函数”(或驱动点函数);激励与响应不在同一端口,就称为“转移函数”(或传输函数)。

【例6.1】　已知电路如图6.2所示,求响应分别为 $i_1(t)$、$u_C(t)$ 时的系统函数。

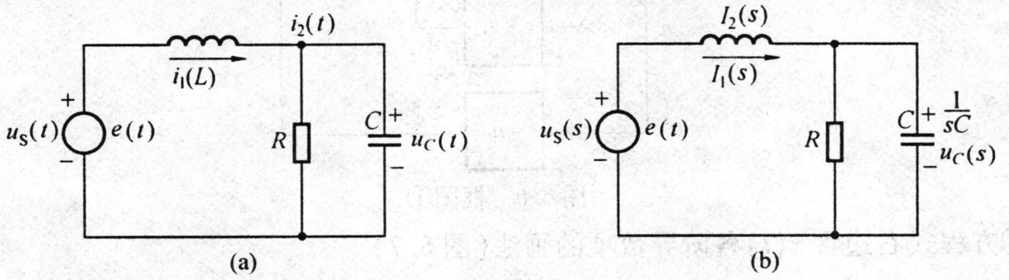

图6.2　例6.1图

解　用节点法列写关于 $U_C(s)$ 的方程

$$\left(\frac{1}{sL}+\frac{1}{R}+sC\right)U_C(s)=\frac{U_S(s)}{sL}$$

$$U_C(s)=\frac{R}{LCRs^2+Ls+R}U_S(s)$$

则 $I_1(s)$ 为

$$I_1(s)=\frac{U_C(s)}{\frac{1}{sC}}+\frac{U_C(s)}{R}=\frac{sCR}{LCRs^2+Ls+R}U_S(s)+\frac{RU_S(s)}{LCRs^2+Ls+R}\cdot\frac{1}{R}=$$

$$\frac{sCR+1}{LCRs^2+Ls+R}U_S(s)$$

2. 系统模拟框图

【例6.2】　$y''(t)+a_1y'(t)+a_0y(t)=x(t)$

解　此方程有三种运算

①相加→加法器(图6.3)

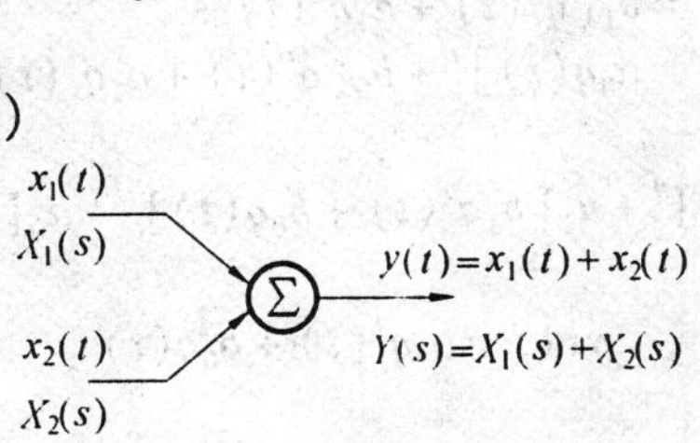

图6.3　加法器

②标量相乘→乘法器(图6.4)

③积分→ 积分器(图6.5)

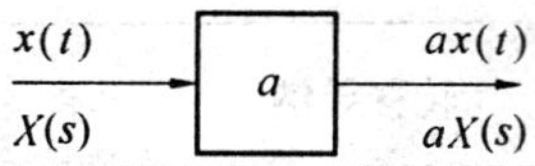

图 6.4　乘法器

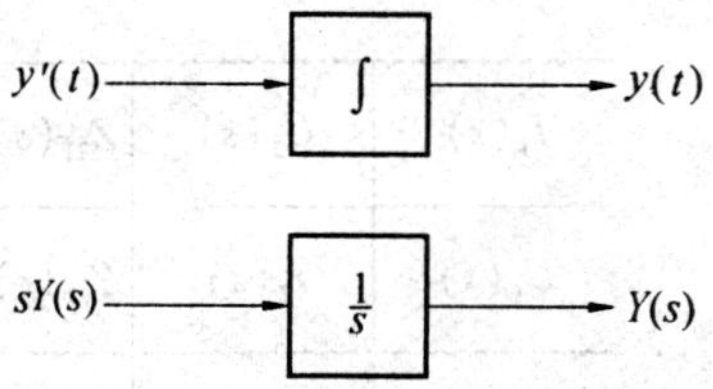

图 6.5　积分器

(1)画框图

①方程式右边只有 $x(t)$ 一项(图 6.6)

$$y''(t)=-a_1y'(t)-a_0y(t)+x(t)$$

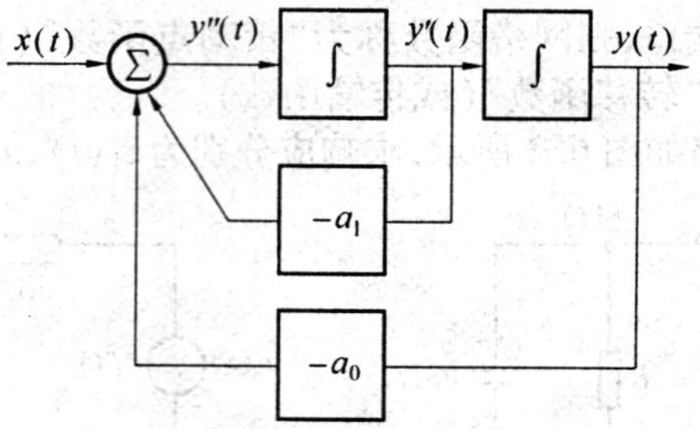

图 6.6　框图①

②方程式右边含 $x(t)$ 各阶导数项的画法(图 6.7)

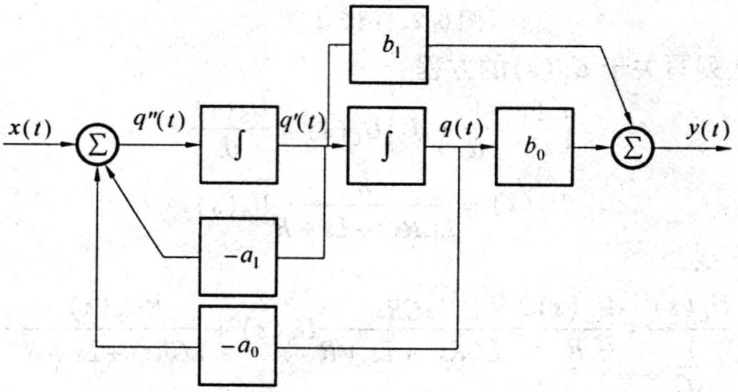

图 6.7　框图②

$$y''(t)+a_1y'(t)+a_0y(t)=b_1x'(t)+b_0x(t)$$

引入辅助函数 $q(t)$,令

$$q''(t)+a_1q'(t)+a_0q(t)=x(t) \tag{1}$$

$$y''(t)+a_1y'(t)+a_0y(t)=b_1[q''(t)+a_1q'(t)+a_0q(t)]'+b_0[q''(t)+a_1q'(t)+a_0q(t)]$$

整理右边,得

$$[b_1q'(t)+b_0q(t)]''+a_1[b_1q'(t)+b_0q(t)]'+a_0[b_1q'(t)+b_0q(t)]$$

因此

$$y(t)=b_1q'(t)+b_0q(t) \tag{2}$$

对方程(1)

$$q''(t)=-a_1q'(t)-a_0q(t)+x(t)$$

至此为止对方程有四种描述方式(图 6.8):

①微分方程;

②传递函数 $H(s)$；
③框图；
④电路。

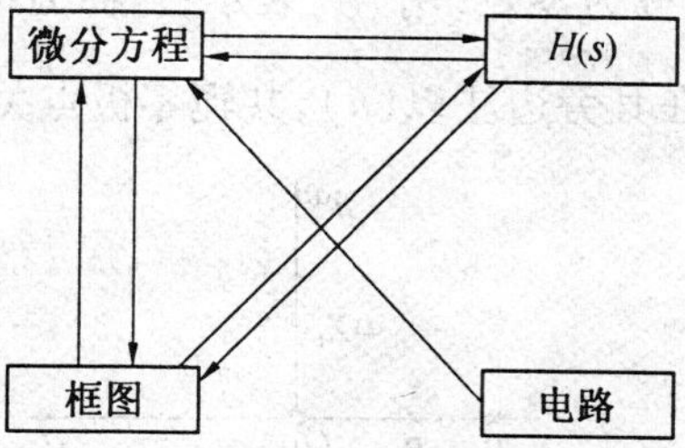

图 6.8　对方程的描述方式

【例 6.3】　某系统的模拟框图如图 6.9 所示，请写出该系统的微分方程。

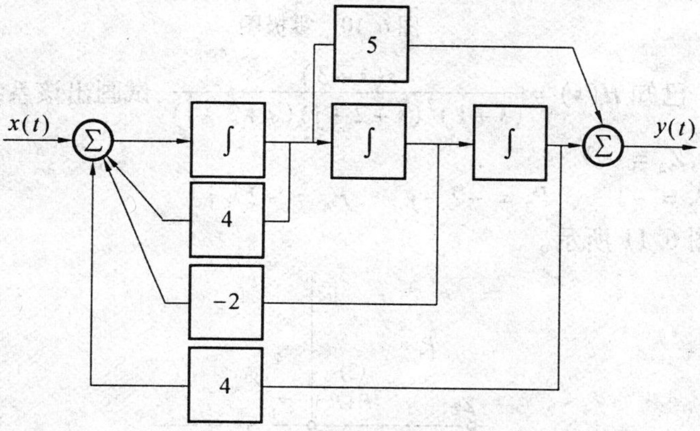

图 6.9　例 6.3 图

解

$$q'''(t)=4q''(t)-2q'(t)+4q(t)+x(t)$$
$$q'''(t)-4q''(t)+2q'(t)-4q(t)=x(t)$$
$$y(t)=5q''(t)+q(t)$$

因此

$$y'''(t)=-4y''(t)+2y'(t)-4y(t)=5x''(t)+x(t)$$

6.2　系统函数的零、极点

1. $H(s)$的零、极点

一个系统在复频域内的输入－输出特性是可以完全由其系统函数 $H(s)$ 唯一确定的。通常 $H(s)$ 用多项式之比表示，即

$$H(s)=\frac{b_m s^m+b_{m-1}s^{m-1}+\cdots+b_1 s+b_0}{a_n s^n+a_{n-1}s^{n-1}+\cdots+a_1 s+a_0}=\frac{N(s)}{D(s)} \tag{6.2}$$

$H(s)$ 的分母多项式 $D(s)=0$ 的根称为系统函数的极点，而 $H(s)$ 的分子多项式 $N(s)=0$ 的根称为系统函数的零点。极点使 $H(s)$ 变为无穷大，而零点使系统函数变为零。

2. 系统的零极图

利用系统函数零、极点，又可把 $H(s)$ 的分子、分母改写为线性因子的乘积的形式，即

$$H(s)=H_0\frac{(s-Z_1)(s-Z_2)\cdots(s-Z_n)}{(s-P_1)(s-P_2)\cdots(s-P_n)} \tag{6.3}$$

式中，$H_0=\frac{b_m}{a_m}$为一常系数；Z 称为零点，用"○"表示；P 称为极点，用"×"表示（图 6.10）；若为 n 阶重零点或极点，可在其旁边注以（n），共轭零极点关于，实轴对称。

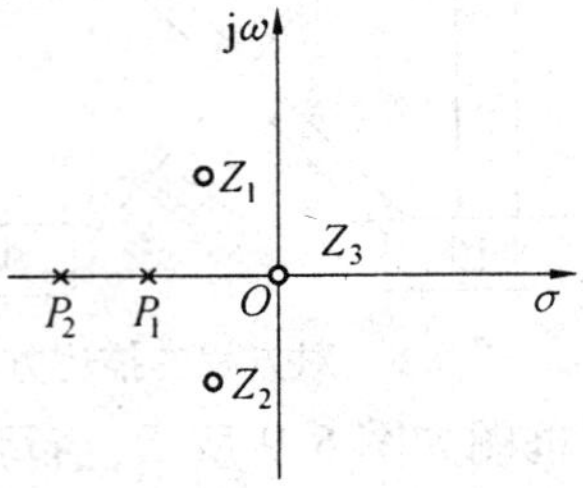

图 6.10　零极图

【例 6.4】　已知 $H(s)=\frac{s(s+3)}{(s+1)^2(s+2+\mathrm{j})(s+2-\mathrm{j})}$，试画出该系统的零极图。

解　$Z_1=0, Z_2=-3$

$P_1=P_2=-1\qquad P_3=-2-\mathrm{j}\qquad P_4=-2+\mathrm{j}$

零极图如图 6.11 所示。

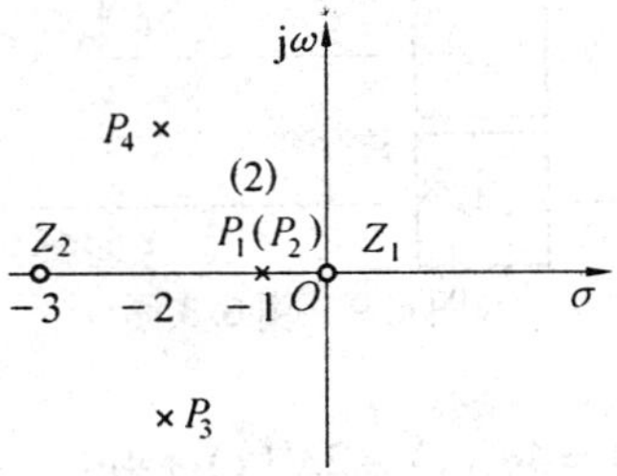

图 6.11　例 6.4 图

3. 极零点分布与时域特性的关系

$H(s)$ 的极点位置与冲激响应模式间有着密切的对应关系。

(1) 极点 $s=0$ 位于 s 平面的原点，其对应的 $h(t)$ 为阶跃函数。

$$H(s)=\frac{k_1}{s-P_1} \tag{6.4}$$

$$P_1=0,\quad H(s)=\frac{1}{s} \tag{6.5}$$

$$h(t)=\varepsilon(t) \tag{6.6}$$

(2) $s=-a$，当 $a>0$ 时，极点位于 s 平面的负实轴上，对应的 $h(t)$ 为衰减指数函数；当 $a<0$ 时，极点位于 s 平面的正实轴上，对应的 $h(t)$ 为增长指数函数。

(3) 共轭极点 $s=-a\pm \mathrm{j}\omega_0$，当 $a>0$ 时，共轭极点位于 s 平面的左半平面上，对应的 $h(t)$ 为减幅振荡；当 $a<0$ 时，共轭极点位于 s 平面的右半平面上，对应的 $h(t)$ 为增幅振荡；当 $a=0$ 时，极点位于虚轴上，对应的 $h(t)$ 为等幅振荡。

6.3　连续系统的稳定性

1. 系统稳定的概念

直观地看，当一个系统受到某种干扰信号作用时，其所引起的系统响应在干扰消失后会最终消失，即系统仍能回到干扰作用前的原状态，则系统是稳定的，否则系统是不稳定的。稳定性是系统本身的属性，与输入信号无关。但任何系统要使其能对输入信号进行处理，都必须以系统稳定为先决条件。所以设法判断系统的稳定与否是十分重要的。

由于冲激函数$\delta(t)$是瞬间作用又立即消失的信号，若把它视为“干扰”，则冲激响应的变化模式完全可以说明系统的稳定性。因为冲激响应及其对应的系统函数$H(s)$都反映系统本身的属性。由系统函数$H(s)$的极点位置与$h(t)$的对应关系可知：如果系统函数$H(s)$的所有极点均位于s的左半平面，则对应的$h(t)$将随时间t逐渐衰弱，当$t\to+\infty$时，$h(t)$消失，因此这样的系统称为稳定系统；如果$H(s)$仅有$s=0$的一阶极点，则对应的$h(t)$是一个阶跃函数，随t的增长，响应恒定，而当$H(s)$仅有虚轴上的一阶共轭极点时，响应$h(t)$将为等幅振荡，因此这两种情况对应的系统称为临界稳定；如果$H(s)$的极点位于s的右半平面，或是在原点和虚轴上有二阶或二阶以上的重极点时，则对应的$h(t)$为单调增长或增幅振荡，此类系统称为不稳定系统。

对一般系统，稳定的充要条件是冲激响应$h(t)$绝对可积，即

$$\int_{-\infty}^{+\infty}|h(t)|\mathrm{d}t<+\infty \tag{6.7}$$

下面举例比较和说明系统的稳定、临界稳定和不稳定三种情况。

设有源系统的系统函数为

$$H(s)=\frac{K}{s^2+(3-K)s+1} \tag{6.8}$$

则当$K=1$时，有

$$H(s)=\frac{1}{(s+1)^2} \tag{6.9}$$

其极点$s=-1$在s的负实轴上，对应的冲激响应为

$$h(t)=t\mathrm{e}^{-t}u(t) \tag{6.10}$$

显然，$h(t)$满足系统稳定的充要条件，因此当$K=1$时，此系统是稳定的。

当$K=4$时，有

$$H(s)=\frac{4}{s^2-s+1} \tag{6.11}$$

其极点

$$s_{1,2}=\frac{1}{2}\pm\mathrm{j}\frac{\sqrt{3}}{2} \tag{6.12}$$

位于s的右半平面，其对应的冲激响应为

$$h(t)=\frac{8}{\sqrt{3}}\mathrm{e}^{\frac{t}{2}}\sin\frac{\sqrt{3}}{2}t \tag{6.13}$$

显然，$h(t)$为增幅正弦振荡，不满足系统稳定的充要条件，因此当$K=4$时，此系统是不稳定的。

又如,一个单电容电路的系统函数为

$$H(s)=\frac{U(s)}{I(s)}=\frac{1}{sC} \tag{6.14}$$

它有 $s=0$ 的单极点,冲激响应为阶跃函数,即

$$h(t)=\frac{1}{C}u(t) \tag{6.15}$$

它不满足系统稳定的充要条件,但 $h(t)$ 不是无限增长,故系统属于临界稳定。

再如,一个 LC 网络的系统函数为

$$H(s)=\frac{I(s)}{U(s)}=\frac{\frac{1}{L}s}{s^2+\frac{1}{LC}} \tag{6.16}$$

它有一对共轭单极点 $\pm j\frac{1}{LC}$,对应的冲激响应为

$$h(t)=\frac{1}{L}\cos\frac{1}{\sqrt{LC}}tu(t) \tag{6.17}$$

它也不满足系统稳定的充要条件,但 $h(t)$ 振荡幅值恒定,故系统属于临界稳定。

综上所述,由 $H(s)$ 的极点分布可以给出系统稳定性的如下结论:

(1)稳定:若 $H(s)$ 的全部极点位于 s 的左半平面,则系统是稳定的;

(2)临界稳定:若 $H(s)$ 在虚轴上有 $s=0$ 的单极点或一对共轭单极点,其余极点全在 s 的左半平面,则系统是临界稳定的;

(3)不稳定:只要 $H(s)$ 有一个极点位于 s 右半平面,或在虚轴上有二阶或二阶以上的重极点,则系统是不稳定的。

2. 稳定性判据

上述举例中,为判断系统的稳定性,均求解了系统的极点;但是对三阶以上系统要求出 $H(s)$ 的极点并非易事。罗斯－霍尔维茨判据提供了一种简便的代数方法,可以实现:为了判断一个系统的稳定与否,并非一定要确切求得每一极点的值,而只需判定所有极点是否全部落在 s 的左半平面。下面给出几个应用结论。

(1)$H(s)$ 的所有极点位于 s 的左半平面,即系统稳定的必要条件是 $H(s)$ 的分母多项式 $D(s)=a_ns^n+a_{n-1}s^{n-1}+\cdots+a_1s+a_0$ 的全部系数非零且均为正实数或均为负实数;

(2)对于一阶或是二阶系统,上述第一条准则是稳定的充要条件;

(3)对于三阶系统,$D(s)=a_3s^3+a_2s^2+a_1s+a_0$,系统稳定的充要条件是 $D(s)$ 的各项系数全为正,且 $a_1a_2>a_0a_3$。

可见,罗斯－霍尔维茨判据是利用 $D(s)$ 的系数决定的,方便应用。

例如,若 $H(s)$ 的分母多项式为

$D(s)=s^2-3s+2$　　不稳定

$D(s)=2s^2+s+3$　　不稳定

$D(s)=s^2+4s+10$　　不稳定

$D(s)=s^3+4s^2+5s+6$　　稳定

【例 6.5】 某导弹跟踪系统的微分方程为

$$35.714y''(t)+119.741y'(t)+98.1y(t)=34.5y''(t)+119.7y'(t)+98.1y(t)$$

它在飞行过程中会受到各种干扰,问系统是否能抑制干扰稳定地工作?

解　对微分方程取拉氏变换,可得系统函数

$$H(s)=\frac{34.5s^2+119.7s+98.1}{s^3+35.714s^2+119.741s+98.1}$$

根据分母多项式 $D(s)$,可得

$$\frac{a_0a_3}{a_1a_2}=\frac{98.1}{119.741\times35.714}=0.023$$

即有 $a_1a_2>a_0a_3$,所以系统稳定。

第 7 章

离散系统的时域分析

正确分析离散时间信号与系统是研究数字信号处理与数字控制和计算机应用的重要基础。与连续信号相比,离散时间系统容易做到精度高、可靠性好、便于实现大规模集成。本章学习过程中,要注意离散系统与连续系统的对应和类比,在此基础上要重点掌握离散时间信号与离散系统差分方程的特性;掌握离散系统的零状态响应在时域的主要求解方法(即卷积和),深刻理解单位响应,并会计算常用的卷积和。

7.1 离散时间信号

只在一系列离散的时间点上才有确定值的信号,而在其他的时间点上无意义的信号就是离散时间信号。因此,离散时间信号在时间上是不连续的序列,并是离散时间变量的函数。离散时刻的间隔通常是均匀的,若此间隔为 T,则可以用 $f(nT)$ 表示此离散时间信号,表达式中的 nT 是函数的宗量,n 取整数($n=0,\pm1,\pm2,\cdots$)。

实际上,对于离散时间信号来说,往往不必以 nT 为宗量,可以直接以 $f(n)$ 表示此序列,表示各函数值在序列中出现的序号。也可以认为,一个离散时间信号就是一组序列值的集合 $\{f(n)\}$。为书写简便,以 $f(n)$ 表示序列,不再加注外面的括号。$f(n)$ 可写成一般闭式的表达式,也可逐个列出 $f(n)$ 值。把对应某序号 n 的函数值称为在第 n 个样点的"样值"。

离散时间信号也常用图解表示,线段的长短代表各序列值的大小。例如,图 7.1 示出某序列 $f(n)$ 的图形。这里需要指出,$f(n)$ 仅对 n 的整数值才有定义,对于 n 的非整数值,$f(n)$ 没有意义。

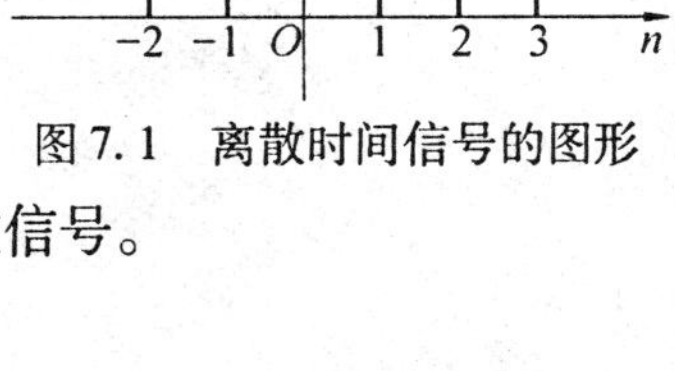

图 7.1 离散时间信号的图形

下面介绍几个典型的离散信号。

1. 单位样值信号

$$\delta(n)=\begin{cases}1, & n=0\\0, & n\neq0\end{cases} \tag{7.1}$$

此序列只在 $n=0$ 处取单位值 1，其余样点上都为零，如图 7.2 所示。此离散信号也可称为“单位取样”、“单位函数”、“单位脉冲”、“单位冲激”，它在离散时间系统中的作用类似于连续时间系统中的单位冲激函数 $\delta(t)$。但它们的区别主要是，$\delta(t)$ 可理解为在 $t=0$ 点脉宽趋于零，幅度为无限大的信号，或由分配函数定义；而 $\delta(n)$ 在 $n=0$ 点取有限值，其值等于 1。

2. 单位阶跃序列

$$u(n)=\begin{cases}1, & n\geqslant 0\\ 0, & n<0\end{cases} \tag{7.2}$$

单位阶跃序列的图形如图 7.3 所示，它类似于连续时间系统中的单位阶跃信号 $u(t)$。但应注意到 $u(t)$ 在 $t=0$ 点发生跳变，往往不予定义（或定义为 $\frac{1}{2}$），而 $u(n)$ 在 $n=0$ 点明确规定为 $u(0)=1$。

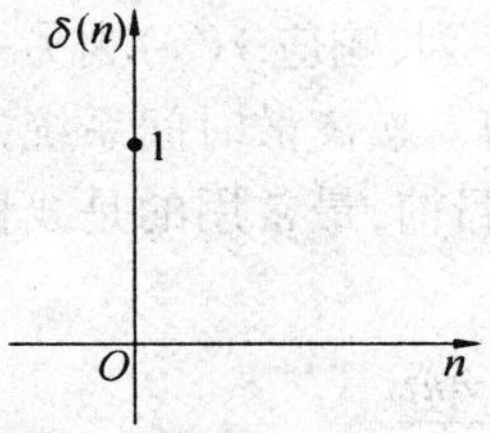

图 7.2　单位样值信号

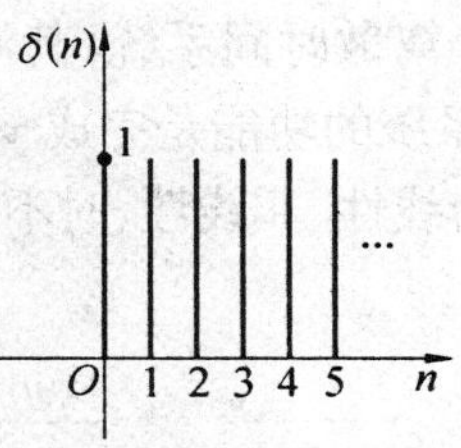

图 7.3　单位阶跃序列

单位样值信号与阶跃信号的关系为

$$\delta(n)=u(n)-u(n-1) \tag{7.3}$$

$$u(n)=\sum_{m=-\infty}^{n}\delta(m) \tag{7.4}$$

$$u(n)=\sum_{m=0}^{n}\delta(n-m) \tag{7.5}$$

3. 指数序列

$$x(n)=a^n u(n) \tag{7.6}$$

当 $|a|>1$ 时序列是发散的，当 $|a|<1$ 时序列是收敛的，$a>0$ 序列都取正值，$a<0$ 在正、负摆动。$a=0.5$ 时的指数序列如图 7.4 所示。

4. 正弦序列

$$x(n)=\sin\omega_0 n \tag{7.7}$$

式中，ω_0 是正弦序列的频率，它反映序列值依次周期性重复的频率。$\omega_0=\frac{\pi}{5}$ 时的正弦序列如图 7.5 所示。

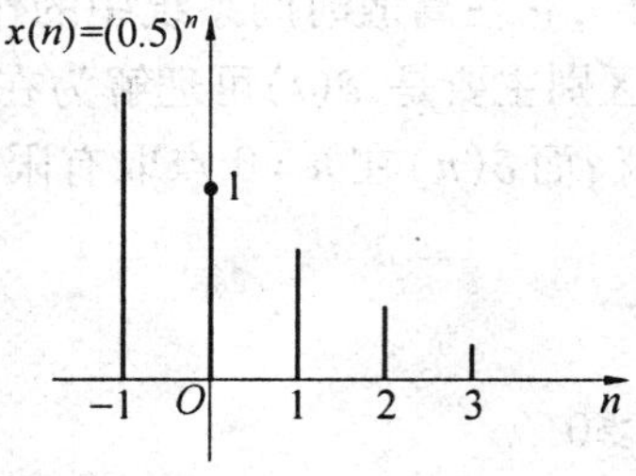

图 7.4　指数序列

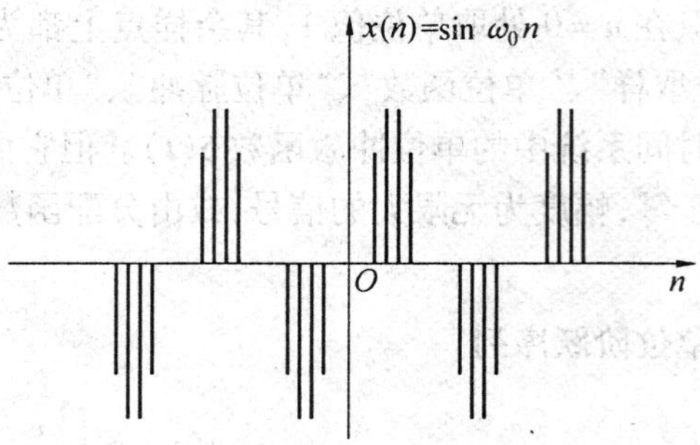

图 7.5　正弦序列

7.2　离散时间系统

1. 离散线性时不变系统

对于一个离散时间系统，其激励信号 $x(n)$ 是一个序列，响应 $y(n)$ 为另一序列，如图 7.6 所示，此系统的功能是完成 $x(n)$ 转变为 $y(n)$ 的运算。按离散时间系统的性能分类，可将其划分为线性、非线性、时不变、时变等各种类型。目前，最常用的是线性、时不变系统。

图 7.6　离散时间系统

2. 离散系统的数学模型

在连续时间系统中，信号是时间变量的连续函数，系统可用微分（积分）方程式来描述。对于离散时间系统，信号的变量 n 是离散的整型值，所以系统的行为和性能需用差分方程式来表示。

微分积分方程由连续自变量的函数 $f(t)$ 及其各阶导数 $\frac{\mathrm{d}}{\mathrm{d}t}f(t)$，$\frac{\mathrm{d}^2}{\mathrm{d}t^2}f(t)$，…或积分等项线性叠加组成。在差分方程中，构成方程式的各项包含离散变量的函数 $x(n)$ 以及此序列的序数增加或减少的移位函数 $x(n+1)$，$x(n+2)$，…，$x(n-1)$，$x(n-2)$，…。

在连续时间系统中，系统内部的数学运算关系可归结为微分（或积分）、乘系数、相加。与此对应，在离散时间系统中，基本运算关系是延时（移位）、乘系数、相加。在连续时间系统中，通常是利用 R，L，C 等基本电路元件组成网络，以完成所需的功能。但是，对于离散时间系统，它的基本单元是延时（移位）元件、乘法器、相加器等。在时间域描述中，以符号 $\frac{1}{E}$ 表示单位延时；以符号 $\textcircled{\Sigma}$ 表示两序列相加；以符号 $\otimes$ 表示序列与系数相乘，为使逻辑图形简化，也可以在信号传送线旁边（或在圆圈内）标注系数，以示与此系数相乘，这些规定如图 7.7(a)，(b)，(c)所示。

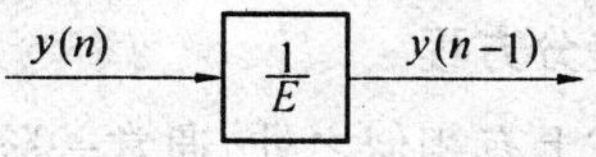

(a)单位延时

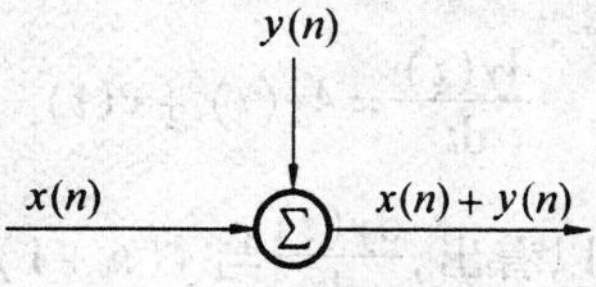

(b)相加

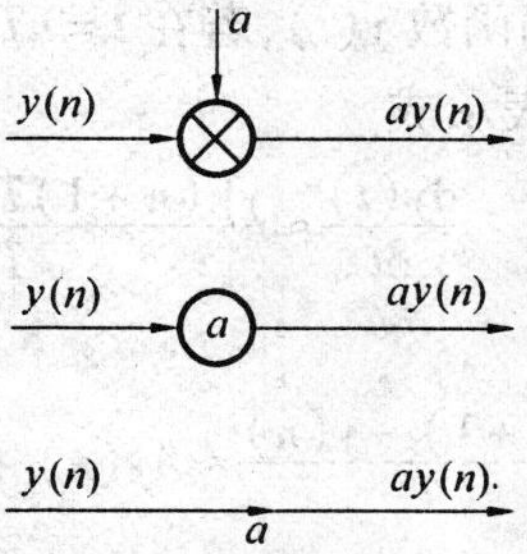

(c)乘系数

图 7.7　离散时间系统的基本单元符号

【例 7.1】　一个离散时间系统由延时、相加、乘系数等基本部件组合而成，如图 7.8 所示，激励信号为 $x(n)$，响应序列为 $y(n)$，试写成描述系统工作的差分方程。

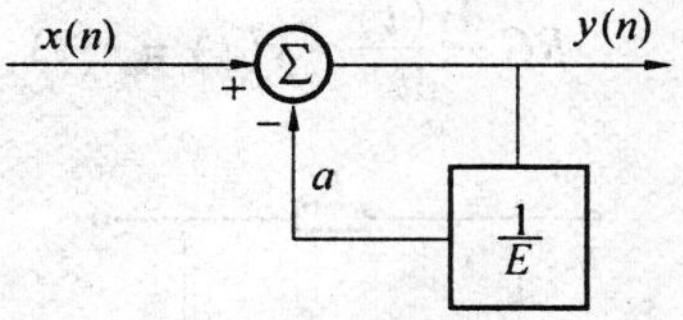

图 7.8　例 7.1 方框图

解　$y(n)$经过单位延时得到 $y(n-1)$，经过相加器可以写出

$$y(n) = -ay(n-1) + x(n)$$

经整理得到

$$y(n) + ay(n-1) = x(n) \tag{7.8}$$

式(7.8)就是一个常系数线性差分方程式，一般情况下等式左端由未知序列 $y(n)$ 及移位序列 $y(n-1)$ 构成，等式右端是已知的激励函数 $x(n)$，有时还可以包括 $x(n)$ 的延时函数 $x(n-1)$ 等。

【例 7.2】　一个离散时间系统如图 7.9 所示，写出描述系统工作的差分方程。

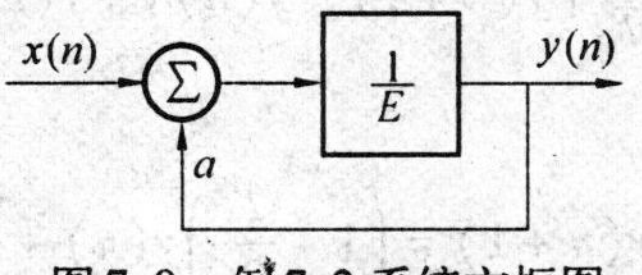

图 7.9　例 7.2 系统方框图

解　延时器的输入端序列应为 $y(n+1)$，则根据图 7.9 可以写出

$$y(n+1) = ay(n) + x(n) \tag{7.9}$$

3. 从常系数微分方程得到差分方程

差分方程与微分方程在形式上有相似之处，通常一阶常系数线性微分方程的表达式可以写成

$$\frac{\mathrm{d}y(t)}{\mathrm{d}t}=Ay(t)+x(t) \tag{7.10}$$

比较式(7.9)与式(7.10)可以看出，$\frac{\mathrm{d}y(t)}{\mathrm{d}t}$与 $y(n+1)$ 相对应，$x(n)$ 与 $x(t)$ 分别表示各自的激励信号。对于连续时间函数 $y(t)$，若在 $t=nT$ 各点取样值 $y(nT)$，并且假设间隔 T 足够小，则微分方程可以近似表示成

$$\frac{\mathrm{d}y(t)}{\mathrm{d}t}\approx\frac{y[(n+1)T]-y(nT)}{T} \tag{7.11}$$

所以式(7.10)可以写成

$$\frac{y(n+1)-y(n)}{T}\approx Ay(n)+x(n)$$

整理后得

$$y(n+1)\approx(1+AT)y(n)+Tx(n) \tag{7.12}$$

差分方程不仅在形式上相似，而且在一定条件下可以相互转化。

图 7.10 为 RC 低通网络，则连续系统的数学模型为

$$RC\frac{\mathrm{d}y(t)}{\mathrm{d}t}+y(t)=x(t) \tag{7.13}$$

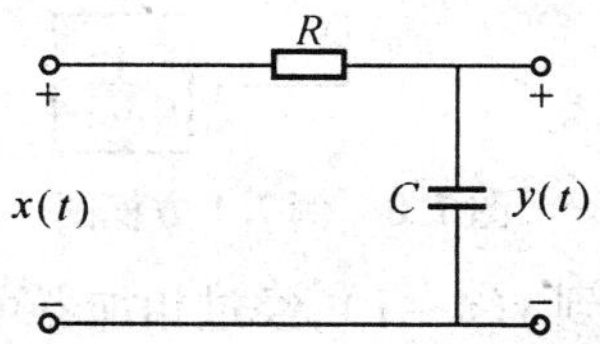

图 7.10　RC 低通网络

微分方程可近似表示成

$$RC\frac{\mathrm{d}y(t)}{\mathrm{d}t}\approx\frac{RC}{T_{\mathrm{S}}}[y(n+1)-y(n)] \tag{7.14}$$

如果对 $x(t)$ 抽样，得到 $x(nT)$，简写成 $x(n)$，若抽样间隔 T 足够小，则系统数学模型近似可写成

$$\frac{RC}{T_{\mathrm{S}}}[y(n+1)-y(n)]+y(n)=x(n) \tag{7.15}$$

整理后得

$$y(n+1)=\left(1-\frac{T_{\mathrm{S}}}{RC}\right)y(n)+\frac{T_{\mathrm{S}}}{RC}x(n) \tag{7.16}$$

式(7.16)为差分方程。这说明，当采样间隔 T 足够小时，微分方程可近似为差分方程。

差分方程应用遍及许多科学领域，不仅应用于电子工程中，而且应用于经济学和生态学研究中。下面举一生态学中运用差分方程的例子。

【例 7.3】 假设每对兔子每月可以生一对小兔(一雌一雄),新生的小兔要一个月后才有生育能力,若第一个月只有一对新生小兔,那么第 n 个月时共有多少对小兔?

解 设 $y(n)$ 表示在第 n 个月兔子对的数目。已知 $y(0)=0,y(1)=1$,由此可以推得

$$y(2)=1,y(3)=2,y(4)=3,y(5)=5,\cdots$$

在第 n 个月时,应该有 $y(n-2)$ 对兔子有生育能力,这批兔子生了小兔后变为 $2y(n-2)$;其中 $y(n-1)-y(n-2)$ 对兔子没有生育能力。

于是可以写成

$$y(n)=2y(n-2)+[y(n-1)-y(n-2)]$$

归纳起来有

$$y(n)=y(n-1)+y(n-2)$$

则有如下齐次差分方程

$$y(n)-y(n-1)-y(n-2)=0 \tag{7.17}$$

一般来说,针对一个 N 阶线性时不变离散系统而言,若响应信号为 $y(n)$,输入激励信号为 $x(n)$,则系统输入－输出关系的差分方程可写为

$$\begin{aligned} &y(n)+a_1y(n-1)+\cdots+a_{N-1}y(n-N+1)+a_Ny(n-N)= \\ &b_0x(n)+b_1x(n-1)+\cdots+b_{M-1}x(n-M+1)+b_Mx(n-M) \end{aligned} \tag{7.18}$$

将式(7.18)简写为

$$\sum_{k=0}^{N}a_ky(n-k)=\sum_{r=0}^{M}b_rx(n-r) \tag{7.19}$$

7.3　常系数差分方程的求解

求解常系数线性差分方程的方法一般有以下几种。

1. 迭代法

包括手算逐次代入求解或利用计算机求解。这种方法概念清楚,也比较简便,但只能得到其数值解,不能直接给出一个完整的解析解(也称闭式解答)。

当差分方程阶次较低时常用此法求解常系数差分方程。$y(n)=ay(n-1)+x(n)$ 即为常系数线性差分方程,也可称为递归关系式,式中 a 是常数。由于此方程中的未知序列仅相差一个位移序数,因此是一阶差分方程。如果方程式中还包括未知序列的移位项 $y(n-2),y(n-3),\cdots,y(n-N)$ 等,就可构成 N 阶差分方程式。差分方程式的阶数等于未知序列变量序号的最高值与最低值之差。

对于差分方程 $y(n)=ay(n-1)+x(n)$,已知边界条件 $x(n)=\delta(n)$ 及 $y(-1)=0$。容易得到:

$n=0$ 时,

$y(0)=ay(-1)+x(0)=0+\delta(n)=1$

$n=1$ 时,

$y(1)=ay(0)+x(1)=a+0=a$

$n=2$ 时,

$y(2)=ay(1)+x(2)=a\cdot a+0=a^2$

$\vdots$

$n=n$ 时，

$y(n)=ay(n-1)+x(n)=a^n$

此范围限于 $n\geqslant0$,因此，应将 $y(n)$ 写为

$$y(n)=a^n u(n)$$

迭代法求差分方程是以一种原始的方法，不易给出一个解析解。

2. 时域经典法

与微分方程的时域经典法类似，先分别求齐次解与特解，然后代入边界条件求待定系数。这种方法便于从物理概念说明各影响分量之间的关系，但求解过程比较麻烦，在解决具体问题时不宜采用。

一般差分方程的形式为

$$\sum_{k=0}^{N}a_k y(n-k)=\sum_{r=0}^{M}b_r x(n-r)$$

特征根：

$$\sum_{k=0}^{N}a_k y(n-k)=0 \text{ 有 } N \text{ 个特征根 } \alpha_k$$

齐次解：

非重根时的齐次解

$$y(n)=\sum_{k=1}^{N}C_k\alpha_k^n$$

l 次重根时的齐次解

$$y(n)=\sum_{k=1}^{l}C_l n^{l-k}\alpha_k^n$$

共轭根时的齐次解

$$C_1(\alpha+\mathrm{j}\beta)^n+C_2(\alpha-\mathrm{j}\beta)^n$$

特解：

自由项为 n^k 的多项式特解为

$$D_0n^k+D_1n^{k-1}+\cdots+D_k$$

自由项含有 a^n 且 a 不是齐次根，则特解为

$$Da^n$$

自由项含有 a^n 且 a 是单次齐次根，则特解为

$$(D_1n+D_2)a^n$$

自由项含有 a^n 且 a 是 k 次重齐次根，则特解为

$$(D_1n^k+D_2n^{k-1}+\cdots+D_{k+1})a^n$$

自由项为正弦或余弦表达式，则特解为

$$D(n)=D_1\sin n\omega_0+D_2\cos n\omega_0$$

自由项 n^k 中的 n 是齐次解 n 的 m 次重根时，则特解为

$$(D_0n^k+D_1n^{k-1}+\cdots+D_k)n^m$$

$$完全解 = 齐次解 + 特解$$

代入边界条件求出待定系数 C_i，于是得到完全解的闭式。

【例7.4】　求差分方程 $y(n)+2y(n-1)=x(n)-x(n-1)$ 的完全解，其中激励 $x(n)=n^2$，已知 $y(-1)=-1$。

解　齐次解为 $C_1(-2)^n$，根据函数式可设特解为 D_0n+D_1，将激励信号 $x(n)=n^2$ 带入方程的右端，有

$$D_0n+D_1+2D_0(n-1)+2D_1=2n-1$$

$$3D_0n+3D_1-2D_0=2n-1$$

解得

$$D_0=\frac{2}{3},\quad D_1=\frac{1}{9}$$

$$完全解 = 齐次解 + 特解$$

完全解为

$$y(n)=C_1(-2)^n+\frac{2}{3}n+\frac{1}{9}$$

代入边界条件求出待定系数 C_1

$$y(-1)=C_1(-2)^{-1}+\frac{2}{3}(-1)+\frac{1}{9}=-1$$

解得

$$C_1=\frac{8}{9}$$

得到完全解的闭式

$$y(n)=\frac{8}{9}(-2)^n+\frac{2}{3}n+\frac{1}{9}$$

3. 离散卷积法

利用齐次解得零输入解，再利用卷积和求零状态解。

4. 变换域法（Z 变换法）

类似于连续时间系统分析中的拉氏变换方法，利用 Z 变换方法解差分方程有许多优点，这是实际应用中简便而有效的方法。

7.4　离散系统单位样值响应

在连续线性系统中，研究单位冲激 $\delta(t)$ 作用于系统引起的响应 $h(t)$；对于线性离散系统，研究单位样值 $\delta(n)$ 作为激励而产生的状态响应 $h(n)$。

$\delta(n)$ 的定义为

$$\begin{cases}\int_{-\infty}^{+\infty}\delta(t)\,\mathrm{d}t=1, & t=0\\ \delta(t)=0, & t\neq 0\end{cases}$$

而 $\delta(n)$ 的定义为

$$\delta(n)=\begin{cases}1, & n=0\\ 0, & n\neq 0\end{cases}$$

【例 7.5】 已知离散时间系统的差分方程为 $y(n)-0.5y(n-1)=x(n)$，求单位样值响应 $h(n)$。

注：系统激励为 $\delta(n)$ 时的零状态响应为 $h(n)$。

解 对于因果系统，$x(-1)=\delta(-1)=0, y(-1)=h(-1)=0$，则代入差分方程可得

$$h(0)=\delta(0)+0.5y(-1)=1$$

依次代入求得

$$h(1)=\delta(1)+0.5y(0)=0.5$$
$$h(2)=\delta(2)+0.5y(1)=(0.5)^2$$
$$\vdots$$
$$h(n)=(0.5)^n$$

则单位样值响应为

$$h(n)=\begin{cases}(0.5)^n, & n\geq 0\\ 0, & n<0\end{cases}$$

用迭代法求系统的单位样值响应还不能直接得到 $h(n)$ 的闭式，为了能够给出闭式解答可以把问题转化为求解齐次方程，例 7.6 即说明该方法。

【例 7.6】 系统的差分方程为 $y(n)-3y(n-1)+3y(n-2)-y(n-3)=x(n)$，求系统的单位样值响应。

解 差分方程的齐次解的特征方程为

$$\alpha^3-3\alpha^2+3\alpha-1=0$$

解得特征根 $\alpha_1=\alpha_2=\alpha_3=1$，1 为三重根。齐次解表达式为

$$C_1n^2+C_2n+C_3$$

起始时系统是静止的，则 $h(-2)=h(-1)=0, h(0)=\delta(0)=1$，以 $h(0)=1$，$h(-1)=0, h(-2)=0$ 作为边界条件，建立如下方程式，求系数 C_1, C_2, C_3。

$$\begin{cases}1=C_3\\ 0=C_1-C_2+C_3\\ 0=4C_1-2C_2+C_3\end{cases}$$

解得

$$C_1=\frac{1}{2},\quad C_2=\frac{3}{2},\quad C_3=1$$

则单位样值响应为

$$h(n)=\begin{cases}\frac{1}{2}(n^2+3n+2), & n\geq 0\\ 0, & n<0\end{cases}$$

将求单位样值响应转化为求系统的零输入响应，这样可方便得到 $h(n)$ 的闭式。

7.5　离散卷积和

在连续时间系统中，可以利用卷积的方法求系统的零状态响应，即先把激励信号分解为冲激函数序列，然后令每一冲激函数单独作用于系统求其冲激响应，最后把这些响应叠加即可得到系统对此激励信号的零状态响应。

在离散时间系统中，对应任意一个样值激励，系统会得到对此任意样值的响应，每一响应也是一个离散时间序列，把这些序列叠加即得零状态响应，叠加过程表现为求“卷积和”。这一节主要介绍离散卷积和、卷积的应用及几个求离散卷积的例子。

7.5.1　离散卷积和

1. 离散和的定义

激励信号$f(n)$可以表示为单位样值加权求和的形式

$$f(n)=\sum_{k=-\infty}^{+\infty}f(k)\delta(n-k) \tag{7.20}$$

对于离散信号$f_1(n)$和$f_2(n)$，它们的卷积和定义为

$$f_1(n)*f_2(n)=\sum_{i=-\infty}^{+\infty}f_1(i)f_2(n-i) \tag{7.21}$$

2. 卷积和的代数性质

(1)交换律

$$f_1(n)*f_2(n)=\sum_{i=-\infty}^{+\infty}f_1(i)f_2(n-i)=\sum_{i=-\infty}^{+\infty}f_1(n-i)f_2(i)=f_2(n)*f_1(n) \tag{7.22}$$

(2)结合律

$$f_1(n)*[f_2(n)*f_3(n)]=[f_1(n)*f_2(n)]*f_3(n) \tag{7.23}$$

(3)分配律

$$f_1(n)*[f_2(n)+f_3(n)]=f_1(n)*f_2(n)+f_1(n)*f_3(n) \tag{7.24}$$

(4)时移不变性

若

$$y(n)=f_1(n)*f_2(n)$$

则

$$f_1(n-n_1)*f_2(n-n_2)=y(n-n_1-n_2) \tag{7.25}$$

卷积和的代数运算和连续系统中卷积的代数运算规律相似，都服从交换律、分配律和结合律。

7.5.2　卷积和的应用

1. 离散信号的时域分析

$$f(n)=\sum_{i=-\infty}^{+\infty}f(i)\delta(n-i)=\sum_{i=-\infty}^{+\infty}f(n-i)\delta(i)=f(n)*\delta(n)=\delta(n)*f(n) \tag{7.26}$$

此式说明$f(n)$和$\delta(n)$的卷积和的结果等于$f(n)$本身。

2. 离散系统的时域分析

$$y_{zs}(n)=\sum_{i=-\infty}^{+\infty}x(i)h(n-i)=\sum_{i=-\infty}^{+\infty}x(n-i)h(i)=x(n)*h(n)=h(n)*x(n) \tag{7.27}$$

式中,$h(n)$为单位样值$\delta(n)$的响应。

3. 系统的等效

下面分别是对级联和并联的等效。级联系统框图如图7.11所示。

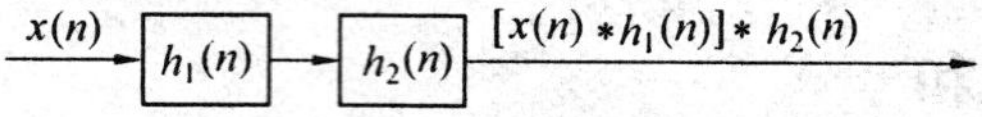

图7.11　级联系统框图

级联系统框图等效为图7.12。

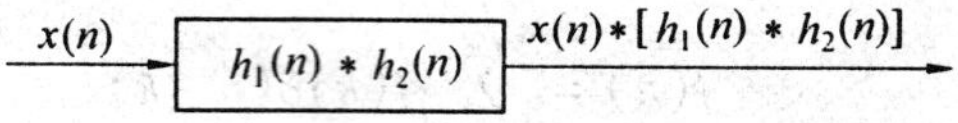

图7.12　图7.11的等效图

并联系统框图如图7.13所示。

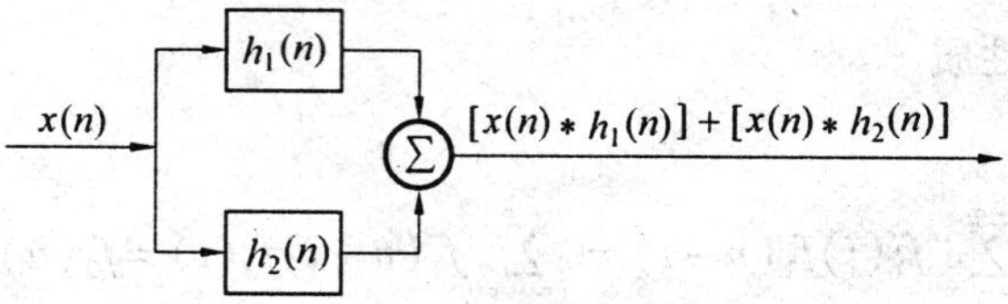

图7.13　并联系统框图

并联系统框图等效为图7.14。

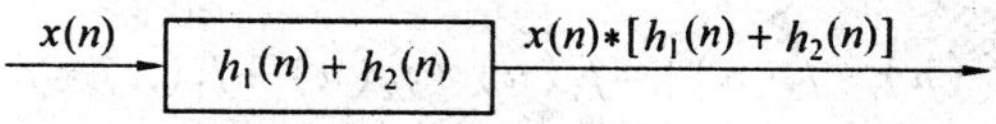

图7.14　图7.13的等效图

7.5.3　卷积和的求法举例

卷积和的求法有图解法、定义法和列表法等。

【例7.7】　设序列$f_1(n)=\left(\frac{2}{3}\right)^n u(n)$,$f_2(n)=u(n)$,试求$f_1(n)$与$f_2(n)$的离散卷积和。

解　因$f_1(n)$与$f_2(n)$均为因果序列,故

$$f_1(n)*f_2(n)=\sum_{k=0}^{n}\left(\frac{2}{3}\right)^k u(n-k)=\sum_{k=0}^{n}\left(\frac{2}{3}\right)^k \tag{7.28}$$

式(7.28)是公比为$\frac{2}{3}$的等比级数求和。

根据求和公式

$$\sum_{k=0}^{n} a^k = \begin{cases} \dfrac{1-a^{n+1}}{1-a}, & a \neq 1 \\ n+1, & a=1 \end{cases}$$

所以

$$f_1(n) * f_2(n) = \frac{1-\left(\dfrac{2}{3}\right)^{n+1}}{1-\dfrac{2}{3}} u(n-k) = 3\left[1-\left(\frac{2}{3}\right)^{n+1}\right]$$

【例 7.8】 设 $f_1(n)=\{1,3,2,4\}\ (n\geqslant 0)$，$f_2(n)=\{2,1,3\}\ (n\geqslant 0)$，求 $f_1(n)*f_2(n)$。

解　计算如下

$$\begin{array}{rrrrrrl}
 & & 1 & 3 & 2 & 4 & \quad f_1(n) \\
\times & & & 2 & 1 & 3 & \quad f_2(n) \\
\hline
 & & 3 & 9 & 6 & 12 & \\
 & 1 & 3 & 2 & 4 & & \\
+\ 2 & 6 & 4 & 8 & & & \\
\hline
2 & 7 & 10 & 19 & 10 & 12 & \quad f_1(n)*f_2(n)
\end{array}$$

即

$$f_1(n)*f_2(n)=[2\quad 7\quad 10\quad 19\quad 10\quad 12],\quad n\geqslant 0$$

这种方法实质上是将作图过程的反褶与移位两步骤以对位排列方式巧妙地取代，“对位相乘求和”揭发比较简便。

以上两个例子着重说明了求卷积和的原理。表 7.1 中列出常用因果序列的卷积和，以备查用。

表 7.1　卷积和

序号	$x_1(n)$	$x_2(n)$	$x_1(n)*x_2(n)=x_2(n)*x_1(n)$
1	$\delta(n)$	$x(n)$	$x(n)$
2	a^n	$u(n)$	$\dfrac{1-a^{n+1}}{1-a}$
3	$u(n)$	$u(n)$	$n+1$
4	a_1^n	a_2^n	$\dfrac{a_1^{n+1}-a_2^{n+1}}{a_1-a_2}(a_1\neq a_2)$
5	a^n	a^n	$(n+1)a^n$
6	a^n	n	$\dfrac{n}{1-a}+\dfrac{a(a^n-1)}{(1-a)^2}$
7	n	n	$\dfrac{1}{6}(n-1)n(n+1)$
8	$a_1^n\cos(\omega_0 t+\theta)$	a_2^n	$\dfrac{a_1^{n+1}\cos[\omega_0(n+1)+\theta-\varphi]-a_2^{n+1}\cos(\theta-\varphi)}{\sqrt{a_1^2+a_2^2-2a_1a_2\cos\omega_0}}$ $\varphi=\arctan\left(\dfrac{a_1\sin\omega_0}{a_2\cos\omega_0-a_2}\right)$

注：表中函数均为因果序列。

习　题

7-1　分别绘出以下各序列的图形。

(1) $x(n)=\left(\frac{1}{2}\right)^{n}u(n)$　　(2) $x(n)=2^{n}u(n)$

(3) $x(n)=\left(\frac{1}{2}\right)^{n-1}u(n)$　　(4) $x(n)=nu(n)$

(5) $x(n)=2^{-n}u(n)$　　(6) $x(n)=-\left(\frac{1}{2}\right)^{n}u(n)$

(7) $x(n)=-\left(\frac{1}{2}\right)^{n}u(-n)$　　(8) $x(n)=\left(\frac{1}{2}\right)^{n+1}u(n+1)$

(9) $x(n)=\sin\left(\frac{n\pi}{5}\right)$　　(10) $x(n)=\left(\frac{5}{6}\right)^{2}\sin\left(\frac{n\pi}{5}\right)$

7-2　列出如图7.15所示系统的差分方程,已知边界条件 $y(-1)=0$。分别求以下输入序列时的输出 $y(n)$,并绘出其图形。

(1) $x(n)=\delta(n)$　　(2) $x(n)=u(n)$

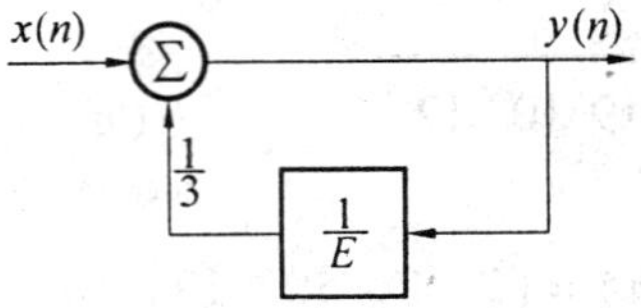

图7.15　习题7-2图

7-3　列出如图7.16所示系统的差分方程并指出其阶次。

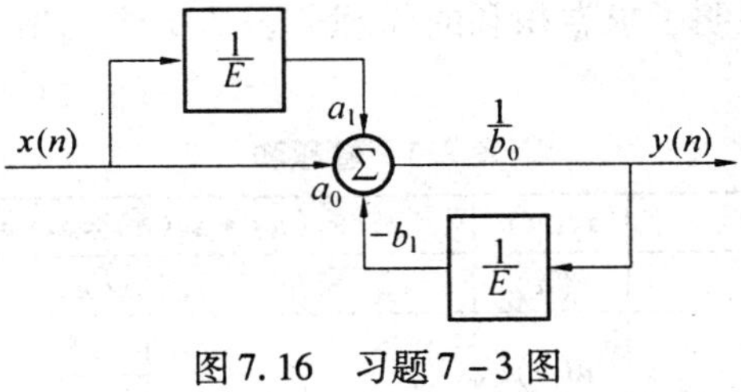

图7.16　习题7-3图

7-4　解差分方程。

(1) $y(n)-\frac{1}{2}y(n-1)=0, y(0)=1$

(2) $y(n)-2y(n-1)=0, y(0)=\frac{1}{2}$

(3) $y(n)+3y(n-1)=0, y(1)=1$

(4) $y(n)+3y(n-1)+2y(n-2)=0, y(-1)=2, y(-2)=1$

(5) $y(n)+2y(n-1)+y(n-2)=0, y(0)=y(-1)=1$

7-5　对于线性时不变系统:

(1)已知激励为单位阶跃信号的零状态响应是 $g(n)$,试求冲激响应 $h(n)$;

(2)已知冲激响应 $h(n)$,试求阶跃响应 $g(n)$。

7-6　如图7.17所示的系统包括两个级联的线性时不变系统,它们的单位样值响应

分别为 $h_1(n)$ 和 $h_2(n)$。已知 $h_1(n)=\delta(n)-\delta(n-3)$, $h_2(n)=(0.8)^n u(n)$, $x(n)=u(n)$。

(1)按下式求 $y(n)$：

$$y(n)=[x(n)*h_1(n)]*h_2(n);$$

(2)按下式求 $y(n)$：

$$y(n)=x(n)*[h_1(n)*h_2(n)]$$

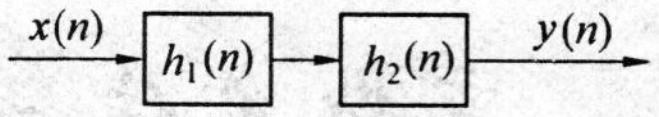

图7.17　习题7-6图

第 8 章

离散系统 z 域分析

8.1 引　　言

在连续系统分析中，通过傅里叶变换和拉普拉斯变换，可以把时域中复杂的解微分方程和卷积积分运算转化为频域、复频域中的简便运算。与此相对应，连续系统的数学模型也由时域中的微分方程转化为频域、复频域中的代数方程。离散系统的分析也有类似之处，通过 Z 变换，可以把时域中复杂的差分方程求解与卷积和运算转换为 z 域、频域中的简单运算。与此相对应，离散系统的数学模型也由时域中的差分方程转化为 z 域、频域中的代数方程。

Z 变换的数学理论很早就形成了，但直到 20 世纪 80 年代随着计算机的应用与发展，才真正得到广泛实际应用。作为一种重要的数学工具，它把描述离散系统的差分方程，变换成代数方程，使其求解过程得到简化。还可以利用系列函数的零、极点分布，定性分析系统的时域特性、频率响应、稳定性等，是离散系统分析的重要方法。Z 变换在离散系统的作用与地位，同拉氏变换在连续时间系统的相当。

8.2 Z 变换的定义

Z 变换的定义可由抽样信号的拉氏变换引出。连续信号的理想抽样信号为

$$X_s(t)=X(t)\cdot\delta_T(t)=\sum_{n=-\infty}^{+\infty}X(nT)\delta(t-nT)$$

式中，T 为抽样间隔。

对上式取双边拉氏变换，得到

$$X_s(s)=\mathscr{L}\{X_s(t)\}=\int_{-\infty}^{+\infty}X_s(t)\mathrm{e}^{-st}\mathrm{d}t=\int_{-\infty}^{+\infty}\left[\sum_{n=-\infty}^{+\infty}X(nT)\delta(t-nT)\right]\mathrm{e}^{-st}\mathrm{d}t$$

交换运算次序，并利用冲激函数的抽样性，得到抽样信号的拉氏变换为

$$X_s(s)=\sum_{n=-\infty}^{+\infty}\int_{-\infty}^{+\infty}[x(nT)\delta(t-nT)]\mathrm{e}^{-st}\mathrm{d}t=\sum_{n=-\infty}^{+\infty}x(nT)\mathrm{e}^{-snT}\tag{8.1}$$

也可以写为

$$X_s(s)=\sum_{n=-\infty}^{+\infty}x(nT)z^{-n} \tag{8.2}$$

式(8.2)是复变量 z 的函数(T 是常数),可写成

$$X_s(z)=\sum_{n=-\infty}^{+\infty}x(n)z^{-n}=\cdots+x(-2)z^2+x(-1)z+x(0)+x(1)z^{-1}+x(2)z^{-2}+\cdots \tag{8.3}$$

式(8.3)是双边 Z 变换的定义。

如果 $x(n)$ 是因果序列,则式(8.3)的 Z 换为

$$X(z)=\sum_{n=-\infty}^{+\infty}x(n)z^{-n}=x(0)+x(1)z^{-1}+x(2)z^{-2}+\cdots \tag{8.4}$$

式(8.1)也称单边 Z 变换。比较式(8.3)与(8.4)可见,因果序列的双边 Z 变换,因此单边 Z 变换是双边 Z 变换的特例。

Z 变换是复变量 z 的幂级数(也称罗朗级数),其系数是序列 $x(n)$ 的样值。连续时间系统中,信号一般都是因果的,所以主要讨论拉氏单边变换。在离散系统分析中,可以用因果序列逼近非因果序列,因此单边与双边 Z 变换都要涉及。

8.3　Z 变换收敛域及典型序列 Z 变换

式(8.3)是双边 Z 变换的定义,其是否收敛以及收敛条件,可决定序列 Z 变换是否存在以及存在条件,本节先就此进行讨论。

8.3.1　Z 变换的收敛域

对于任意给定的有界序列,使式(8.3)级数收敛的所有 z 值,称为 $X(z)$ 的收敛域。我们举例说明式(8.3)收敛与否,及在什么范围收敛。

【例8.1】　已知无限长因果序列 $f(k)=ak\varepsilon(k)$。求 $f(k)$ 的双边 Z 变换和收敛域。

解　$f(k)$ 的双边 Z 变换为

$$F(z)=\sum_{k=-\infty}^{+\infty}a^k\varepsilon(k)z^{-k}=\sum_{k=-\infty}^{+\infty}\left(\frac{a}{z}\right)^k$$

$$\sum_{k=-\infty}^{+\infty}\left|f(k)z^{-k}\right|=\sum_{k=0}^{+\infty}\left(\frac{a}{z}\right)^k$$

$$F(z)=\sum_{k=0}^{+\infty}\left(\frac{a}{z}\right)^k=1+\frac{a}{z}+\left(\frac{a}{z}\right)^2+\cdots=\frac{z}{z-a}$$

收敛域为:$|z|>|a|$(图8.1)。

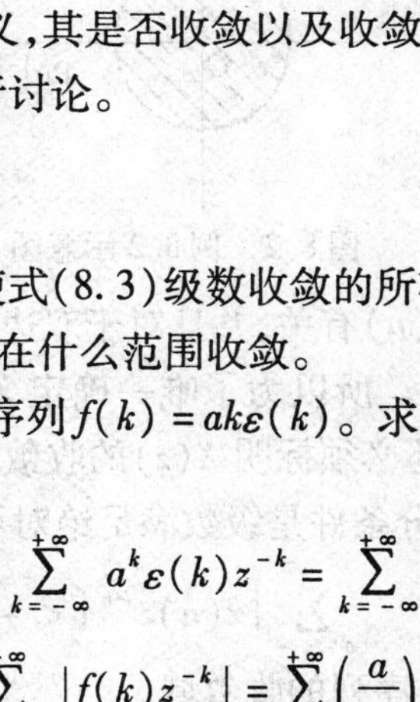

图8.1　例8.1示意图

【例 8.2】 已知无限长反因果序列 $f(k)=-a^k\varepsilon(-k-1)$。求 $f(k)$ 的双边 Z 变换及其收敛域。

解 $f(k)$ 的双边 Z 变换为

$$F(z)=\sum_{k=-\infty}^{+\infty}[-a^k\varepsilon(-k-1)]z^{-k}=\sum_{k=-\infty}^{-1}(-a^k)z^{-k}=\sum_{k=-\infty}^{-1}-\left(\frac{a}{z}\right)^k$$

因为

$$\sum_{k=-\infty}^{+\infty}|-a^k\varepsilon(-k-1)z^{-k}|=\sum_{k=-\infty}^{-1}\left(\frac{a}{z}\right)^k$$

并且 k 取负值。所以，当 $|z|<|a|$ 时 $F(z)$ 收敛。于是得

$$F(z)=\sum_{k=-\infty}^{-1}-\left(\frac{a}{z}\right)^k=-\left[\frac{z}{a}+\left(\frac{z}{a}\right)^2+\left(\frac{z}{a}\right)^3+\cdots\right]=\left(-\frac{z}{a}\right)\cdot\frac{1}{1-\dfrac{z}{a}}=\frac{z}{z-a}$$

所以，当 $|z|<|a|$ 时 $F(z)$ 收敛。

于是得 $f(k)$ 的收敛域是以 $|a|$ 为半径的圆内(图 8.2)。

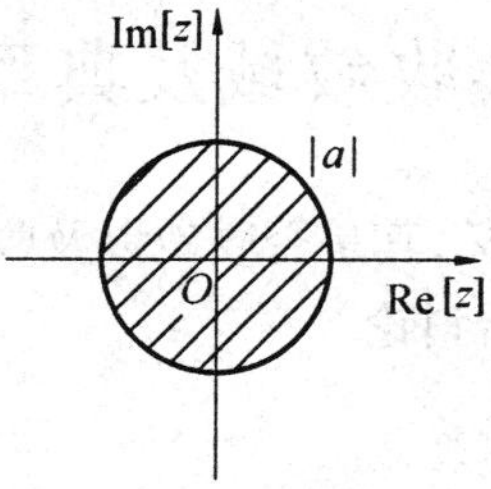

图 8.2 例 8.2 示意图

上述两例说明，收敛域与 $x(n)$ 有关，并且对于双边 Z 变换，不同序列的表示式有可能相同，但各自的收敛域一定不同。所以为了唯一确定 Z 变换所对应的序列，双边 Z 变换除了要给出 $X(z)$ 的表示式外，还必须标明 $X(z)$ 的收敛域。

任意序列 Z 变换存在的充分条件是级数满足绝对可和，即

$$\sum_{n=-\infty}^{-1}|x(n)z^{-n}|<+\infty \tag{8.5}$$

下面利用式(8.5)讨论几类序列的收敛域。

1. 有限长序列

$$-x(n)=\begin{cases}x(n), & n_1\leqslant n\leqslant n_2\\ 0, & \text{其他}\end{cases}$$

如图 8.3 所示。

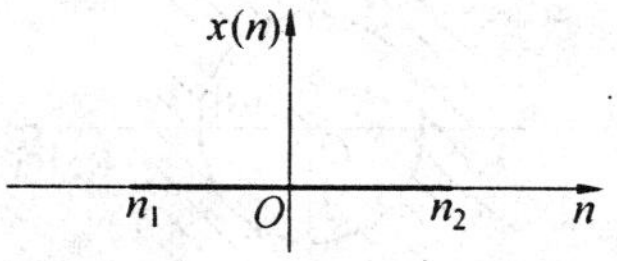

图 8.3 有限长序列示意图

有限长序列的Z变换为

$$X(z)=\sum_{n=n_1}^{n_2}x(n)z^{-n}$$

由上式有限长序列的Z变换可见，此时$X(z)$是有限项级数，因此只要级数每项有界，则有限项之和也有界。当$x(n)$有界时，Z变换的收敛域取决于$|z|^{-n}$。当$n_1\leqslant n\leqslant n_2$时，显然，$|z|$在整个开区间$(0,+\infty)$满足这一条件。所以有限长序列的收敛区至少为$0<|z|<+\infty$。如果$0\leqslant n_1$，$X(z)$只有$z$的负幂项，收敛域为$0<|z|<+\infty$。若$n_2\leqslant 0$，$X(z)$只有$z$的正幂项，收敛域为$0\leqslant|z|<+\infty$；均为半开区间。特别地，$x(n)=\delta(n)\leftrightarrow X(z)=1,0\leqslant|z|<\infty$，收敛域为全$z$平面。

2. 右边序列

右边序列是有始无终的序列，即$n\to+\infty$，如图8.4所示。右边序列的Z变换为

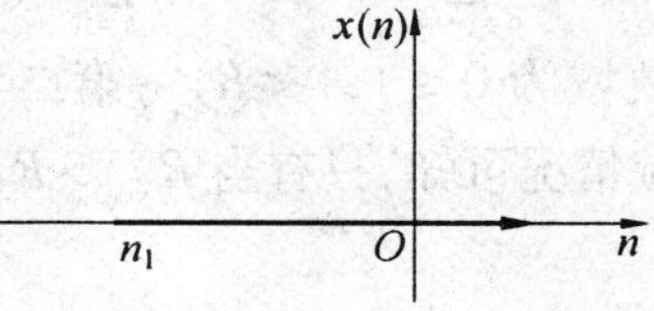

图8.4　右边序列示意图

$$X(z)=\sum_{n=0}^{N-1}x(n)z^{-n}$$

当$n_1<0$时，将右边序列的$X(z)$分为两部分

$$X(z)=\sum_{n=n_1}^{+\infty}|x(n)z^{-n}|=\sum_{n=n_1}^{-1}|x(n)z^{-n}|+\sum_{n=0}^{+\infty}|x(n)z^{-n}|$$

式中第二项是有限长序列的收敛域$0\leqslant|z|<+\infty$；第一项只有z的负幂项，其收敛域为$R_{X_-}<|z|<+\infty$，是以R_{X_-}为半径的圆外，且R_{X_-}一定大于零；综合两项的收敛域情况，一般右边序列的收敛域为

$$R_{X_-}<|z|<+\infty \tag{8.6}$$

式(8.6)表明，右边序列的收敛区是以R_{X_-}为收敛半径的圆外。

当$n_1>0$时，$X(z)$的和式中没有z的正幂项，收敛域为$R_{X_-}<|z|<+\infty$。

3. 左边序列

左边序列是无始有终的序列，即$n_2\to-\infty$，如图8.5所示。左边序列的Z变换为

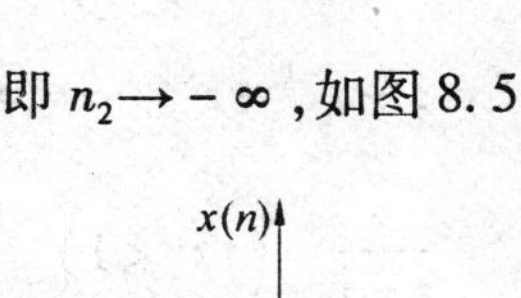

图8.5　左边序列示意图

$$X(z)=\sum_{n=-\infty}^{n_2}x(n)z^{-n}$$

当$n_2>0$时，将左边序列的$X(z)$分为两部分

$$X(z)=\sum_{n=-\infty}^{n_2}|x(n)z^{-n}|=\sum_{n=-\infty}^{-1}|x(n)z^{-n}|+\sum_{n=0}^{n_2}|x(n)z^{-n}|$$

式中第二项只有 z 的正幂项，收敛域为 $0\leqslant|z|<R_{X_+}$；第二项是有限长序列，收敛域 $0<|z|<+\infty$，综合两项的收敛域情况，一般左边序列的收敛域为

$$0\leqslant|z|<R_{X_+} \tag{8.7}$$

式(8.7)表明左边序列的收敛区是以 R_{X_+} 为收敛半径的圆内。

当 $n_2<0$，$X(z)$ 的和式中没有 z 的正幂项，收敛域为 $0\leqslant|z|<R_{X_+}$。

4. 双边序列

双边序列是无始无终的序列，即 $n_1\to\infty$，$n_2\to\infty$

$$X(z)=\sum_{n=-\infty}^{+\infty}x(n)z^{-n}$$

将双边序列的 $X(z)$ 分为两部分

$$X(z)=\sum_{n=-\infty}^{-1}x(n)z^{-n}+\sum_{n=0}^{+\infty}x(n)z^{-n}$$

式中第一项是左序列，其收敛域为 $0\leqslant|z|<R_{X_+}$；第二项是右序列，其收敛域为 $R_{X_+}<|z|<+\infty$，综合两项的收敛域情况可知，只有当 $R_{X_+}>R_{X_-}$ 时，$X(z)$ 的双边 Z 变换存在收敛域为

$$R_{X_-}<|z|<R_{X_+} \tag{8.8}$$

式(8.8)表明双边序列的收敛域是以 R_{X_-} 为内径，以 R_{X_+} 为外径的一环形区；而当 $R_{X_+}<R_{X_-}$ 时，$X(z)$ 的双边 Z 变换不存在。

8.3.2 典型序列的 Z 变换

连续时间非因果信号较少，但在离散系统中非因果序列(单边序列、双边序列)却有一定的应用。

1. $\delta(n)$

$$\mathscr{Z}[\delta(n)]=\sum_{n=0}^{+\infty}\delta(n)z^{-n}=1$$

$$\delta(n)\leftrightarrow 1$$

2. $u(n)$

$$\mathscr{Z}[u(n)]=\sum_{n=0}^{+\infty}z^{-n}=1+z^{-1}+z^{-2}+\cdots=\frac{1}{1-z^{-1}}\quad(|z^{-1}|<1)=$$

$$\frac{z}{z-1}\quad(|z|<1)$$

3. 斜变序列 $nu(n)$

$$\mathscr{Z}[nu(n)]=\sum_{n=0}^{+\infty}nz^{-n}=z^{-1}+2z^{-2}+\cdots+nz^{-n}\cdots,\quad |z^{-1}|<1$$

可利用 $u(n)$ 的 Z 变换

$$\sum_{n=0}^{+\infty}z^{-n}=\frac{1}{1-z^{-1}},\quad |z|<1$$

等式两边分别对 z^{-1} 求导，得

$$\sum_{n=0}^{+\infty} n(z^{-n})^{n-1} = \frac{1}{(1-z^{-1})^2} = \frac{z^2}{(z-1)^2}$$

两边各乘以 z^{-1}

$$\sum_{n=0}^{+\infty} n(z^{-1})^n = \frac{z}{(z-1)^2}, \quad |z| > 1$$

4. 指数序列

(1) $a^n u(n)$

$$\mathscr{Z}[a^n u(n)] = \sum_{n=0}^{+\infty} a^n z^{-1} = \frac{z}{z-a}, \quad |z| > |a|$$

(2) $-a^n u(-n-1)$

$$\mathscr{Z}[-a^n u(-n-1)] = \frac{z}{z-a}, \quad |z| > |a|$$

若 $a = \mathrm{e}^b$，则

$$\mathscr{Z}[\mathrm{e}^{bn} u(n)] = \sum_{n=0}^{+\infty} \mathrm{e}^{bn} z^{-n} = \frac{z}{z-\mathrm{e}^b}, \quad |z| > |\mathrm{e}^b|$$

5. 单边正、余弦序列

由指数序列的

$$\mathrm{e}^{bn} u(n) \leftrightarrow \frac{z}{z-\mathrm{e}^b}, \quad |z| > |\mathrm{e}^b|$$

可推得

$$\mathrm{e}^{\pm \mathrm{j}\theta_0 n} u(n) \leftrightarrow \frac{z}{z-\mathrm{e}^{\pm \mathrm{j}\theta_0}}, \quad |z| > 1$$

将正、余弦序列分解为两个指数序列

$$\cos(\theta_0 n) u(n) = \frac{1}{2}(\mathrm{e}^{\mathrm{j}\theta_0 n} + \mathrm{e}^{-\mathrm{j}\theta_0 n}) u(n) \leftrightarrow$$

$$\frac{1}{2}\left(\frac{z}{z-\mathrm{e}^{\mathrm{j}\theta_0}} + \frac{z}{z-\mathrm{e}^{-\mathrm{j}\theta_0}}\right) = \frac{z(z-\cos\theta_0)}{z^2 - 2z\cos\theta_0 + 1}, \quad |z| > 1$$

同理

$$\sin(\theta_0 n) u(n) = \frac{1}{\mathrm{j}2}(\mathrm{e}^{\mathrm{j}\theta_0 n} - \mathrm{e}^{-\mathrm{j}\theta_0 n}) u(n) \leftrightarrow$$

$$\frac{1}{\mathrm{j}2}\left(\frac{z}{z-\mathrm{e}^{\mathrm{j}\theta_0}} - \frac{z}{z-\mathrm{e}^{-\mathrm{j}\theta_0}}\right) = \frac{z\sin\theta_0}{z^2 - 2z\cos\theta_0 + 1}, \quad |z| > 1$$

6. 双边指数序列

$$x(n) \leftrightarrow a^{|n|}, \quad |a| < 1$$

$$X(z) = \frac{z(1-a^2)}{(1-az)(z-a)}, \quad |a| < |z| < \frac{1}{|a|}$$

为便于查阅，将常用序列的变换列于表 8.1 中。

表 8.1　常用序列 Z 变换表

1	$\delta(n)$	1
2	$u(n)$	$\frac{z}{z-1}, \quad \lvert z\rvert >1$
3	$R_N(n)$	$\frac{1-z^{-n}}{1-z^{-1}}, \quad \lvert z\rvert >1$
4	$a^n u(n)$	$\frac{z}{z-a}, \quad \lvert z\rvert >\lvert a\rvert$
5	$-a^n u(-n-1)$	$\frac{z}{z-a}, \quad \lvert z\rvert >\lvert a\rvert$
6	$nu(n)$	$\frac{z}{(z-1)^2}, \quad \lvert z\rvert >1$
7	$na^n u(n)$	$\frac{az}{(z-a)^2}, \quad \lvert z\rvert >\lvert a\rvert$
8	$\frac{n(n-1)}{2!}u(n)$	$\frac{z}{(z-1)^3}, \quad \lvert z\rvert >1$
9	$\frac{n(n-1)(n-2)\cdots(n-m+1)}{m!}u(n)$	$\frac{z}{(z-1)^{m+1}}, \quad \lvert z\rvert >1$
10	$(n+1)a^n u(n)$	$\frac{z^2}{(z-a)^2}, \quad \lvert z\rvert >\lvert a\rvert$
11	$\frac{(n+1)(n+2)}{2!}a^n u(n)$	$\frac{z^3}{(z-a)^3}, \quad \lvert z\rvert >\lvert a\rvert$
12	$\frac{(n+1)(n+2)\cdots(n+m)}{m!}a^n u(n)$	$\frac{z^{m+1}}{(z-a)^{m+1}}, \quad \lvert z\rvert >\lvert a\rvert$
13	$-(n+1)a^n u(-n-1)$	$\frac{z^2}{(z-a)^2}, \quad \lvert z\rvert >\lvert a\rvert$
14	$-\frac{(n+1)(n+2)}{2!}a^n u(-n-1)$	$\frac{z^3}{(z-a)^3}, \quad \lvert z\rvert >\lvert a\rvert$

8.4　Z 变换的性质定理

Z 变换有许多重要性质,这些性质不但给复杂序列的 Z 变换计算带来方便,而且在工程上也有许多应用,本节将讨论 Z 变换的一些主要性质。

1. 线性

Z 变换与傅里叶变换和拉普拉斯变换一样,也是一种线性变换。即若

$$x(n)\leftrightarrow X(z), \quad R_{X_-}<|z|<R_{X_+}$$
$$y(n)\leftrightarrow Y(z), \quad R_{Y_-}<|z|<R_{Y_+}$$

则

$$ax(n)+by(n)\leftrightarrow aX(z)+bY(z), \quad R_-<|z|<R_+ \tag{8.9}$$

式中

$$R_-=\max[R_{X_-},R_{Y_-}]<|z|<R_+=\min[R_{X_+},R_{Y_+}]$$

一般情况下线性相加后的序列其 Z 变换的收敛域会改变。

2. 双边 Z 变换的位移性

若序列 $x(n)$ 的双边 Z 变换为

则

$$x(n)\leftrightarrow X(z),\quad R_{X-}<|z|<R_{X+}$$

$$x(n+m)\leftrightarrow z^m X(z),\quad R_{X-}<|z|<R_{X+} \tag{8.10}$$

证明

$$\mathscr{Z}[x(n+m)]=\sum_{n=-\infty}^{+\infty}x(n+m)z^{-n}=\sum_{n=-\infty}^{+\infty}x(n+m)z^{-(n+m)}z^m$$

令 $n+m=k$,代入上式

$$\mathscr{Z}[x(n+m)]=\sum_{n=-\infty}^{+\infty}x(k)z^{-k}=z^m X(z)$$

位移序列 Z 变换的收敛域一般不变,也有特例因为要考虑到 $z=0$ 或 $z=\infty$ 时的影响。

【例 8.3】 $x(n)=\delta(n)\leftrightarrow X(z)=1, 0\leqslant|z|<+\infty$,全 z 平面。

解

$$x(n+1)=\delta(n+1)\leftrightarrow X_1(z),\qquad 0\leqslant|z|<+\infty$$

$$x(n-1)=\delta(n-1)\leftrightarrow X_2(z)^{-1},\qquad 0\leqslant|z|<+\infty$$

3. 单边 Z 变换的位移性

若序列 $x(n)$ 的单边 Z 变换为

$$x(n)u(n)\leftrightarrow X(z)$$

则序列左移后单边 Z 变换为

$$\mathscr{Z}[x(n+m)u(n)]\leftrightarrow Z^m\left[X(z)-\sum_{k=0}^{m-1}x(k)z^{-k}\right],\quad m>0 \tag{8.11}$$

证明

$$\mathscr{Z}[x(n+m)u(n)]=\sum_{n=0}^{+\infty}x(n+m)z^{-n}=\sum_{n=0}^{+\infty}x(n+m)z^{-(n+m)}z^m\quad(令\ n+m=k)=$$

$$z^m\sum_{k=m}^{+\infty}x(k)z^{-k}=z^m\left[\sum_{k=0}^{+\infty}x(k)z^{-k}-\sum_{k=0}^{m-1}x(k)z^{-k}\right]=$$

$$z^m\left[X(z)-\sum_{k=0}^{m-1}x(k)z^{-k}\right]$$

序列左移后单边 Z 变换的示意图如图 8.6 所示。特别地

$$\mathscr{Z}[x(n+1)u(n)]=zX(z)-zx(0)$$

$$\mathscr{Z}[x(n+2)u(n)]=z^2X(z)-z^Zx(0)-zx(1)$$

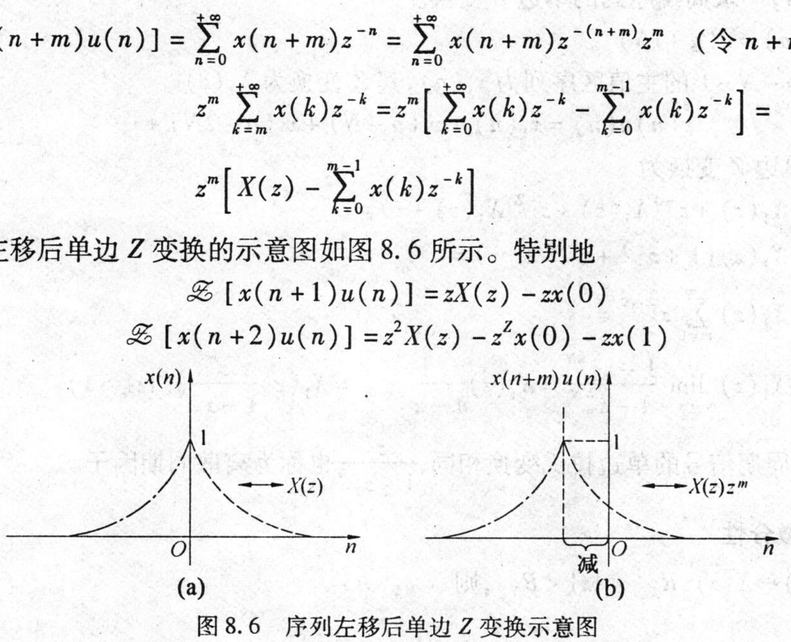

图 8.6　序列左移后单边 Z 变换示意图

若 $x(n)u(n)\leftrightarrow X(z)$，则

$$x(n-m)u(n)\leftrightarrow z^{-m}[X(z)+\sum_{k=-m}^{-1}x(k)z^{-k}],\quad m>0 \tag{8.12}$$

证明

$$x(n-m)u(n)=\sum_{n=0}^{+\infty}x(n-m)z^{-n}=\sum_{n=0}^{+\infty}x(n-m)z^{-(n-m)}z^{-m}\quad (令\ n-m=k)=$$

$$z^{-m}\sum_{k=-m}^{+\infty}x(k)z^{-k}=z^{-m}\left[\sum_{n=0}^{+\infty}x(k)z^{-k}+\sum_{k=-m}^{-1}x(k)z^{-k}\right]=$$

$$z^{-m}\left[X(z)+\sum_{k=-m}^{-1}x(k)z^{-k}\right]$$

序列右移后单边 Z 变换的示意图如图 8.7 所示。特别地

$$\mathscr{Z}[x(n-1)u(n)]=z^{-1}X(z)+x(-1)$$

$$\mathscr{Z}[x(n-2)u(n)]=z^{-2}X(z)-z^{-1}x(-1)+x(-2)$$

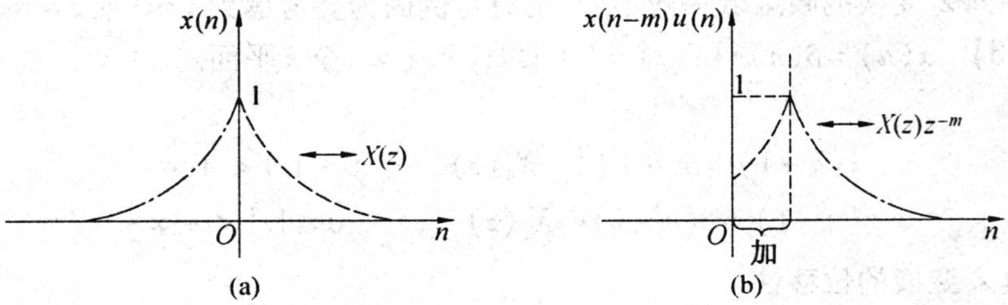

图 8.7 序列右移的单边 Z 变换

若 $x(n)$ 为因果序列，$x(n)u(n)\leftrightarrow X(z)$，则

$$x(n-m)u(n)\leftrightarrow z^{-m}X(z),\quad m>0 \tag{8.13}$$

$$x(n-m)u(n)\leftrightarrow z^{-m}\left[X(z)-\sum_{k=1}^{m-1}x(k)z^{-k}\right],\quad m>0 \tag{8.14}$$

【例 8.4】 求周期序列的单边 Z 变换。

解 $x(n)=x(n+rN)$

令 $n=0\sim N-1$ 的主值区序列为 $x_1(n)$，其 Z 变换为 $X_1(z)$

$$x(n)u(n)=x_1(n)+x_1(n-N)+x_1(n-2N)+\cdots$$

则 $x(n)$ 的单边 Z 变换为

$$X(z)=X_1(z)+z^{-N}X_1(z)+z^{-2N}X_1(z)+\cdots=$$

$$X_1(z)(1+z^{-N}+z^{-2N}+\cdots)=$$

$$X_1(z)\sum_{m=0}^{+\infty}z^{-mN}=$$

$$X_1(z)\lim_{m\to+\infty}\frac{1-z^{-mN}}{1-z^{-N}}=X_1(z)\frac{1}{1-z^{-N}}=X_1(z)\frac{z^N}{1-z^{-N}}(|z|>1)$$

与连续周期信号的单边拉氏变换相同，$\frac{z^N}{1-z^{-N}}$ 也称为离散周期因子。

4. z 域微分性

若 $x(n)\leftrightarrow X(z)$，$R_{X_-}<|z|<R_{X_+}$，则

$$nx(n) \leftrightarrow -z\frac{\mathrm{d}X(z)}{\mathrm{d}z},\quad R_{X_-}<|z|<R_{X_+} \tag{8.15}$$

证明

$$\frac{\mathrm{d}X(z)}{\mathrm{d}z}=\frac{\mathrm{d}}{\mathrm{d}z}\sum_{n=-\infty}^{+\infty}x(n)z^{-n}(\text{交换运算次序})=\sum_{n=-\infty}^{+\infty}x(n)\frac{\mathrm{d}}{\mathrm{d}z}z^{-n}=$$

$$-\sum_{n=-\infty}^{+\infty}nx(n)z^{-n-1}=-z^{-n-1}\sum_{n=-\infty}^{+\infty}nx(n)z^{-n-1}=-z^{-1}\mathscr{Z}[nx(n)]$$

利用 z 域微分性及 $x(n)=u(n)\leftrightarrow X(z)=\frac{z}{z-1}(|z|>1)$，可推得

$$nu(n)\leftrightarrow -z\frac{\mathrm{d}}{\mathrm{d}z}\left(\frac{z}{z-1}\right)=-z\frac{(z-1)+1}{(z-1)^2}=\frac{z}{(z-1)^2},\quad |z|>1$$

$$n^2u(n)\leftrightarrow -z\frac{\mathrm{d}}{\mathrm{d}z}\left[\frac{z}{(z-1)^2}\right]=\frac{z(z+1)}{(z-1)^3},\quad |z|>1$$

5. 初值定理

对因果序列 $x(n)$，有

$$x(0)=\lim_{z\to+\infty}X(z) \tag{8.16}$$

证明

$$X(z)=\sum_{n=-\infty}^{+\infty}x(n)z^{-n}=x(0)+x(1)z^{-1}+x(2)z^{-2}+\cdots$$

对等式两边取极限

$$\lim_{z\to+\infty}X(z)=\lim_{z\to+\infty}[x(0)+x(1)z^{-1}+x(2)z^{-2}+\cdots]=x(0)$$

6. 终值定理

若 $x(n)$ 是因果序列，除单位圆上可有一个 $z=1$ 的一阶极点外，其余极点均在单位圆内。则

$$\lim_{z\to+\infty}x(n)=\lim_{z\to1}[(z-1)X(z)] \tag{8.17}$$

7. 时域卷积性

$w(n)=x(n)*y(n)$，则

$$W(z)=X(z)Y(z),\quad R_-<|z|<R_+ \tag{8.18}$$

式中

$$R_-=\max[R_{X_-},R_{Y_-}],\quad R_+=\min[R_{X_+},R_{Y_+}]$$

利用卷积定理，我们可以求解离散系统的零状态响应，如图 8.8 所示。

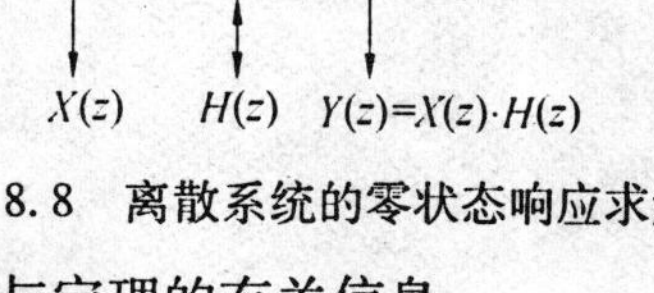

图 8.8　离散系统的零状态响应求解

表 8.2 列出了 Z 变换性质与定理的有关信息。

表 8.2　Z 变换性质与定理

	性质	时域	复频域
1	线性	$ax(n)+by(n)$	$aX(z)+bY(z)$
2	双边序列位移	$x(n+m)$	$z^m X(z)$
3	单边序列位移	$x(n+m)u(n)$ $x(n-m)u(n)$	$z^m[X(z)-\sum_{k=-m}^{m-1}x(k)z^{-k}]$ $z^{-m}[X(z)-\sum_{k=-m}^{-1}x(k)z^{-k}]$
4	z 域微分	$nx(n)$	$-z\dfrac{\mathrm{d}X(z)}{\mathrm{d}z}$
5	初值定理	$x(0)=\lim_{z\to+\infty}X(z)$	
6	终值定理	$\lim_{n\to+\infty}X(n)=\lim_{z\to1}[(z-1)X(z)]$	
7	时域卷积性	$x(n)*y(n)$	$X(z)Y(z)$

8.5　逆 Z 变换

逆 Z 变换也称反变换，逆 Z 变换可用英文缩写 $\mathscr{Z}^{-1}$ 表示，是由 $X(z)$ 求 $x(n)$ 的运算，若

$$X(z)=\sum_{n=-\infty}^{+\infty}x(n)z^{-n},\quad R_{X_-}<|z|<R_{X_+} \tag{8.19}$$

则由柯西积分定理，可以推得逆变换表示式为

$$x(n)=\frac{1}{\mathrm{j}2\pi}\oint_C X(z)z^{n-1}\mathrm{d}z,\quad C\in(R_{X_-},R_{X_+}) \tag{8.20}$$

即对 $X(z)z^{n-1}$ 作围线积分，其中 C 是在 $X(z)$ 的收敛域内一条逆时针的闭合围线。一般来说，计算复变函数积分比较困难，所以当 $X(z)$ 为有理函数时，介绍常用的两种反变换方法。

1. 幂级数展开法

将 $X(z)$ 展开，$X(z)=\cdots+x(-1)z+x(0)+x(1)z^{-1}+\cdots$，其系数就是 $x(n)$。特别地，对单边的左序列或右序列，当 $X(z)$ 为有理函数，幂级数法也称长除法。下面举例说明用长除法将 $X(z)$ 展开成级数求得 $x(n)$ 的方法。

【例 8.5】　已知 $X(z)=\dfrac{a}{a-z^{-1}},|z|>\dfrac{1}{|a|}$，求 $x(n)$。

解　因为收敛域在 $\dfrac{1}{|a|}$ 外，序列为右序列，应展开为 z 的降幂级数。

$$
\begin{array}{r}
1+\frac{1}{a}z^{-1}+\frac{1}{a^2}z^{-2}+\frac{1}{a^3}z^{-3}+\cdots \\
a-z^{-1}\overline{\big)\ a\qquad\qquad\qquad\qquad} \\
\underline{a-z^{-1}} \\
z^{-1} \\
\underline{z^{-1}-\frac{1}{a}z^{-2}} \\
\frac{1}{a}z^{-2} \\
\underline{\frac{1}{a}z^{-2}+\frac{1}{a^2}z^{-3}} \\
\vdots
\end{array}
$$

$$X(z)=1+\frac{1}{a}z^{-1}+\frac{1}{a^2}z^{-2}+\frac{1}{a^3}z^{-3}+\cdots=\sum_{n=0}^{+\infty}a^{-n}z^{-n}$$

由此可得

$$x(n)=a^{-1}u(n)$$

【例 8.6】 已知 $X(z)=1+\dfrac{a}{a-z^{-1}},|z|<\dfrac{1}{|a|}$,求 $x(n)$。

解 因为收敛域在 $1/|a|$ 圆内,序列为左序列,应展开为 z 的升幂级数。

$$
\begin{array}{r}
-az-a^2z^2-a^3z^3-a^4z^4-\cdots \\
-z^{-1}+a\overline{\big)\ a\qquad\qquad\qquad\qquad} \\
\underline{a-a^2z} \\
a^2z \\
\underline{a^2z-a^3z^2} \\
a^3z^2 \\
\underline{a^3z^2-a^4z^3} \\
a^4z^3 \\
\vdots
\end{array}
$$

$$X(z)=-az-a^2z^2-a^3z^3-a^4z^4-\cdots=\sum_{n=-\infty}^{-1}a^{-n}z^{-n}$$

由此可得

$$x(n)=-a^{-n}u(-n-1)$$

用长除法可将 $X(z)$ 展开为 z 的升幂或降幂级数,它取决于 $X(z)$ 的收敛域。所以在用长除法之前,首先要确定 $x(n)$ 是左序列还是右序列,由此决定分母多项式是按升幂还是按降幂排列。由长除法可以直接得到 $x(n)$ 的具体数值,但当 $X(z)$ 有两个或两个以上极点时,用长除法得到的序列值,要归纳 $x(n)$ 闭合式还是比较困难的,这时可以用部分分式法求解 $x(n)$。

2. 部分分式法

$X(z)$ 一般是 z 的有理函数,可表示为有理分式形式,最基本的分式及所对应的序列为

$$\frac{1}{1-d_kz^{-1}}=\frac{z}{z-d_k}\leftrightarrow\begin{cases}d_k^nu(n), & |z|>|d_k|\\-d_k^nu(-n-1), & |z|<|d_k|\end{cases}\tag{8.21}$$

式(8.21)是基本 Z 变换式。部分分式法就是基于此增加上的一种方法,即将 $X(z)$ 的一般有理分式展开为基本(单极点)有理分式之和。这与傅里叶变换、拉氏变换的部分分式法相似。

通常 $X(z)$ 表示式为

$$X(z)=\frac{N(z)}{D(z)}=\frac{b_0+b_1z+\cdots+b_{M-1}z^{M-1}+b_Mz^M}{a_0+a_1z+\cdots+a_{N-1}z^{N-1}+a_Nz^N} \tag{8.22}$$

式中，分子最高次幂为 M，分母最高次幂为 N。

设 $M\leqslant N$，且 $X(z)$ 均为单极点，$X(z)$ 可展开为

$$\frac{X(z)}{z}=\frac{A_0}{z}+\sum_{k=1}^{N}\frac{A_k}{z-d_k} \tag{8.23}$$

式中

$$A_k=(z-d_k)\frac{X(z)}{z}\Big|_{z=d_k},\quad k=0,1,\cdots,N \tag{8.24}$$

$$A_0=X(z)\big|_{z=0}=\frac{b_0}{a_0} \tag{8.25}$$

因为 Z 变换的基本形式为 $\dfrac{z}{z-d_k}$，在用部分分式展开法时，可以先将 $\dfrac{X(z)}{z}$ 展开，然后每个分式乘以 z，$X(z)$ 就可以展开为 $\dfrac{z}{z-d_k}$ 的形式，即

$$X(z)=A_0+\sum_{k=1}^{N}\frac{A_kz}{z-d_k} \tag{8.26}$$

式中，A_0 对应的变换为 $A_0\delta(n)$，根据收敛域最终确定 $x(n)$。

【例 8.7】 已知 $X(z)=\dfrac{z^2}{(z-1)(z-0.5)}$，$|z|<1$，求 $x(n)$。

解 $|z|<1$，是右边(因果)序列

$$\frac{X(z)}{z}=\frac{A_1}{z-0.5}+\frac{A_2}{z-1}$$

$$A_1=(z-0.5)\frac{X(z)}{z}\bigg|_{z=0.5}=\frac{z}{z-1}\bigg|_{z=0.5}=-1$$

$$A_2=(z-1)\frac{X(z)}{z}\bigg|_{z=1}=\frac{z}{z-0.5}\bigg|_{z=1}=2$$

$$X(z)=\frac{2z}{z-1}-\frac{z}{z-0.5},\quad |z|<1$$

$$x(n)=(2-0.5^n)u(n)$$

8.6 利用 Z 变换求解差分方程

N 阶 LTI 离散系统的差分方程一般形式为

$$\sum_{k=0}^{N}a_ky(n-k)=\sum_{r=0}^{M}b_rx(n-r) \tag{8.27}$$

当 $x(n)$ 是因果序列，已知初始(边界)条件 $y(-1),y(-2),\cdots,y(-N)$ 时，可利用 Z 变换求解式(8.27)，对式(8.27)等式两边取 Z 变换，利用单边 Z 变换的位移性，得到

$$\sum_{k=0}^{N}a_kz^{-k}\Big[Y(z)+\sum_{l=-k}^{-1}y(l)z^{-l}\Big]=\sum_{r=0}^{M}b_rz^{-r}\Big[X(z)+\sum_{m=-r}^{-1}x(m)z^{-m}\Big] \tag{8.28}$$

式中，$y(l)$是初始条件。

1.零状态响应

零状态响应是仅由激励引起的响应。当激励 $x(n)$ 是因果序列时，并且系统初始条件为零($y(l)=0,-N\leqslant l\leqslant -1$)，则式(8.28)为

$$\sum_{k=0}^{N} a_k z^{-k} Y_{zs}(z) = \sum_{r=0}^{M} b_r z^{-r} X(z) \tag{8.29}$$

由式(8.29)得零状态响应为

$$Y_{zs}(z) = \frac{\sum\limits_{r=0}^{M} b_r z^{-r} X(z)}{\sum\limits_{k=0}^{N} a_k z^{-k}} \tag{8.30}$$

令

$$H(z) = \frac{\sum\limits_{r=0}^{M} b_r z^{-r}}{\sum\limits_{k=0}^{N} a_k z^{-k}} \tag{8.31}$$

式中，$H(z)$ 为系统(传输)函数，零状态响应还可表示为

$$Y_{zs}(z) = H(z)X(z) \tag{8.32}$$

$$y_{zs}(n) = \mathscr{Z}^{-1}[Y_{zs}(z)] = \mathscr{Z}^{-1}[H(z)X(z)] \tag{8.33}$$

【例 8.8】　已知一离散系统的差分方程为 $y(n)-by(n-1)=x(n)$，求 $y(n)$。其中 $x(n)=a^n u(n)$，$y(-1)=0$。

解　因为 $y(-1)=0$，是零状态响应。对方程两边取 Z 变换

$$Y(z)-bz^{-1}Y(z)=X(z)$$

$$(1-bz^{-1})Y(z)=X(z)$$

$$Y(z)=\frac{1}{1-bz^{-1}}X(z)=\frac{1}{1-bz^{-1}}\cdot\frac{1}{1-az^{-1}}=\frac{z}{z-b}\,\frac{z}{z-a}=\frac{z}{a-b}\left(\frac{z}{z-a}-\frac{z}{z-b}\right)$$

$$y(n)=\frac{1}{a-b}(a^{n+1}-b^{n+1})u(n)$$

2.零输入响应

零输入响应是仅由系统初始储能引起的，与初始(边界)条件 $y(-1)$，$y(-2)$，…，$y(-N)$密切相关，此时激励 $x(n)=0$，式(8.27)差分方程右边等于零，式(8.28)变为

$$\sum_{k=0}^{N} a_k z^{-k}\Big[Y_{zi}(z)+\sum_{l=-k}^{-1} y(l)z^{-l}\Big]=0$$

$$\sum_{k=0}^{N} a_k z^{-k} Y_{zi}(z) = -\sum_{k=0}^{N} a_k z^{-k} \sum_{l=-k}^{-1} y(l) z^{-l} \tag{8.34}$$

$$Y_{zi}(z) = \frac{-\sum\limits_{k=0}^{N} a_k z^{-k} \sum\limits_{l=-k}^{-1} y(l) z^{-l}}{\sum\limits_{k=0}^{N} a_k z^{-k}} \tag{8.35}$$

其中，$y(l)$为系统的初始(边界)条件，$-N\leqslant l\leqslant -1$

$$y_{zi}(n)=\mathscr{Z}^{-1}[Y_{zi}(z)] \tag{8.36}$$

【例 8.9】 差分方程与 $x(n)$ 同例 8.8，$y(-1)=-1/b$，求 $y(n)$。

解 激励 $x(n)=0$，是零输入响应。对方程两边取 Z 变换

$$Y(z)-b[z^{-1}Y(z)+y(-1)]=0$$

$$Y(z)-b\left[z^{-1}Y(z)-\frac{1}{b}\right]=0$$

$$(1-bz^{-1})Y(z)=-1$$

$$Y(z)=\frac{-1}{1-bz^{-1}}$$

$$y(n)=-b^{n}u(n)$$

3. 全响应

利用 Z 变换，不需要分别求零状态响应与零输入响应，可以直接求解差分方程的全响应。

$$y(n)=y_{zi}(n)+y_{zs}(n)=\mathscr{Z}^{-1}\left[\frac{\sum_{r=0}^{M}b_{r}z^{-r}X(z)}{\sum_{k=0}^{N}a_{k}z^{-k}}-\frac{\sum_{k=0}^{N}\left(a_{k}z^{-k}\sum_{l=-k}^{-1}y(l)z^{-l}\right)}{\sum_{k=0}^{N}a_{k}z^{-k}}\right] \tag{8.37}$$

【例 8.10】 系统差分方程、激励 $x(n)$ 同例 8.8，$y(0)=0$，求 $y(n)$。

解 先求出边界条件 $y(-1)$，将 $n=0$ 代入原方程迭代

$$y(0)-by(-1)=x(0)=1$$

解出 $y(-1)=-1/b$，此时求 $y(n)$ 的全响应。方程两边取 Z 变换

$$Y(z)-b[z^{-1}Y(z)+y(-1)]=X(z)$$

$$Y(z)-b\left[z^{-1}Y(z)-\frac{1}{b}\right]=X(z)$$

$$(1-bz^{-1})Y(z)=X(z)-1$$

$$Y(z)=\frac{X(z)-1}{1-bz^{-1}}=\frac{1}{1-bz^{-1}}\frac{1}{1-az^{-1}}-\frac{1}{1-bz^{-1}}=\frac{az}{(a-b)(z-b)}=\frac{a}{a-b}\left(\frac{z}{z-a}-\frac{z}{z-b}\right)$$

$$y(n)=\frac{a}{a-b}(a^{n}-b^{n})u(n)$$

8.7 Z 变换与拉普拉斯变换的关系

拉氏变换、傅氏变换以及 Z 变换是前面讨论过的三种变换。这些变换有着密切的联系，在一定的条件下可以互相转换。下面讨论 Z 变换与拉氏变换之间的内在联系与关系。

要讨论 Z 变换与拉氏变换的关系，首先要研究 z 平面 s 平面的映射(变换)关系。在 8.2 节中我们将连续信号的拉氏变换与采样序列的 Z 变换联系起来，引进了复变量 z，它与复变量 s 有以下的映射关系

$$z=e^{sT} \tag{8.38}$$

$$s=\frac{1}{T}\ln z$$

式中，T 是采样间隔，对应的采样频率 $\omega_s=2\pi/T$。

为了更清楚地说明式(8.38)的映射关系，将 $s=\sigma+j\omega$ 代入式(8.38)，得

$$z=e^{sT}=e^{(\sigma+j\omega)T}=e^{\sigma T}e^{j\omega T}=re^{j\theta}$$

由此得到

$$\begin{cases} r=e^{\sigma T} \\ \theta=\omega T \end{cases} \tag{8.39}$$

式中，θ 是数字域频率，由式(8.39)具体讨论 s 与 z 平面的映射关系。

(1) s 平面的虚轴($\sigma=0$)映射到 z 平面的单位圆 $e^{\sigma T}$，s 平面左半平面($\sigma<0$)映射到 z 平面单位圆内($r=e^{\sigma T}<1$)；s 平面右半平面($\sigma>0$)映射到 z 平面单位圆外($r=e^{\sigma T}>1$)。

(2) $\omega=0$ 时，$\theta=0$，s 平面的实轴映射到 z 平面上的正实轴。s 平面的原点 $s=0$ 映射到 z 平面单位圆 $z=1$ 的点。

(3) 由于 $z=re^{j\theta}$ 是 θ 的周期函数，当 ω 由 $-\frac{\pi}{T}\sim\frac{\pi}{T}$ 时，θ 由 $-\pi\sim\pi$，幅角旋转了一周，映射了整个 z 平面，且 ω 每增加一个采样频率 $\omega=2\pi/T$，θ 就重复旋转一周，z 平面重叠一次，s 平面上宽度为 $2\pi/T$ 的带状区映射为整个 z 平面，这样 s 平面一条条宽度为 ω_s 的“横带”被重叠映射到整个 z 平面。所以，$s-z$ 平面的映射关系不是单值的，如图8.9所示。z 平面对应是无穷多 s 平面上宽度为 $2\pi/T$ 的带状区。

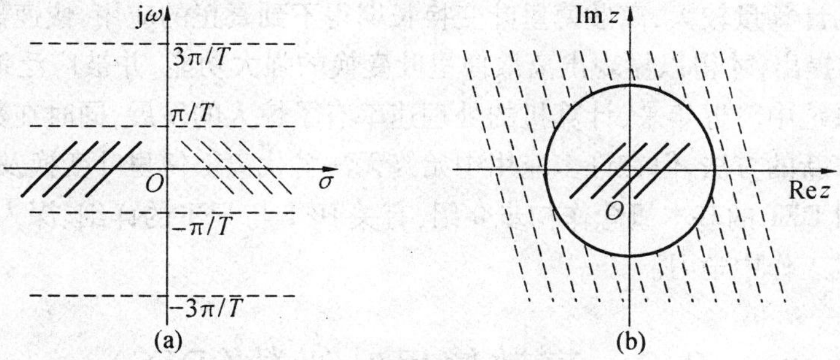

图8.9　$s-z$ 平面的映射关系

由以上 $s-z$ 平面的映射关系，再利用理想采样作为桥梁，可以得到连续信号 $x_a(t)$ 的拉氏变换 $X_a(s)$ 与采样序列 Z 变换的关系为

$$X(z)\big|_{z=e^{sT}}=X_a(s)=\frac{1}{T}\sum_{m=-\infty}^{+\infty}X_a(s-j\omega_s m)=\frac{1}{T}\sum_{m=-\infty}^{+\infty}X_a\left(s-j\frac{2\pi}{T}m\right)$$

第 9 章

离散傅里叶变换

9.1 引　言

离散傅里叶变换(DFT)具有明确的物理意义,是分析有限长序列的有用工具,在信号处理的理论上有重要意义,并且在运算方法上起核心作用,谱分析、卷积都可以通过 DFT 在计算机上实现。但是,直至 20 世纪 60 年代,由于数字计算机的处理速度较低以及离散傅里叶变换的计算量较大,离散傅里叶变换长期得不到真正的应用,快速离散傅里叶变换算法(FFT)的提出,才得以显现出离散傅里叶变换的强大功能,并被广泛地应用于各种数字信号处理系统中。近年来,计算机的处理速率有了惊人的发展,同时在数字信号处理领域出现了许多新的方法,但在许多应用中始终无法替代离散傅里叶变换及其快速算法。

本章仅对 DFT 的基本概念作初步介绍,有关 DFT 与 FFT 的详细、深入的学习研究,将在后续课程或工作中学习。

9.2 离散傅里叶级数(DFS)

为了便于更好地理解 DFT 的概念,先讨论周期序列及其离散傅里叶级数(DFS)表示。

9.2.1 离散傅里叶级数展开式

一个周期为 N 的周期序列,即

$$\tilde{x}(n)=\tilde{x}(n+kN),\quad k\text{ 为任意整数},N\text{ 为周期}$$

周期序列不能进行 Z 变换,因为其在 $n=-\infty$ 到 $+\infty$ 都周而复始永不衰减,即 z 平面上没有收敛域。但是,正像连续时间周期信号可用傅氏级数表达一样,周期序列也可用离散的傅氏级数来表示,也即用周期为 N 的正弦序列来表示。

周期为 N 的正弦序列其基频成分为

$$e_1(n)=e^{j(2\pi/N)n} \tag{9.1}$$

k 次谐波序列为

$$e_k(n)=e^{j(2\pi/N)kn} \tag{9.2}$$

但离散级数所有谐波成分中只有 N 个是独立的,这是与连续傅氏级数的不同之处

$$e^{j(2\pi/N)((k+N)n)}=e^{j(2\pi/N)kn} \tag{9.3}$$

因此

$$e_{k+N}(n)=e_k(n) \tag{9.4}$$

将周期序列展成离散傅里叶级数时,只需取 $k=0\sim(N-1)$ 这 N 个独立的谐波分量,所以一个周期序列的离散傅里叶级数只需包含这 N 个复指数。

$$\tilde{x}(n)=\frac{1}{N}\sum_{k=0}^{N-1}\tilde{X}(k)e^{j(2\pi/N)kn} \tag{9.5}$$

利用正弦序列的周期性可求解系数 $\tilde{X}(k)$:

将上式两边乘以 $e^{-j(2\pi/N)rn}$,并对一个周期求和

$$\sum_{n=0}^{N-1}\tilde{x}(n)e^{-j\frac{2\pi}{N}rn}=\frac{1}{N}\sum_{n=0}^{N-1}\sum_{k=0}^{N-1}\tilde{X}(k)e^{j\frac{2\pi}{N}(k-r)n}=\frac{1}{N}\sum_{k=0}^{N-1}\tilde{X}(k)\sum_{n=0}^{N-1}e^{j\frac{2\pi}{N}(k-r)n}=$$

$$\sum_{k=0}^{N-1}\tilde{X}(k)\left[\frac{1}{N}\frac{1-e^{j2\pi(k-r)}}{1-e^{j2\pi(k-r)/N}}\right] \tag{9.6}$$

$$\frac{1}{N}\sum_{n=0}^{N-1}e^{j\frac{2\pi}{N}(k-r)n}=\begin{cases}1, & k=r+sN\\ 0, & k\neq r\end{cases} \tag{9.8}$$

上式中括号部分显然只有当 $k=r$ 时才有值为1,其他任意 k 值时均为零,所以有

$$\sum_{n=0}^{N-1}\tilde{x}(n)e^{j\frac{2\pi}{N}rn}=\tilde{X}(r) \tag{9.8}$$

或写为

$$\tilde{X}(k)=\sum_{n=0}^{N-1}\tilde{x}(n)e^{-j(\frac{2\pi}{N})kn},\qquad 0\leqslant k\leqslant N-1 \tag{9.9}$$

由此可见:

(1)可求 N 次谐波的系数 $\tilde{X}(k)$;

(2) $\tilde{X}(k)$ 也是一个由 N 个独立谐波分量组成的傅里叶级数;

(3) $\tilde{X}(k)$ 为周期序列,周期为 N。

$$\tilde{X}(k+mN)=\sum_{n=0}^{N-1}\tilde{x}(n)e^{-j(2\pi/N)(k+mN)n}=\sum_{n=0}^{N-1}\tilde{x}(n)e^{-j(2\pi/N)kn}=\tilde{X}(k) \tag{9.10}$$

时域上周期序列的离散傅里叶级数在频域上仍是一个周期序列。

$\tilde{X}(k)\leftrightarrow\tilde{x}(n)$ 是一个周期序列的离散傅里叶级数(DFS)变换对,这种对称关系可表为

$$\tilde{x}(n)=\text{IDFS}[\tilde{X}(k)]=\frac{1}{N}\sum_{n=0}^{N-1}\tilde{X}(k)e^{j(2\pi/N)nk} \tag{9.11}$$

$$\tilde{X}(k)=\text{DFS}[\tilde{x}(n)]=\sum_{n=0}^{N-1}\tilde{x}(n)e^{-j(2\pi/N)kn} \tag{9.12}$$

习惯上:记 $w_N=e^{-j(2\pi/N)}$

则 DFS 变换对可写为

$$\tilde{X}(k)=\sum_{n=0}^{N-1}\tilde{x}(n)w_N^{kn}=\text{DFS}[\tilde{x}(n)]$$
$$\tilde{x}(n)=\frac{1}{N}\sum_{k=0}^{N-1}\tilde{X}(k)w_N^{-kn}=\text{IDFS}[\tilde{X}(k)] \tag{9.13}$$

其中,DFS[·]表示离散傅里叶级数变换;IDFS[·]表示离散傅里叶级数反变换。

DFS 变换对公式表明,一个周期序列虽然是无穷长序列,但是只要知道它一个周期的内容(一个周期内信号的变化情况),其他的内容也就都知道了,所以这种无穷长序列实际上只有 N 个序列值的信息是有用的,因此周期序列与有限长序列有着本质的联系。

9.2.2 DFS 的几个主要特性

假设 $\tilde{x}(n)$, $\tilde{y}(n)$都是周期为 N 的两个周期序列,各自的离散傅里叶级数为

$$\begin{cases}\tilde{X}(k)=\text{DFS}[\tilde{x}(n)]\\ \tilde{Y}(k)=\text{DFS}[\tilde{y}(n)]\end{cases}$$

1. 线性

$$\text{DFS}[a\tilde{x}(n)+b\tilde{y}(n)]=a\tilde{X}(k)+b\tilde{Y}(k),\quad a,b\text{ 为任意常数} \tag{9.14}$$

2. 序列移位

$$\begin{cases}\text{DFS}[\tilde{x}(n+m)]=w_N^{-mk}\tilde{X}(k)\\ \text{IDFS}[\tilde{X}(k+l)]=w_N^{nl}\tilde{x}(n)\end{cases} \tag{9.15}$$

证明 因为$\tilde{x}(n)$及 w_N^{kn} 都是以 N 为周期的函数,所以有

$$\text{DFS}[\tilde{x}(n+m)]=\sum_{n=0}^{N-1}\tilde{x}(n+m)w_N^{kn}=\sum_{i=m}^{N-1+m}\tilde{x}(i)w_N^{ki}w_N^{-km}=$$
$$w_N^{-mk}\sum_{i=m}^{N-1+m}\tilde{x}(i)w_N^{ki}=w_N^{-mk}\sum_{i=0}^{N-1}\tilde{x}(i)w_N^{ki}=w_N^{-mk}\tilde{X}(k)$$

由于$\tilde{x}(n)$与$\tilde{X}(k)$对称的特点,同样可证明

$$\text{IDFS}[\tilde{X}(k+l)]=w_N^{nl}\tilde{x}(n) \tag{9.16}$$

3. 共轭对称性

对于复序列$\tilde{x}(n)$其共轭序列$\tilde{x}^*(n)$满足

$$\text{DFS}[\tilde{x}^*(n)]=\tilde{X}^*(-k) \tag{9.17}$$

证明 $\text{DFS}[\tilde{x}^*(n)]=\sum_{n=0}^{N-1}\tilde{x}^*(n)w_N^{nk}=\left(\sum_{n=0}^{N-1}\tilde{x}(n)w_N^{-nk}\right)^*=\tilde{X}(-k)$

同理

$$\text{DFS}[\tilde{x}^*(-n)]=\tilde{X}^*(k) \tag{9.18}$$

进一步可得

$$\text{DFS}[\text{Re}\{\tilde{x}(n)\}]=\frac{1}{2}\text{DFS}[\tilde{x}(n)+\tilde{x}^*(n)]=\frac{1}{2}[\tilde{X}(k)+\tilde{X}^*(N-k)]$$

共轭偶对称分量

$$\mathrm{DFS}[\mathrm{Re}\{\tilde{x}(n)\}] = \tilde{X}_{\mathrm{e}}(k) = \frac{1}{2}[\tilde{X}(k) + \tilde{X}^*(N-k)] \tag{9.19}$$

共轭奇对称分量

$$\mathrm{DFS}[\mathrm{jIm}\{\tilde{x}(n)\}] = \tilde{X}_{\mathrm{o}}(k) = \frac{1}{2}[\tilde{X}(k) - \tilde{X}^*(N-k)] \tag{9.20}$$

4. 周期卷积(图9.1)

若

$$\tilde{F}(k) = \tilde{X}(k)\tilde{Y}(k)$$

则

$$\tilde{f}(n) = \mathrm{IDFS}[\tilde{F}(k)] = \sum_{m=0}^{N-1}\tilde{x}(m)\tilde{y}(n-m) \tag{9.21}$$

或

$$\tilde{f}(n) = \sum_{m=0}^{N-1}\tilde{y}(m)\tilde{x}(n-m) \tag{9.22}$$

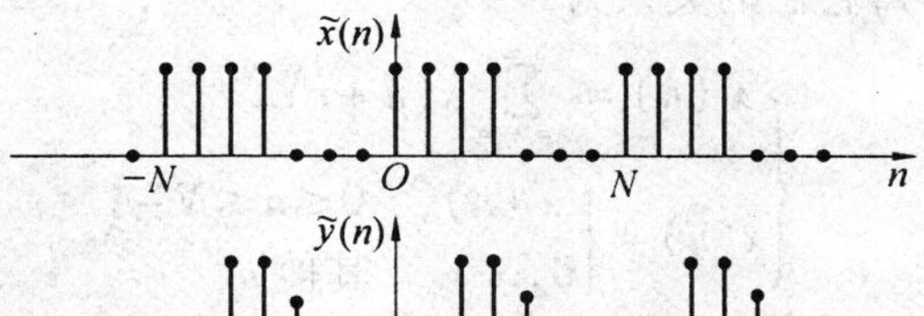

图9.1 周期卷积

证明 $\tilde{f}(n) = \mathrm{IDFS}[\tilde{X}(k)\tilde{Y}(k)] =$

$$\frac{1}{N}\sum_{k=0}^{N-1}\tilde{X}(k)\tilde{Y}(k)w_N^{-kn} =$$

$$\frac{1}{N}\sum_{k=0}^{N-1}\sum_{m=0}^{N-1}\tilde{x}(m)w_N^{mk}\ \tilde{Y}(k)w_N^{-nk}=$$

$$\sum_{m=0}^{N-1}\tilde{x}(m)\left[\frac{1}{N}\sum_{k=0}^{N-1}\tilde{Y}(k)w_N^{-(n-m)k}\right]=\sum_{m=0}^{N-1}\tilde{x}(m)\ \tilde{y}(n-m)$$

这是一个卷积公式,但与前面讨论的线性卷积的差别在于,这里的卷积过程只限于一个周期内(即 $m=0\sim N-1$),称为周期卷积。

9.3 离散傅里叶变换(DFT)

我们知道周期序列实际上只有有限个序列值有意义,因此它的许多特性可推广到有限长序列上。

一个有限长序列 $x(n)$,长为 N,表示为

$$x(n)=\begin{cases}x(n), & 0\leqslant n\leqslant N-1\\ 0, & \text{其他 } n\end{cases}$$

为了引用周期序列的概念,假定一个周期序列 $\tilde{x}(n)$,它由长度为 N 的有限长序列 $x(n)$ 延拓而成(图 9.2),它们的关系为

$$\begin{cases}\tilde{x}(n)=\sum\limits_{r=-\infty}^{+\infty}x(n+rN)\\ x(n)=\begin{cases}\tilde{x}(n), & 0\leqslant n\leqslant N-1\\ 0, & \text{其他 } n\end{cases}\end{cases}\tag{9.23}$$

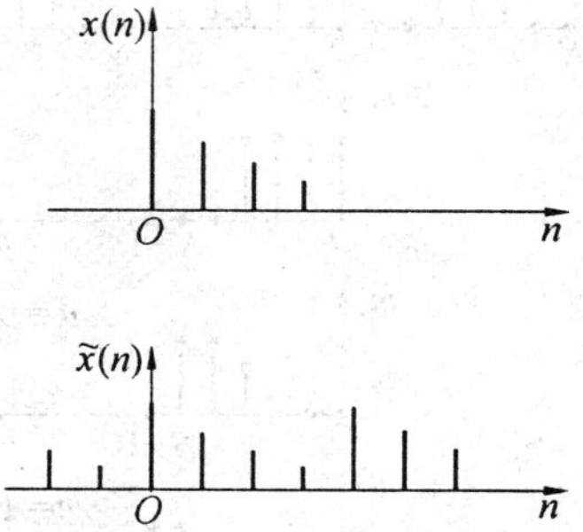

图 9.2　循环移位

周期序列的主值区间与主值序列:

对于周期序列 $\tilde{x}(n)$,定义其第一个周期 $n=0\sim N-1$,为 $\tilde{x}(n)$ 的"主值区间",主值区间上的序列为主值序列 $x(n)$。

$x(n)$ 与 $\tilde{x}(n)$ 的关系可描述为

$$\begin{cases}\tilde{x}(n)\text{是 } x(n)\text{ 的周期延拓}\\ x(n)\text{是 }\tilde{x}(n)\text{ 的"主值序列"}\end{cases}$$

数学表示为

$$\begin{cases}\tilde{x}(n)=x((n))_N\\ x(n)=\tilde{x}(n)R_N(n)=x((n))_N R_N(n)\end{cases}$$

式中,$R_N(n)$ 为矩形序列;符号 $((n))_N$ 是余数运算表达式,表示 n 对 N 求余数。

周期序列 $\tilde{x}(n)$ 的离散傅氏级数 $\tilde{X}(k)$ 也是一个周期序列,也可给它定义一个主值区

间$0 \leqslant k \leqslant N-1$，以及主值序列$X(k)$。

数学表示为

$$\begin{cases} X(k) = \tilde{X}(k) R_N(k) \\ \tilde{X}(k) = X((k))_N \end{cases}$$

周期序列的离散傅里叶级数变换(DFS)公式为

$$\tilde{X}(k) = \text{DFS}[\tilde{x}(n)] = \sum_{n=0}^{N-1} \tilde{x}(n) w^{kn}, \quad 0 \leqslant k \leqslant N-1 \tag{9.24}$$

$$\tilde{x}(n) = \text{IDFS}[\tilde{X}(k)] = \frac{1}{N} \sum_{n=0}^{N-1} \tilde{X}(k) w^{-kn}, \quad 0 \leqslant n \leqslant N-1 \tag{9.25}$$

这两个公式的求和都只限于主值区间$(0 \sim N-1)$，它们完全适用于主值序列$x(n)$与$X(k)$，因而我们可得到一个新的定义——有限长序列离散傅里叶变换定义。

长度为N的有限长序列$x(n)$，其离散傅里叶变换$X(k)$仍是一个长度为N的有限长序列，它们的关系为

$$\begin{cases} X(k) = \text{DFT}[x(n)] = \sum_{n=0}^{N-1} x(n) w_N^{kn}, \quad 0 \leqslant k \leqslant N-1 \\ x(n) = \text{IDFT}[X(k)] = \frac{1}{N} \sum_{k=0}^{N-1} X(k) w_N^{-kn}, \quad 0 \leqslant n \leqslant N-1 \end{cases} \tag{9.26}$$

$x(n)$与$X(k)$是一个有限长序列离散傅里叶变换对，已知$x(n)$就能唯一地确定$X(k)$，同样已知$X(k)$也就唯一地确定$x(n)$，实际上$x(n)$与$X(k)$都是长度为N的序列(复序列)，都有N个独立值，因而具有等量的信息。

有限长序列隐含着周期性。

【例9.1】　$\tilde{x}(n)$是周期为$N=8$的序列，求$n=11$和$n=-2$对N的余数。

解

$$n = 11 = 1 \times 8 + 3 \Rightarrow ((11))_8 = 3$$

$$n = -2 = (-1) \times 8 + 6 \Rightarrow ((-2))_8 = 6$$

因此　$\tilde{x}(11) = x(3)$，$\tilde{x}(-2) = x(6)$

9.4　离散傅里叶变换的性质

本节讨论DFT的一些主要特性，这些特性都与周期序列的DFS有关。

假定$x(n)$与$y(n)$是长度为N的有限长序列，其各自的离散傅里叶变换分别为

$$X(k) = \text{DFT}[x(n)]$$

$$Y(k) = \text{DFT}[y(n)]$$

1. 线性

$$\text{DFT}[ax(n) + by(n)] = aX(k) + bY(k), \quad a,b\text{为任意常数} \tag{9.27}$$

2. 循环移位(图9.3)

有限长序列$x(n)$的循环移位定义为

$$f(n) = x((n+m))_N R_N(n) \tag{9.28}$$

含义：

(1)$x((n+m))_N$表示$x(n)$的周期延拓序列$\tilde{x}(n)$的移位

$$x((n+m))_N = \tilde{x}(n+m) \tag{9.29}$$

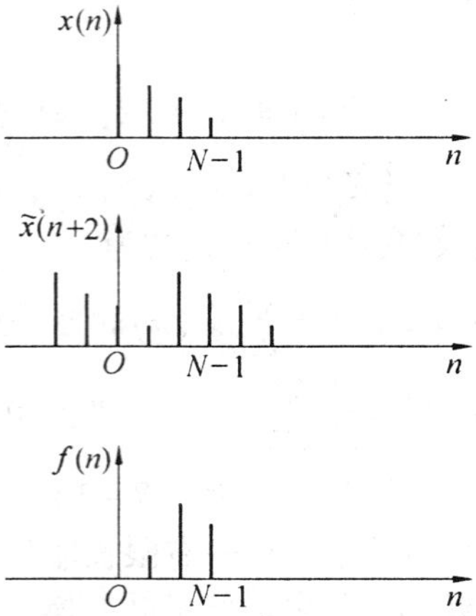

图 9.3　循环移位

(2)$x((n+m))_N R_N(n)$表示对移位的周期序列 $x((n+m))_N$ 取主值序列，所以$f(n)$仍然是一个长度为 N 的有限长序列。$f(n)$实际上可看做序列 $x(n)$排列在一个 N 等分圆周上,并顺时针旋转 m 位。

序列循环移位后的 DFT 为

$$F(k)=\mathrm{DFT}[f(n)]=w_N^{-mk}x(k) \tag{9.30}$$

证明　利用周期序列的移位特性

$$\mathrm{DFS}[x((n+m))_N]=\mathrm{DFS}[\tilde{x}(n+m)]=w_N^{-mk}\tilde{X}(k)$$

因此

$$\mathrm{DFT}[f(n)]=\mathrm{DFT}[x((n+m))_N R_N(n)]=\mathrm{DFT}[\tilde{x}(n+m)R_N(n)]=$$
$$\mathrm{DFS}[\tilde{x}(n+m)R_N(k)=w_N^{-mk}X(k)$$

实际上,利用 w_N^{-mk} 的周期性,将$f(n)=x((n+m))_N R_N(n)$代入 DFT 定义式,同样很容易证明。

同理,对于频域有限长序列 $X(k)$的循环移位,有如下反变换特性

$$\mathrm{IDFT}[X((k+1))_N R_N(k)]=w_N^{nl}x(n) \tag{9.31}$$

3. 循环卷积

若

$$F(k)=X(k)Y(k)$$

则

$$f(n)=\mathrm{IDFT}[F(k)]=\sum_{m=0}^{N-1}x(m)y((n-m))_N R_N(n) \tag{9.32}$$

或

$$f(n)=\mathrm{IDFT}[F(k)]=\sum_{m=0}^{N-1}y(m)x((n-m))_N R_N(n) \tag{9.33}$$

证明　这个卷积可看做是周期序列 $\tilde{x}(n)$与 $\tilde{y}(n)$卷积后再取其主值序列。将 $F(k)$周期延拓,得

$$\tilde{F}(k)=\tilde{X}(k)\tilde{Y}(k)$$

则根据 DFS 的周期卷积公式

$$\tilde{f}(n)=\sum_{m=0}^{N-1}\tilde{x}(m)\tilde{y}(n-m)=\sum_{m=0}^{N-1}x((m))_N y((n-m))_N$$

因$0\leqslant m\leqslant N-1$时，$x((m))_N=x(m)$，因此

$$f(n)=\tilde{f}(n)R_N(n)=\left[\sum_{m=0}^{N-1}x(m)y((n-m))_N\right]R_N(n)$$

经过简单的换元可证明

$$f(n)=\sum_{m=0}^{N-1}y(m)x((n-m))_N R_N(n)$$

这一卷积过程与周期卷积比较，过程是一样的，只是这里只取结果的主值序列，由于卷积过程只在主值区间$0\leqslant m\leqslant N-1$内进行，所以$y((n-m))_N$实际上就是$y(m)$的圆周移位，称为"循环卷积"，习惯上常用符号"$\bigotimes$"表示循环卷积，以区别于线性卷积。

$$x(n)\bigotimes y(n)=\sum_{m=0}^{N-1}x(m)y((n-m))_N R_N(n)=$$
$$\sum_{m=0}^{N-1}y(m)x((n-m))_N R_N(n)=y(n)\bigotimes x(n)$$

循环卷积过程：

(1)由有限长序列$x(n)$，$y(n)$构造周期序列$\tilde{x}(n)$与$\tilde{y}(n)$；

(2)计算周期卷积$\tilde{f}(n)=\sum_{m=0}^{N-1}\tilde{x}(m)\tilde{y}(n-m)$；

(3)卷积结果取主值$f(n)=\tilde{f}(n)R_N(n)$。

4.有限长序列的线性卷积与循环卷积

实际问题的大多数是求解线性卷积，如信号$x(n)$通过系统$h(n)$，其输出就是线性卷积$y(n)=x(n)*h(n)$。而循环卷积比起线性卷积，在运算速度上有很大的优越性，它可以采用快速傅里叶变换(FFT)技术，若能利用循环卷积求线性卷积，会带来很大的方便。

现在我们来讨论上述$x(n)$与$h(n)$的线性卷积，如果$x(n)$，$h(n)$为有限长序列，则在什么条件下能用循环卷积代替而不产生失真。

(1)有限长序列的线性卷积

假定$x(n)$为有限长序列，长度为N，$y(n)$为有限长序列，长度为M，它们的线性卷积$f(n)=x(n)*y(n)$也应是有限长序列。

因为$x(m)$的非零区间为$0\leqslant m\leqslant N-1$，$y(n-m)$的非零区间为$0\leqslant n-m\leqslant M-1$，这两个不等式相加得：$0\leqslant n\leqslant N+M-2$。

在这区间以外不是$x(m)=0$，就是$y(n-m)=0$，因而$f(n)=0$。

因此，$f(n)$是一个长度为$N+M-1$的有限长序列。

(2)循环卷积

重新构造两个有限长序列$x(n)$，$y(n)$，长度均为$L>\max\{N,M\}$，序列$x(n)$只有前N个是非零值，后$L-N$个为补充的零值；序列$y(n)$只有前M个是非零值，后$L-M$个为补充的零值。为了分析$x(n)$与$y(n)$的循环卷积，先看$x(n)$，$y(n)$的周期延拓

$$\tilde{x}(n)=\sum_{q=-\infty}^{+\infty}x(n+qL)$$

$$\tilde{y}(n)=\sum_{r=-\infty}^{+\infty}x(n+rL)$$

它们的周期卷积序列为

$$\tilde{f}_l(n)=\sum_{m=0}^{L-1}\tilde{x}(m)\,\tilde{y}(n-m)=\sum_{m=0}^{L-1}x(m)\sum_{r=-\infty}^{+\infty}y(n+rL-m)=$$
$$\sum_{r=-\infty}^{+\infty}\sum_{m=0}^{L-1}x(m)y(n+rL-m)=\sum_{r=-\infty}^{+\infty}f(n+rL)\tag{9.34}$$

其中$f(n)$就是线性卷积,也就是说,$x(n)$,$y(n)$周期延拓后的周期卷积,是$x(n)$,$y(n)$线性卷积的周期延拓,周期为L。

根据前面的分析,$f(n)$具有$N+M-1$个非零序列值,因此,如果周期卷积的周期$L<N+M-1$,那么$f(n)$周期延拓后,必然有一部分非零序列值出现重叠,出现混淆现象。只有$L\geqslant N+M-1$时,才不会产生交叠,这时$f(n)$的周期延拓$\tilde{f}_l(n)$中每一个周期L内,前$N+M-1$序列值是$f(n)$的全部非零序列值,而剩下的$L-(N+M-1)$点的序列则是补充的零值。

循环卷积正是周期卷积取主值序列

$$f_l(n)=x(n)\otimes y(n)=\tilde{f}_l(n)R_L(n)=\left[\sum_{r=-\infty}^{+\infty}F(n+rL)\right]R_L(n)\tag{9.35}$$

所以使周期卷积等于线性卷积而不产生混淆的必要条件是$L\geqslant N+M-1$。

5. 共轭对称性

设明$x^*(n)$为$x(n)$的共轭复数序列,则

$$\mathrm{DFT}[x^*(n)]=X^*(N-k)\tag{9.36}$$

证明

$$\mathrm{DFT}[x^*(n)]=\sum_{n=0}^{N-1}x^*(n)w_N^{nk}=\left[\sum_{n=0}^{N-1}x(n)w_N^{-nk}\right]^*,\quad 0\leqslant k\leqslant N-1$$

由于

$$w_N^{(N-k)n}=w_N^{nN}w_N^{-kn}=\mathrm{e}^{-\mathrm{j}\frac{2\pi}{N}nN}w_N^{-kn}=\mathrm{e}^{-\mathrm{j}2\pi n}w_N^{-kn}=w_N^{-kn}$$

因此

$$\mathrm{DFT}[x^*(n)]=\left[\sum_{n=0}^{N-1}x(n)w_N^{(N-k)n}\right]=X^*(N-k)=X^*((N-k))_NR_N(k)$$

6. 选频性

对复指数函数$x(n)=\mathrm{e}^{\mathrm{j}q\omega_0t}$进行采样得复序列$x(n)$

$$x(n)=\mathrm{e}^{\mathrm{j}q\omega_0n},\quad 0\leqslant n\leqslant N-1\tag{9.37}$$

其中q为整数。

当$\omega_0=\dfrac{2\pi}{N}$时,

$$x(n)=\mathrm{e}^{\mathrm{j}2\pi nq/N}\tag{9.38}$$

其离散傅里叶变换为

$$X(k)=\sum_{n=0}^{N-1}\mathrm{e}^{\mathrm{j}2\pi nq/N}\mathrm{e}^{-\mathrm{j}2\pi nk/N}$$

写成闭解形式

$$X(k)=\frac{1-\mathrm{e}^{\mathrm{j}2\pi(q-k)}}{1-\mathrm{e}^{\mathrm{j}2\pi(q-k)/N}}=\begin{cases}N, & k=q\\0, & k\neq q\end{cases}\tag{9.39}$$

可见,当输入频率为$q\omega_0$时,变换$X(k)$的N个值中只有$X(q)=N$,其余皆为零,如果输入信号为若干个不同频率的信号的组合,经离散傅里叶变换后,不同的k上,$X(k)$将有

一一对应的输出，因此，离散傅里叶变换算法实质上对频率具有选择性。

9.5　离散傅里叶变换与 Z 变换的关系

有限长序列可以进行 Z 变换

$$X(z) = \mathscr{Z}[x(n)] = \sum_{n=0}^{N-1} x(n) z^{-n}$$

比较 Z 变换与 DFT 变换，可见，当 $z = w - kN$ 时，

$$X(z)\big|_{z = w_N^{-k}} = \sum_{n=0}^{N-1} x(n) w_N^{nk} = \mathrm{DFT}[x(n)] = X(k) \tag{9.40}$$

即

$$X(k) = X(z)\big|_{z = w^z = w_N^{-k}}$$

$$z = w_N^{-k} = \mathrm{e}^{\mathrm{j}\left(\frac{2\pi}{N}k\right)}$$

w_N^{-k} 是 z 平面单位圆上幅角为 $\omega = \frac{2\pi}{N}k$ 的点，即将 z 平面上的单位圆 N 等分后的第 k 点(图 9.4)。

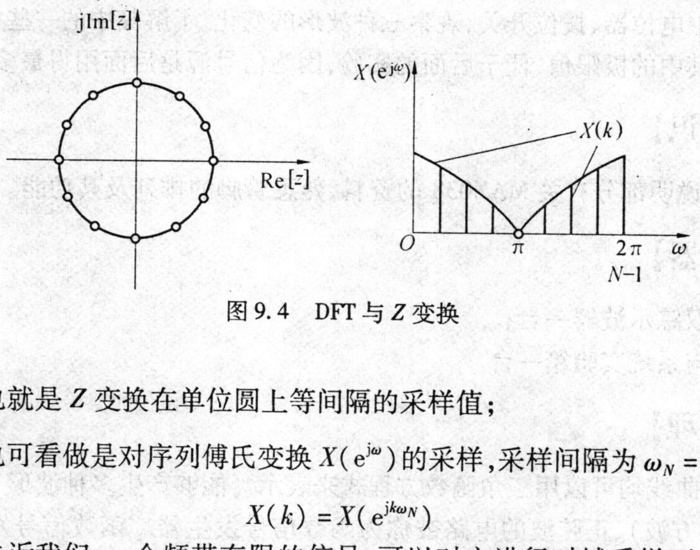

图 9.4　DFT 与 Z 变换

结论：

(1) $X(k)$ 也就是 Z 变换在单位圆上等间隔的采样值；

(2) $X(k)$ 也可看做是对序列傅氏变换 $X(\mathrm{e}^{\mathrm{j}\omega})$ 的采样，采样间隔为 $\omega_N = \frac{2\pi}{N}$，即

$$X(k) = X(\mathrm{e}^{\mathrm{j}k\omega_N})$$

采样定律告诉我们，一个频带有限的信号，可以对它进行时域采样而不丢失任何信息；DFT 变换进一步告诉我们，对于时间有限的信号(有限长序列)，也可以对其进行频域采样，而不丢失任何信息，这正反应了傅里叶变换中时域、频域的对称关系。它有十分重要的意义，由于时域上的采样，使我们能够采用数字技术来处理这些时域上的信号(序列)，而 DFT 的理论不仅在时域，而且在频域也离散化，因此使得在频域采用数字技术处理成为可能。

实验1　函数信号发生器

【实验目的】

(1)了解函数信号发生器的操作方法;
(2)了解单片多功能集成电路函数信号发生器的功能及特点;
(3)熟悉信号与系统实验箱信号产生的方法。

【实验内容】

(1)用示波器观察输出的三种波形;
(2)调其中电位器、拨位开关,观察三种波形的变化,了解其中的一些极限值;
(3)熟悉其中的极限值,便于后面的实验,因为信号源是后面用得最多的。

【预备知识】

阅读原理说明部分有关 MAX038 的资料,熟悉管脚的排列及其功能。

【实验仪器】

(1)20M 双踪示波器一台;
(2)信号与系统实验箱一台。

【实验原理】

各种波形曲线均可以用三角函数方程式来表示。能够产生多种波形,如三角波、锯齿波、矩形波(含方波)、正弦波的电路被称为函数信号发生器。函数信号发生器在电路实验和设备检测中具有十分广泛的用途。函数信号发生器可以由晶体管、运放 IC 等通用器件制作,更多的则是用专门的函数信号发生器 IC 产生。早期的函数信号发生器 IC,如 L8038、BA205、XR2207/2209 等,它们的功能较少,精度不高,频率上限只有 300 kHz,无法产生更高频率的信号,调节方式也不够灵活,频率和占空比不能独立调节,二者互相影响。鉴于此,美国马克西姆公司开发了新一代函数信号发生器 ICMAX038,它克服了上述芯片的缺点,可以达到更高的技术指标,是上述芯片望尘莫及的。MAX038 频率高、精度好,因此它被称为高频精密函数信号发生器 IC。在锁相环、压控振荡器、频率合成器、脉宽调制器等电路的设计上,MAX038 都是优选的器件。其内部电路框图如图 1 所示。

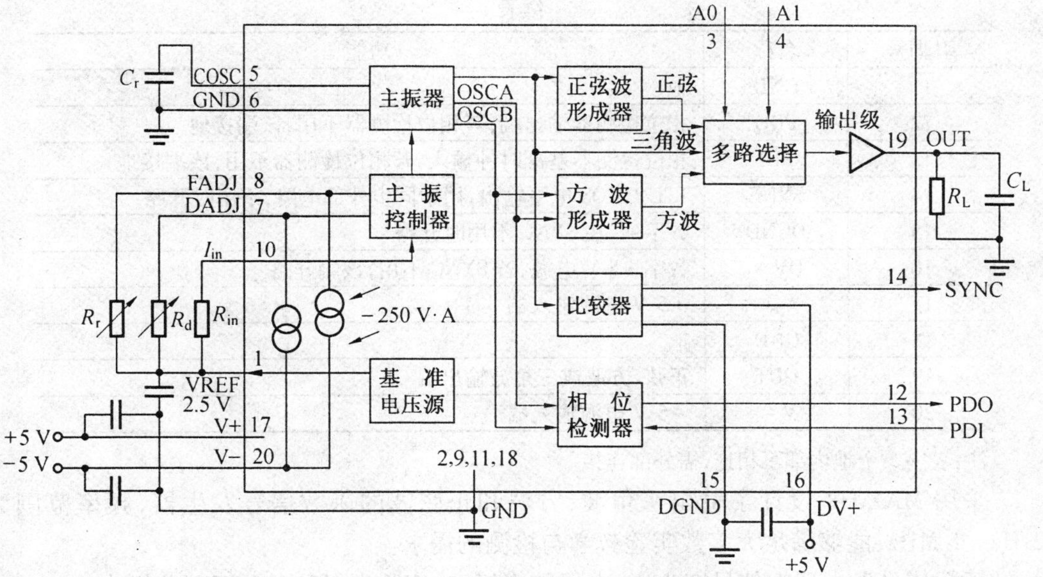

图1　MAX038的内部电路框图

MAX038 的性能特点：

(1)能精密地产生三角波、锯齿波、矩形波(含方波)、正弦波信号；

(2)频率范围从0.1 Hz ~ 20 MHz，最高可达40 MHz，各种波形的输出幅度均为 $2V_{P-P}$；

(3)占空比调节范围宽，占空比和频率均可单独调节，二者互不影响，占空比最大调节范围是10% ~90%；

(4)波形失真小，正弦波失真度小于0.75%，占空比调节时非线性度低于2%；

(5)采用±5 V双电源供电，允许有5%变化范围，电源电流为80 mA，典型功耗为400 mW，工作温度范围为0 ~70 ℃。

(6)内设2.5 V电压基准，可利用该电压设定FADJ、DADJ的电压值，实现频率微调和占空比调节。

MAX038 采用DIP－20封装形式，各管脚的功能见表1。

表1　MAX038 各管脚功能表

引脚号	名称	功能
1	VREF	2.5 V基准电压输出
2	GND	地
3	A0	波形选择编码输入端(兼容TTL/CMOS电平)
4	A1	同A0脚
5	COSC	主振器外接电容接入端
6	GND	地
7	DADJ	占空比调节输入端
8	FADJ	频率调节输入端
9	GND	地
10	I_{in}	电流输入端，用于频率调节和控制

续表1

引脚号	名称	功能
11	GND	地
12	PDO	相位检测器输出端,若相位检测器不用,该端接地
13	PDI	相位检测器基准时钟输入,若相位检测器不用,该端接地
14	SYNC	TTL/CMOS 电平输出,用于同步外部电路,不用时开路
15	DGND	数字地,在 SYNC 不用时开路
16	DV +	数字 +5 V 电源,若 SYNC 不用,该端开路
17	V +	+5 V 电源输入端
18	GND	地
19	OUT	正弦、方波或三角波输出端
20	V −	−5 V 电源输入端

注:表中 5 个地内部不相连,需外部连接。

采用 MAX038 设计了输出三角波、方波和正弦波的函数信号发生器,频率范围为 2 Hz ~ 1 MHz,能够满足大多数实验教学与检测的需求。

函数信号发生器由信号产生级、电压放大级、功率输出级和电源四部分组成。

信号产生级的核心器件为 MAX038(其引脚排列见图 2),它的输出波形有三种,由波形设定端 A0(3), A1(4)控制,其编码见表 2。其中 X 表示任意状态,1 为高电平,0 为低电平。MAX038 的输出频率 f_0 由 I_{in} 和 FADJ 端电压和主振荡器 COSC 的外接电容器 CF 三者共同确定。当 $U_{FADJ}=0$ V 时,输出频率 $f_0=I_{in}/CF$, $I_{in}=U_{in}/R_{in}=2.5/R_{in}$。由波段开关选择不同的 CF 值,将整个输出信号分为 4 个频段,见表 3。

表 2　MAX038 输出波形控制

A0	A1	波　形
X	1	正弦波
0	0	方　波
1	0	三角波

表 3　频段选择控制

序号	频率范围
1	2 Hz ~ 1 kHz
2	100 Hz ~ 10 kHz
3	1 kHz ~ 100 kHz
4	10 kHz ~ 1 MHz

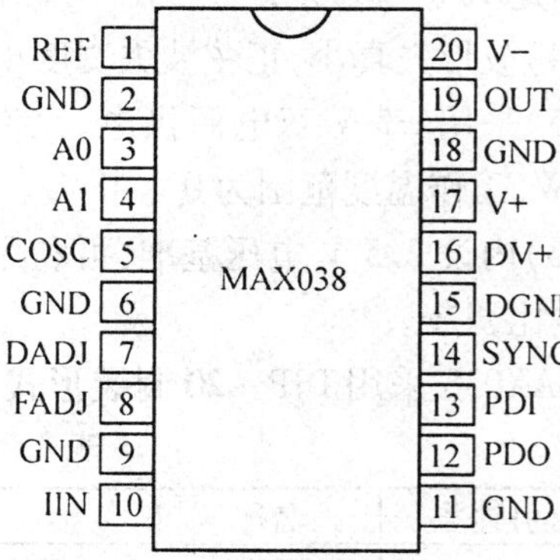

图 2　MAX038 引脚排列

每频段频率的调节由电位器 RP1 完成。改变 RP1 数值,使振荡电容器 CF 的充电电流 I_{in} 改变,从而使频率改变。为简化电路,各种波形的占空比固定为 50%,这已能满足多数场合的使用要求。为此将 MAX038 的脚 7DADJ 端接地。MAX038 的各种输出波形的频率测量端幅度均为 $1V_{P-P}$,为了得到更大的输出幅度,加有一级电压放大级,由运放 OPA604 担任。OPA604 是 FET 输入高保真运放 IC,性能十分优越,低噪声 10 nV/Hz,低失真率,1 kHz 时,仅为 0.000 3%,高转换率 25 V/μs,功率带宽为 20 MHz,电路中 OPA604 的闭环电压增益 $G_V=2\ 000$ V/100 V = 20,输出电压的幅度增至 $20V_{P-P}$,有效值为 7 V 左右。功率输出级由 BUF634 担任，这是一种高速缓冲器 IC，具有 2 000 V/μs 的转换速率，输出电流达 250 mA，其电压增益为 1，带负载能力很强，在电路中起功率扩展的作用。输出信号的幅度由电位器 RP3 调节，为了更精确地调节输出信号幅度，在电位器后加有衰耗电路，由波段开关 SA3 控制，将输出分为 ×1，×0.1，×0.01 三挡，电路如图 3 所示。

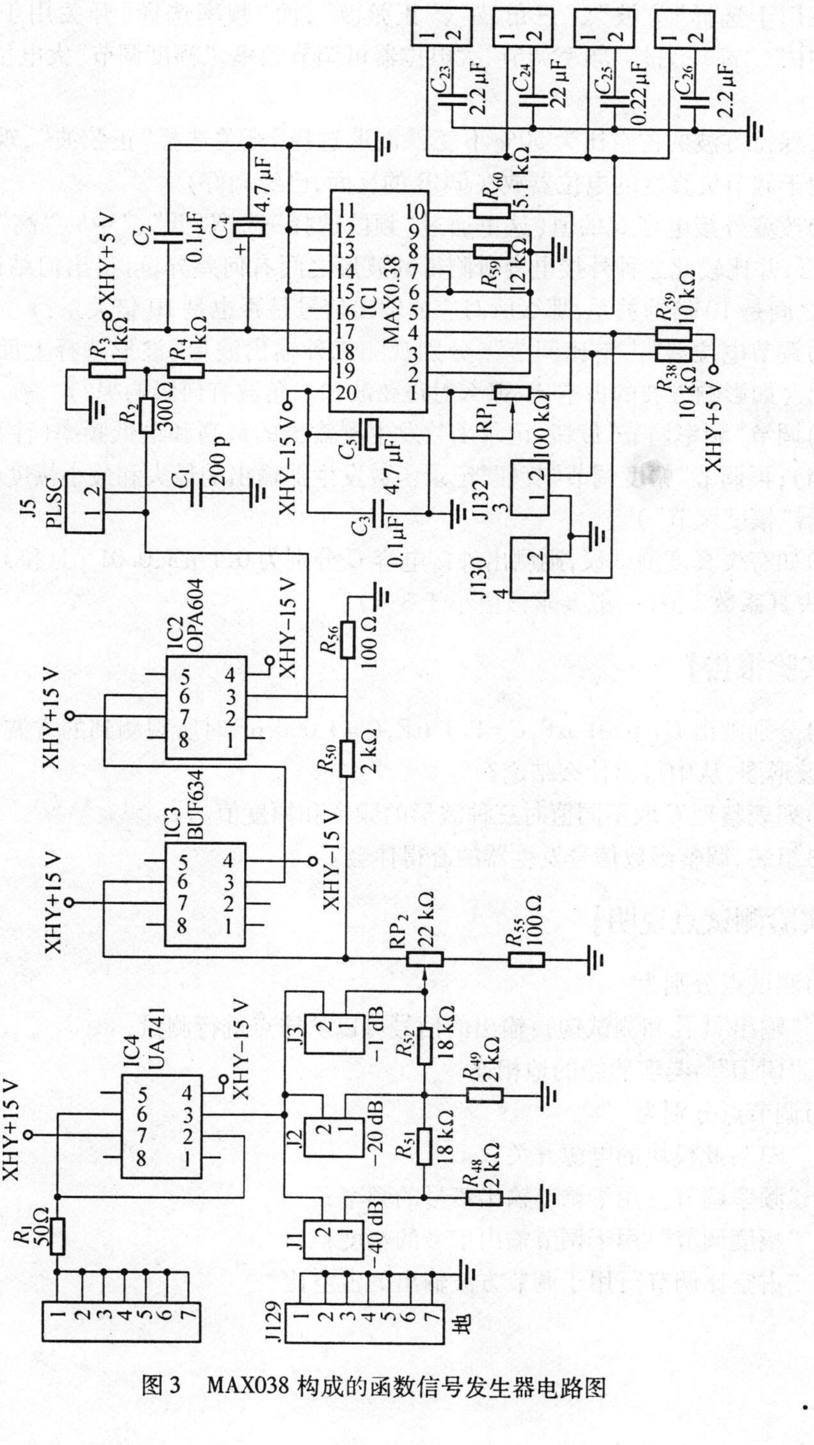

图 3　MAX038 构成的函数信号发生器电路图

【实验步骤】

(1)按实验电路接好电源,按下船形开关、电源开关及该模块电源开关 S3,使其“输出”为方波,通过调整电位器“占空比调节”,使方波的占空比达到 50%。(注:“波形选择”开关用于选择“方波”、“三角波”、“正弦波”;而“频率选择”开关用于选择频率的“低”、“中”、“高”;另外“频率调节”大电位器可调节频率,“幅度调节”大电位器可调节幅度。)

(2)保持方波的占空比为 50% 不变,“波形选择”开关选择“正弦波”,观察波形是否失真(用于调节失真度的电位器放在 PCB 的反面,已经调好)。

(3)改变外接电容 C 的值(这里通过“频段选择”选择“低”、“中”、“高”),观测三种输出波形,并比较此三种外接电容所测得的波形之间有何差异,可得出何结论?(如这三种电容之间是 10 倍的关系,那么所对应的输出信号是否也是 10 倍关系?)

(4)调节电位器“占空比调节”,分别观测三种输出波形(波形选择上面已介绍),有何结论?(如影响方波的占空比,那么对正弦波和三角波有何影响呢?)

(5)调节“频率调节”旋钮,记录函数发生器输出的最高和最低频率(注意配合“频率选择”挡);再调节“幅度调节”旋钮,记录函数发生器输出的最大和最小幅度(此时配合调节电位器“幅度调节”)。

(6)如有失真度测试仪,则测出外接电容 C 分别为 0.1 μF,0.01 μF 和 1 000 pF 时的正弦波失真系数 r 值(一般要求该值小于 3%)。

【实验报告】

(1)分别画出 $C=0.01$ μF,$C=0.1$ μF,$C=1\ 000$ pF 时所观测到的方波、三角波和正弦波的波形图,从中得出什么结论?

(2)列表整理 C 取不同值时三种波形的频率和幅度值。

(3)组装、调整函数信号发生器的心得体会。

【实验测试点说明】

(1)测试点分别为

“输出”(孔和测试钩):输出的信号可以从这点进行测量;

“GND”:与实验箱的地相连。

(2)调节点分别为

“S3”:此模块的电源开关;

“频率调节”:用于调节输出信号的频率;

“幅度调节”:用于调节输出信号的幅度;

“占空比调节”:用于调节方波输出的占空比。

实验2　信号分解与合成

【实验目的】

(1)观察电信号的分解;

(2)掌握带通滤波器的有关特性测试方法;

(3)观测基波和其谐波的合成。

【实验内容】

(1)观察信号分解的过程及信号中所包含的各次谐波;

(2)观察由各次谐波合成的信号。

【预备知识】

(1)了解李萨如(Lissajous)图相关知识;

(2)课前务必认真阅读教材中周期信号傅里叶级数的分解以及如何将各次谐波进行叠加等相关内容。

【实验仪器】

(1)信号与系统实验箱一台(主板);

(2)电信号分解与合成模块部分;

(3)20M 双踪示波器一台。

【实验原理】

任何电信号都是由各种不同频率、幅度和初相的正弦波叠加而成的。对周期信号由它的傅里叶级数展开式可知,各次谐波为基波频率的整数倍。而非周期信号包含了从零到无穷大的所有频率成分,每一频率成分的幅度均趋向无限小,但其相对大小是不同的。

通过一个选频网络可以将电信号中所包含的某一频率成分提取出来。本实验采用性能较佳的有源带通滤波器作为选频网络,因此对周期信号波形分解的实验方案如图1所示。

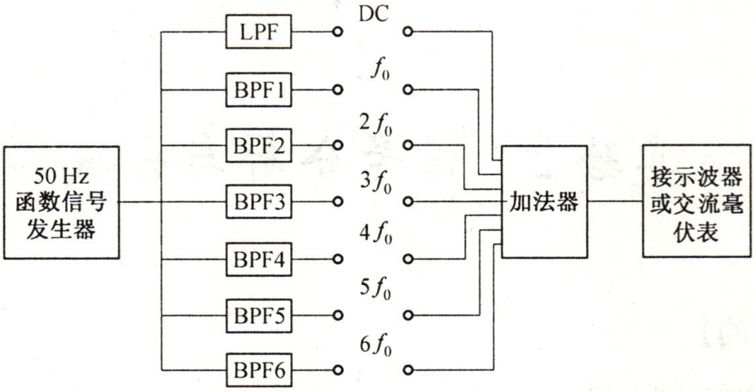

图 1　周期信号波形分解的实验方案

将被测方波信号加到分别调谐于其基波和各次奇谐波频率的一系列有源带通滤波器电路上。每一有源带通滤波器的输出端可以用示波器观察到相应频率的正弦波。本实验所用的被测信号是 BPF = 50 Hz 左右的周期信号，而用做选频网络的五种有源带通滤波器的输出频率分别是 BPF2，BPF3，BPF4，BPF5，BPF6，因而能从各有源带通滤波器的两端观察到基波和各次谐波。其中，在理想情况下，如方波的偶次谐波应该无输出信号，始终为零电平，而奇次谐波则具有很好的幅度收敛性，理想情况下奇次谐波中一、三、五、七、九次谐波的幅度比应为 1∶(1/3)∶(1/5)∶(1/7)∶(1/9)。但实际上因输入方波的占空比较难控制在 50%，且方波可能有少量失真以及滤波器本身滤波特性的有限性都会使得偶次谐波分量不能达到理想零的情况。

【实验步骤】

(1)调节函数信号发生器，使其输出 50 Hz 的方波信号，并将其接至信号分解实验模块 BPF 的输入端，然后细调函数信号发生器的输出频率，使该模块的基波 50 Hz 成分 BPF 的输出幅度为最大。

(2)将各带通滤波器的输出分别接至示波器，观测各次谐波的频率和幅值，并列表记录之。

(3)将方波分解所得的基波和三次谐波分量接至加法器的相应输入端，观测加法器的输出波形，并记录之。

(4)在(3)的基础上，再将五次谐波分量加到加法器的输入端，观测相加后的波形，记录之。

(5)分别将 50 Hz 单相正弦半波、全波、矩形波和三角波的输出信号接至 50 Hz 电信号分解与合成模块输入端、观测基波及各次谐波的频率和幅度，记录之。

(6)将 50 Hz 单相正弦半波、全波、矩形波、三角波的基波和谐波分量分别接至加法器的相应的输入端，观测求和器的输出波形，并记录之。

具体方法一：基波与标准同频同相信号相位比较(李萨如相位测量法)

把函数信号发生器模块产生的正弦波电压调至 $5V_{P-P}$，使其送入示波器的 X 轴，再把 BPF1 的基波送入 Y 轴，示波器采用 $X-Y$ 方式显示，观察李萨如图形。(注：当滤波器的增益不为 1 时,即 X 轴和 Y 轴信号幅度不一致时,在 $\Phi=90°$时其李萨如图形并不为圆,而是椭圆,但其是垂直椭圆,与 $0°<\Phi<90°$时的椭圆并不相同。)

当两信号相位差为 0°时,波形为一条直线;当两信号相位差为 90°时,波形为一个圆;当两信号相位差为 $0°<\Phi<90°$时,波形为椭圆,如图 2 所示。

$0°<\Phi<90°$时

$$\Phi=\arcsin\left(\frac{A}{B}\right)$$

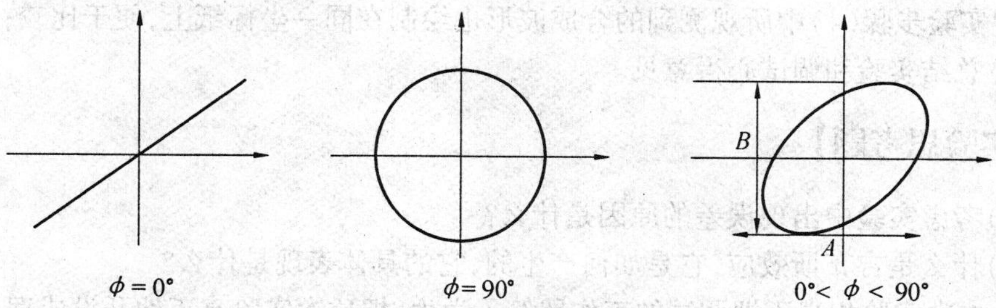

图 2　李萨如图形

具体方法二:基波与各高次谐波相位比较(李萨如频率测试法)

把 BPF1 处的基波送入示波器的 X 轴,再分别把 BPF3,BPF5 处的高次谐波送入 Y 轴,示波器采用 $X-Y$ 方式显示,观察李萨如图形。

当基波与三次谐波相位差为 0°(即过零点重合),90°,180°时,波形分别如图 3 所示。

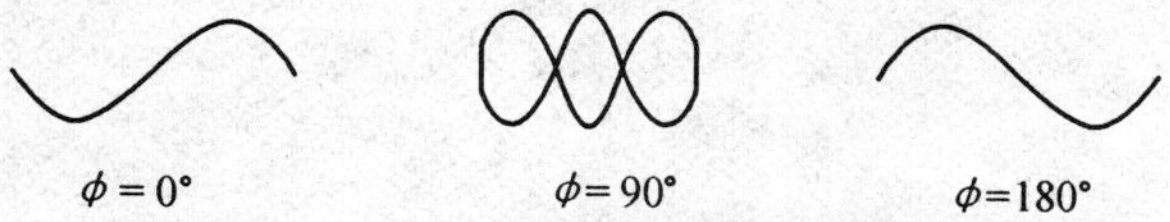

图 3　基波与三次谐波相位的观察

以上是三次谐波与基波产生的典型的李萨如图,通过图形上下端及两旁的波峰个数,确定频率比,即 3:1,实际上可用同样的方法观察五次谐波与基波的相移和频比,其应为 5:1。

(7)方波波形合成

①将函数信号发生器输出的 50 Hz 左右(其中在 50 ~ 56 Hz 之间进行选择,使其输出的效果更好)方波信号送入各带通滤波器输入端;

②在五个带通滤波器输出端逐个测量各谐波输出幅度;

③用示波器观察并记录加法器输出端基波与各奇次谐波的叠加波形,如图 4 所示。

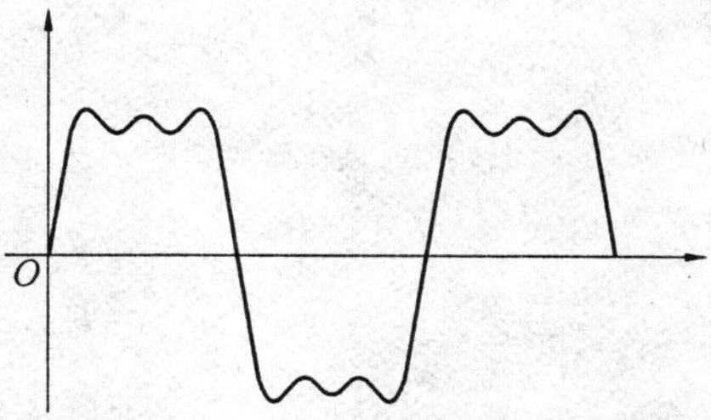

图 4　基波与三次和五次谐波叠加后的波形

【实验报告】

(1)根据实验测量所得的数据,在同一坐标纸上绘制方波及其分解后所得的基波和各次谐波的波形,画出其频谱图;

(2)将所得的基波和三次谐波及其合成波形一同绘制在同一坐标纸上,并且把实验步骤3中观察到的合成波形也绘制在同一坐标纸上;

(3)将所得的基波、三次谐波、五次谐波及三者合成的波形一同绘制在同一坐标纸上,并把实验步骤(4)中所观测到的合成波形也绘制在同一坐标纸上,便于比较;

(4)总结实验和调试心得意见。

【实验思考题】

(1)考虑实验中出现误差的原因是什么?

(2)什么是吉布斯效应,它是如何产生的,它的具体表现是什么?

注:本次实验相当于把调试的工作留给了学生,把这次实验真正地开设成理论和实际的结合,实验时一定要仔细思考和积极动手,充分认识相位和幅度在合成中起到的作用,如果真正认识了相位和幅度在合成中的重要意义和影响,那么就清楚地理解了相频和幅频失真。

实验3　信号的采样与恢复

【实验目的】

(1)了解电信号的采样方法与过程以及信号恢复的方法;
(2)验证抽样定理。

【实验内容】

(1)观察抽样脉冲、抽样信号、抽样恢复信号;
(2)观察抽样过程中,发生混叠和非混叠时的波形。

【实验仪器】

(1)信号与系统实验箱;
(2)信号的采样与恢复模块部分;
(3)20M 双踪示波器一台。

【实验原理】

(1)离散时间信号可以从离散信号源获得,也可以从连续时间信号抽样而得。抽样信号$f_s(t)$可以看成连续信号$f(t)$和一组开关函数$s(t)$的乘积。$s(t)$是一组周期性窄脉冲,如图1所示,T_s称为抽样周期,其倒数$f_s=\dfrac{1}{T_s}$称抽样频率。

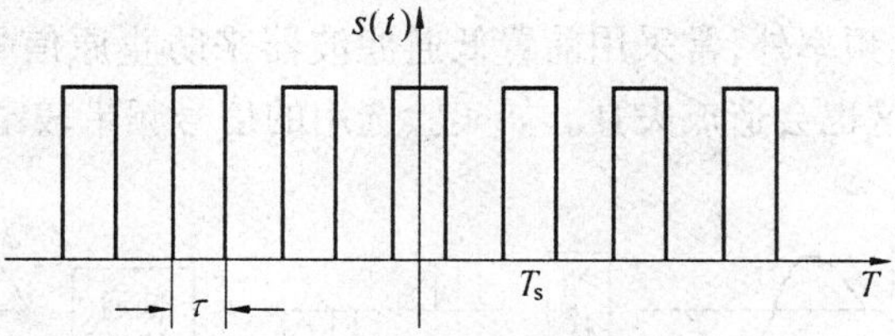

图1　矩形抽样脉冲

对抽样信号进行傅里叶分析可知,抽样信号的频率包括了原连续信号以及无限个经过平移的原信号频率。平移的频率等于抽样频率f_s及其谐波频率$2f_s$,$3f_s$,…。当抽样信号是周期性窄脉冲时,平移后的频率幅度按$\dfrac{\sin x}{x}$规律衰减。抽样信号的频谱是原信号频谱周期的延拓,它占有的频带要比原信号频谱宽得多。

(2)正如测得了足够的实验数据以后,我们可以在坐标纸上把一系列数据点连起来,得到一条光滑的曲线一样，抽样信号在一定条件下也可以恢复到原信号。只要用一截止频率等于原信号频谱中最高频率 f_n 的低通滤波器，滤除高频分量，经滤波后得到的信号包含了原信号频谱的全部内容，故在低通滤波器输出可以得到恢复后的原信号。

(3)但原信号得以恢复的条件是 $f_s \geqslant 2B$，其中 f_s 为抽样频率，B 为原信号占有的频带宽度。而 $f_{min}=2B$ 为最低抽样频率又称"奈奎斯特抽样率"。当 $f_s<2B$ 时，抽样信号的频谱会发生混叠，从发生混叠后的频谱中我们无法用低通滤波器获得原信号频谱的全部内容。在实际使用中，仅包含有限频率的信号是极少的。因此即使 $f_s=2B$，恢复后的信号失真还是难免的。图 2 画出了当抽样频率 $f_s \geqslant 2B$（不混叠时）及当抽样频率 $f_s<2B$（混叠时）两种情况下冲激抽样信号的频谱。

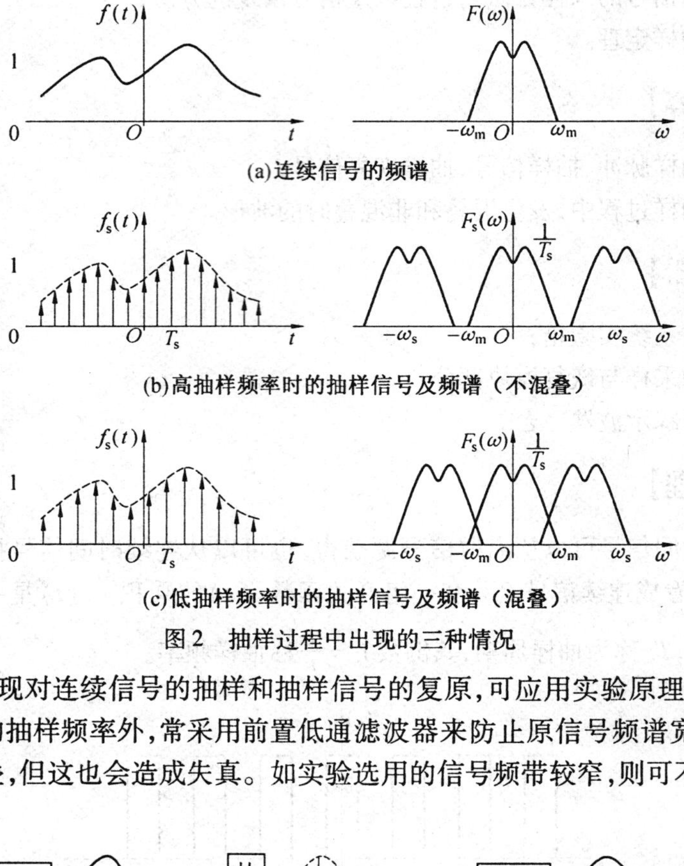

图 2　抽样过程中出现的三种情况

(4)为了实现对连续信号的抽样和抽样信号的复原，可应用实验原理框图 3 的方案。除选用足够高的抽样频率外，常采用前置低通滤波器来防止原信号频谱宽而造成抽样后信号频谱的混叠，但这也会造成失真。如实验选用的信号频带较窄，则可不设前置低通滤波器。

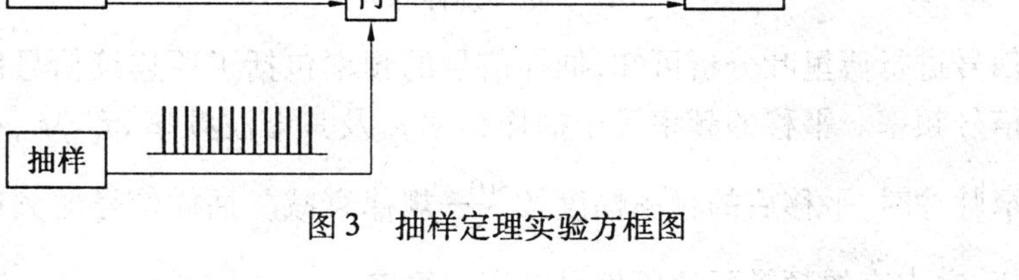

图 3　抽样定理实验方框图

【实验步骤】

(1)打开此模块的电源开关K5。

(2)让函数信号发生器产生一正弦波(幅度为$2V_{P-P}$左右),为便于观察,抽样信号频率一般选择50~200 Hz的范围,将其送入抽样器,即用导线将函数信号发生器的输出端与本实验模块的输入端IN13相连,用示波器测试OUT15“抽样信号”的波形,观察经抽样后的正弦波。

(3)改变抽样脉冲的频率为$f_s \geqslant 2B$和$f_s < 2B$,用示波器测试测试钩OUT16,观察复原后的信号,比较其失真程度。

(4)(对于要求高的学生可以进行以下实验)设计一定截止频率的低通滤波器,用于信号的抽样恢复,即OUT17。

【实验报告】

(1)整理并绘出原信号、抽样信号以及复原信号的波形,你能得出什么结论?

(2)整理在三种不同抽样频率情况下$f_s(t)$波形,比较后得出结论。

(3)实验调试中的体会。

【实验思考题】

(1)若连续时间信号为50 Hz的正弦波,开关函数为$T_s = 0.5$ ms的窄脉冲,试求抽样后信号$f_s(t)$。

(2)设计一个二阶RC低通滤波器,截止频率为5 kHz。

(3)若连续时间信号取频率为200~300 Hz的方波和三角波,计算其有效的频带宽度。该信号经频率为f_s的周期脉冲抽样后,若希望通过低通滤波后的信号失真较小,则抽样频率和低通滤波器的截止频率应取多大,试设计一满足上述要求的低通滤波器。

实验4 模拟滤波器分析

【实验目的】

(1)了解 RC 无源和有源滤波器的种类、基本结构及其特性;
(2)对比研究无源和有源滤波器的滤波特性;
(3)学会列写无源和有源滤波器网络函数的方法;
(4)比较不同阶数滤波器的滤波效果;
(5)比较巴特沃斯和切比雪夫滤波器的异同。

【实验内容】

用函数信号发生器中正弦信号观察各滤波器的幅频特性。

【预备知识】

(1)为使实验能顺利进行,课前对教材和实验原理、内容、步骤、方法要作充分预习(并预期实验的结果);
(2)推导各类无源和有源滤波器的网络函数,进一步掌握含有运算放大器电路的分析;
(3)预期在方波激励下,各类滤波器的响应情况。

【实验仪器】

(1)信号系统实验箱;
(2)有源、无源滤波器特性的观测模块部分;
(3)20M 双踪示波器一台。

【实验原理】

(1)滤波器是对输入信号的频率具有选择性的一个二端口网络,它允许某些基本频率(通常是某个频带范围)的信号通过,而其他频率的信号受到衰减或抑制,这些网络可以是由 RLC 元件或 RC 元件构成的无源滤波器,也可以是由 RC 元件和有源器件构成的有源滤波器。

(2)根据幅频特性所表示的通过或阻止信号频率范围的不同,滤波器可分为低通滤波器(LPF)、高通滤波器(HPF)、带通滤波器(BPF)和带阻滤波器(BEF)四种。我们把能够通过的信号频率范围定义为通带,把阻止通过或衰减的信号频率范围定义为阻带。而通带与阻带的分界点的频率 f_c 称为截止频率或称转折频率。图 1 中的 A_{up} 为通带的电压放大倍数，f_0 为中心频率，f_{cL} 和 f_{cH} 分别为低端和高端截止频率。

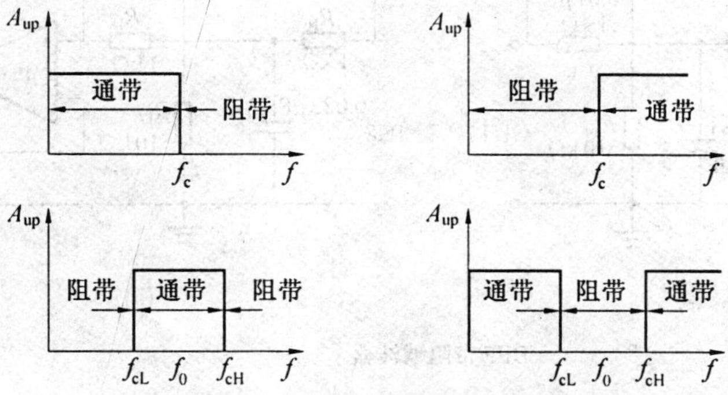

图 1　各种滤波器的理想幅频特性

滤波器的实验电路如图 2 所示。

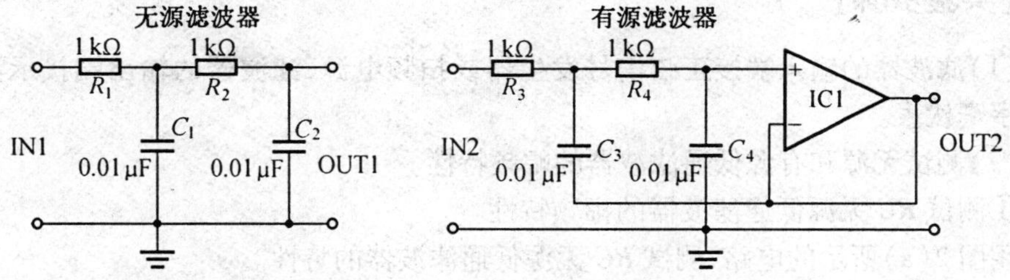

(a)　(b)

LPF 低通滤波器

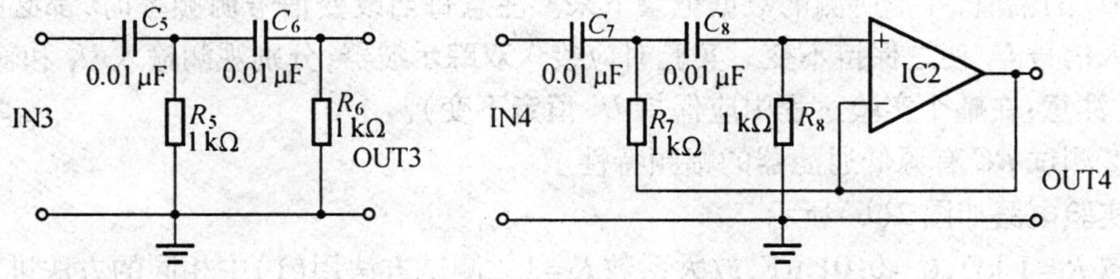

(c)　(d)

HPF 高通滤波器

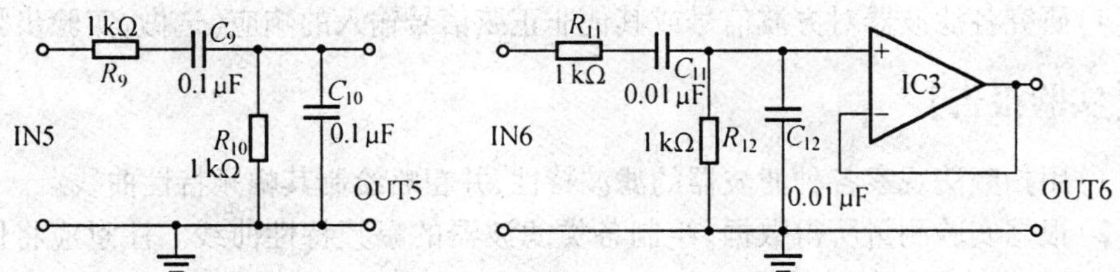

(e)　(f)

BPF 带通滤波器

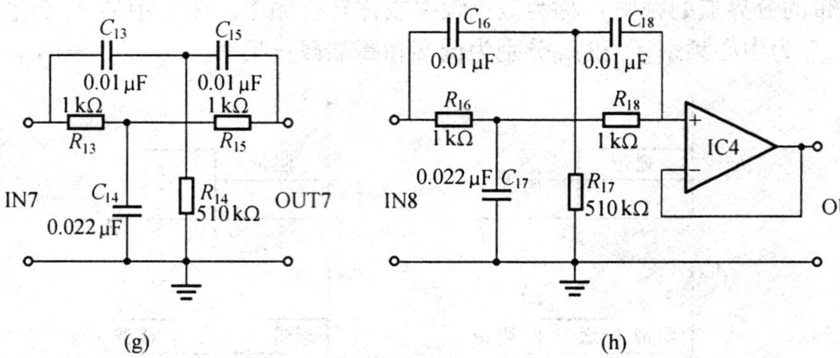

BEF 带阻滤波器

图 2　四种滤波器的实验电路

(a)、(c)、(e)、(g)—无源滤波器;(b)、(d)、(f)、(h)—有源滤波器

【实验步骤】

(1)滤波器的输入端接正弦信号发生器或扫频电源,滤波器的输出端接示波器或交流数字毫伏表。

(2)测试无源和有源低通滤波器的幅频特性。

①测试 RC 无源低通滤波器的幅频特性。

用图 2(a)所示的电路,测试 RC 无源低通滤波器的特性。

实验时,必须在保持正弦波信号输入电压(U_1)幅值不变的情况下,逐渐改变其频率,用实验箱提供的数字式真有效值交流电压表($10\ \text{Hz} < f < 1\ \text{MHz}$),测量 RC 滤波器输出端电压 U_2 的幅值,并把所测的数据记录下来。注意每当改变信号源频率时,都必须观测一下输入信号 U_1 使之保持不变。实验时应接入双踪示波器,分别观测输入 U_1 和输出 U_2 的波形(注意:在整个实验过程中应保持 U_1 恒定不变)。

②测试 RC 有源低通滤器的幅频特性。

实验电路如图 2(b)所示。

取 $R = 1\ \text{k}\Omega$, $C = 0.01\ \mu\text{F}$,放大系数 $K = 1$。测试方法用(1)中相同的方法进行实验操作,并将实验数据记入数据表。

(3)分别测试无源、有源 HPF,BPF,BEF 的幅频特性。

实验步骤、数据记录表格及实验内容,自行拟定。

(4)研究各滤波器对方波信号或其他非正弦信号输入的响应(选做,实验步骤自拟)。

【实验报告】

(1)用扫频法观察各种滤波器的滤波特性,并粗略绘制其幅频特性曲线。

(2)根据实验测量所得数据,绘制各类滤波器的幅频特性曲线。注意应将同类型的无源和有源滤波器幅频特性绘制在同一坐标平面上。以便比较并计算出特征频率、截止频率和通频带。

(3)比较分析各类滤波器的滤波特性。

(4)绘制出全通网络的相频特性。
(5)分析在方波激励下,滤波器的响应情况(选做)。
(6)实验总结及心得体会。

【实验思考题】

滤波器特性测试为什么一般采用正弦信号?
注:本次实验内容较多,根据情况可分两次进行。

附　录

附表1　常用的连续傅里叶变换对及其对偶关系

$$f(t)=\frac{1}{2\pi}\int_{-\infty}^{+\infty}F(\omega)\mathrm{e}^{\mathrm{j}\omega t}\mathrm{d}\omega \qquad F(\omega)=\int_{-\infty}^{+\infty}f(t)\mathrm{e}^{\mathrm{j}\omega t}\mathrm{d}t$$

连续傅里叶变换对		相对偶的连续傅里叶变换对	
连续时间函数 $f(t)$	傅里叶变换 $F(\omega)$	连续时间函数 $f(t)$	傅里叶变换 $F(\omega)$
$\delta(t)$	1	1	$2\pi\delta(\omega)$
$\frac{\mathrm{d}}{\mathrm{d}t}\delta(t)$	$\mathrm{j}\omega$	t	$\mathrm{j}2\pi\frac{\mathrm{d}}{\mathrm{d}\omega}\delta(\omega)$
$\frac{\mathrm{d}^k}{\mathrm{d}t^k}\delta(t)$	$(\mathrm{j}\omega)^k$	t^k	$2\pi\frac{\mathrm{d}^k}{\mathrm{d}\omega^k}\delta(\omega)$
$u(t)$	$\frac{1}{\mathrm{j}\omega}+\pi\delta(\omega)$	$\frac{1}{2}\delta(t)-\frac{1}{2\mathrm{j}\pi t}$	$u(\omega)$
$tu(t)$	$\mathrm{j}\pi\frac{\mathrm{d}}{\mathrm{d}\omega}\delta(\omega)-\frac{1}{\omega^2}$		
$\mathrm{sgn}(t)=\begin{cases}1,t>0\\-1,t<0\end{cases}$	$\frac{2}{\mathrm{j}\omega}$	$\frac{1}{\pi},t\neq0$	$F(\omega)=\begin{cases}-\mathrm{j},\omega>0\\\mathrm{j},\omega<0\end{cases}$
$\delta(t-t_0)$	$\mathrm{e}^{-\mathrm{j}\omega t_0}$	$\mathrm{e}^{\mathrm{j}\omega t_0}$	$2\pi\delta(\omega-\omega_0)$
$\cos\omega_0 t$	$\pi[\delta(\omega+\omega_0)+\delta(\omega-\omega_0)]$	$\delta(t+t_0)+\delta(t-t_0)$	$2\cos\omega t_0$
$\sin\omega_0 t$	$\mathrm{j}\pi[\delta(\omega+\omega_0)-\delta(\omega-\omega_0)]$	$\delta(t+t_0)-\delta(t-t_0)$	$\mathrm{j}2\sin\omega t_0$
$f(t)=\begin{cases}1,\lvert t\rvert<\tau\\0,\lvert t\rvert>\tau\end{cases}$	$\tau\,\mathrm{Sa}\left(\frac{\omega\tau}{2}\right)$	$\frac{W}{\pi}\mathrm{Sa}(Wt)$	$F(\omega)=\begin{cases}1,\lvert\omega\rvert<W\\0,\lvert\omega\rvert>W\end{cases}$
$f(t)=\begin{cases}1-\lvert t\rvert/\tau,\lvert t\rvert<\tau\\0,\lvert t\rvert>\tau\end{cases}$	$\tau\,\mathrm{Sa}^2\left(\frac{\omega\tau}{2}\right)$	$\frac{W}{2\pi}\mathrm{Sa}^2\left(\frac{Wt}{2}\right)$	$F(\omega)=\begin{cases}1-\lvert\omega\rvert/W,\lvert\omega\rvert<W\\0,\lvert\omega\rvert>W\end{cases}$
$\mathrm{e}^{-at}u(t),\mathrm{Re}\{a\}>0$	$\frac{1}{a+\mathrm{j}\omega}$	$\frac{1}{\tau-\mathrm{j}t}$	$2\pi\omega\mathrm{e}^{-\tau\omega}u(\omega),\tau>0$
$\mathrm{e}^{-a\lvert t\rvert},\mathrm{Re}\{a\}>0$	$\frac{2a}{\omega^2+a^2}$	$\frac{\tau}{t^2+\tau}$	$\pi\mathrm{e}^{-\tau\lvert\omega\rvert},\tau>0$
$\mathrm{e}^{-at}\cos\omega_0 tu(t),\mathrm{Re}\{a\}>0$	$\frac{a+\mathrm{j}\omega}{(a+\mathrm{j}\omega)^2+\omega_0^2}$		
$\mathrm{e}^{-at}\sin\omega_0 tu(t),\mathrm{Re}\{a\}>0$	$\frac{\omega_0}{(a+\mathrm{j}\omega)^2+\omega_0^2}$		
$t\mathrm{e}^{-at}u(t),\mathrm{Re}\{a\}>0$	$\frac{1}{(a+\mathrm{j}\omega)^2}$	$\frac{1}{(\tau-\mathrm{j}t)^2},\tau>0$	$2\pi\omega\mathrm{e}^{-\tau\omega}u(\omega)$
$\frac{t^{k-1}\mathrm{e}^{-at}}{(k-1)!}u(t),\mathrm{Re}\{a\}>0$	$\frac{1}{(a+\mathrm{j}\omega)^k}$		
$\delta_T(t)=\sum_{l=-\infty}^{+\infty}\delta(t-lT)$	$\frac{2\pi}{T}\delta(\omega-k\frac{2\pi}{T})$		
$\mathrm{e}^{-(\frac{t}{\tau})^2}$	$\sqrt{\pi}\tau\,\mathrm{e}^{-(\frac{\omega\tau}{2})^2}$		
$\left[u\left(t+\frac{\tau}{2}\right)-u\left(t-\frac{\tau}{2}\right)\right]\cos\omega_0 t$	$\frac{\tau}{2}\left[\mathrm{Sa}\frac{(\omega+\omega_0)\tau}{2}+\mathrm{Sa}\frac{(\omega-\omega_0)\tau}{2}\right]$		
$\sum_{k=-\infty}^{+\infty}F_k\mathrm{e}^{\mathrm{j}k\omega_0 t}$	$2\pi\sum_{k=-\infty}^{+\infty}F_k\delta(\omega-k\omega_0)$		

附表 2　连续傅里叶变换性质及其对偶关系

$$f(t)=\frac{1}{2\pi}\int_{-\infty}^{+\infty}F(\omega)\mathrm{e}^{\mathrm{j}\omega t}\mathrm{d}\omega \qquad F(\omega)=\int_{-\infty}^{+\infty}f(t)\mathrm{e}^{\mathrm{j}\omega t}\mathrm{d}t$$

$$f(0)=\frac{1}{2\pi}\int_{-\infty}^{+\infty}F(\omega)\mathrm{d}\omega \qquad F(0)=\int_{-\infty}^{+\infty}f(t)\mathrm{d}t$$

连续傅里叶变换对			相对偶的连续傅里叶变换对		
名称	连续时间函数 $f(t)$	傅里叶变换 $F(\omega)$	名称	连续时间函数 $f(t)$	傅里叶变换 $F(\omega)$
线性	$\alpha f_1(t)+\beta f_2(t)$	$\alpha F_1(\omega)+\beta F_2(\omega)$			
尺度比例变换	$f(at),a\neq 0$	$\frac{1}{\|a\|}F\left(\frac{\omega}{a}\right)$			
对偶性	$f(t)$	$g(\omega)$		$g(t)$	$2\pi f(-\omega)$
时移	$f(t-t_0)$	$F(\omega)\mathrm{e}^{-\mathrm{j}\omega t_0}$	频移	$f(t)\mathrm{e}^{\mathrm{j}\omega_0 t}$	$F(\omega-\omega_0)$
时域微分性质	$\frac{\mathrm{d}}{\mathrm{d}t}f(t)$	$\mathrm{j}\omega F(\omega)$	频域微分性质	$-\mathrm{j}tf(t)$	$\frac{\mathrm{d}}{\mathrm{d}\omega}F(\omega)$
时域积分性质	$\int_{-\infty}^{t}f(\tau)\mathrm{d}\tau$	$\frac{F(\omega)}{\mathrm{j}\omega}+\pi F(0)\delta(\omega)$	频域积分性质	$\frac{f(t)}{-\mathrm{j}t}+\pi f(0)\delta(t)$	$\int_{-\infty}^{+\infty}F(\sigma)\mathrm{d}\sigma$
时域卷积性质	$f(t)*h(t)$	$F(\omega)H(\omega)$	频域卷积性质	$f(t)p(t)$	$\frac{1}{2\pi}F(\omega)*P(\omega)$
对称性	$f(-t)$ $f^*(t)$ $f^*(-t)$	$F(-\omega)$ $F^*(-\omega)$ $F^*(\omega)$	奇偶虚实性质	$f(t)$是实函数 $f_o(t)=\mathrm{Od}\{f(t)\}$ $f_e(t)=\mathrm{Ev}\{f(t)\}$	 $\mathrm{jIm}\{F(\omega)\}$ $\mathrm{Re}\{F(\omega)\}$
希尔伯特变换	$f(t)=f(t)u(t)$	$F(\omega)=R(\omega)+\mathrm{j}I(\omega)$ $R(\omega)=I(\omega)*\frac{1}{\pi\omega}$			
时域抽样	$f(t)\sum_{n=-\infty}^{+\infty}\delta(t-nT)$	$\frac{1}{T}\sum_{k=-\infty}^{+\infty}F\left(\omega-k\frac{2\pi}{T}\right)$	频域抽样	$\frac{1}{\omega_0}\sum_{n=-\infty}^{+\infty}f\left(t-n\frac{2\pi}{\omega_0}\right)$	$F(\omega)\sum_{k=-\infty}^{+\infty}\delta(\omega-k\omega_0)$
帕什瓦尔公式	$\int_{-\infty}^{+\infty}\|f(t)\|^2\mathrm{d}t=\frac{1}{2\pi}\int_{-\infty}^{+\infty}\|F(\omega)\|^2\mathrm{d}\omega$				

附表 3　双边拉氏变换对与双边 Z 变换对的类比关系

$$F(s)=\int_{-\infty}^{+\infty}f(t)\mathrm{e}^{-st}\mathrm{d}t \qquad\qquad F(z)=\sum_{n=-\infty}^{+\infty}f[n]z^{-n}$$

双边拉氏变换对		双边 Z 变换对	
连续时间函数 $f(t)$	像函数 $F(s)$ 和收敛域	离散时间序列 $f[n]$	像函数 $F(z)$ 和收敛域
$\delta(t)$	1，整个 s 平面	$\delta[n]$	1，整个 z 平面
$\delta^{(k)}(t)$	s^k，有限 s 平面	$\Delta^k\delta[n]$	$(1-z^{-1})^k,\ \|z\|>0$
$u(t)$	$1/s,\ \mathrm{Re}\{s\}>0$	$u[n]$	$1/(1-z^{-1}),\ \|z\|>1$
$tu(t)$	$1/s^2,\ \mathrm{Re}\{s\}>0$	$(n+1)u[n]$	$1/(1-z^{-1})^2,\ \|z\|>1$
$\frac{t^{k-1}}{(k-1)!}u(t)$	$\frac{1}{s^k},\ \mathrm{Re}\{s\}>0$	$\frac{(n+k-1)!}{n!\ (k-1)!}u[n]$	$1/(1-z^{-1})^k,\ \|z\|>1$
$-u(-t)$	$1/s,\ \mathrm{Re}\{s\}<0$	$-u[-n-1]$	$1/(1-z^{-1}),\ \|z\|<1$
$-tu(-t)$	$1/s^2,\ \mathrm{Re}\{s\}<0$	$-(n+1)u[-n-1]$	$1/(1-z^{-1})^2,\ \|z\|<1$
$-\frac{t^{k-1}}{(k-1)!}u(-t)$	$\frac{1}{s^k},\ \mathrm{Re}\{s\}<0$	$-\frac{(n+k-1)!}{n!\ (k-1)!}u[-n-1]$	$1/(1-z^{-1})^k,\ \|z\|<1$
$\mathrm{e}^{-at}u(t)$	$\frac{1}{s+a},\ \mathrm{Re}\{s\}>\mathrm{Re}(-a)$	$a^n u[n]$	$1/(1-az^{-1}),\ \|z\|>\|a\|$
$t\mathrm{e}^{-at}u(t)$	$\frac{1}{(s+a)^2},\ \mathrm{Re}\{s\}>\mathrm{Re}(-a)$	$(n+1)a^n u[n]$	$1/(1-az^{-1})^2,\ \|z\|>\|a\|$
$\frac{t^{k-1}}{(k-1)!}\mathrm{e}^{-at}u(t)$	$\frac{1}{(s+a)^k},\ \mathrm{Re}\{s\}>\mathrm{Re}(-a)$	$\frac{(n+k-1)!}{n!\ (k-1)!}a^n u[n]$	$1/(1-az^{-1})k,\ \|z\|>\|a\|$
$-\mathrm{e}^{-at}u(-t)$	$\frac{1}{s+a},\ \mathrm{Re}\{s\}<\mathrm{Re}(-a)$	$-a^n u[-n-1]$	$1/(1-az^{-1}),\ \|z\|<\|a\|$
$-\frac{t^{k-1}}{(k-1)!}\mathrm{e}^{-at}u(-t)$	$\frac{1}{(s+a)^k},\ \mathrm{Re}\{s\}<\mathrm{Re}(-a)$	$-\frac{(n+k-1)!}{n!\ (k-1)!}a^n u[-n-1]$	$1/(1-az^{-1})^k,\ \|z\|<\|a\|$
$\cos\omega_0 tu(t)$	$\frac{s}{s^2+\omega_0^2},\ \mathrm{Re}\{s\}>0$	$\cos\Omega_0 nu[n]$	$\frac{1-(\cos\Omega_0)z^{-1}}{1-(2\cos\Omega_0)z^{-1}+z^{-2}}$
$\sin\omega_0 tu(t)$	$\frac{\omega_0}{s^2+\omega_0^2},\ \mathrm{Re}\{s\}>0$	$\sin\Omega_0 nu[n]$	$\frac{(\sin\Omega_0)z^{-1}}{1-(2\cos\Omega_0)z^{-1}+z^{-2}}$
$\mathrm{e}^{-at}\cos\omega_0 tu(t)$	$\frac{s+a}{(s+a)^2+\omega_0^2},\ \mathrm{Re}\{s\}>-a$	$a^n\cos\Omega_0 nu[n]$	$\frac{1-(a\cos\Omega_0)z^{-1}}{1-(2a\cos\Omega_0)z^{-1}+z^{-2}}$
$\mathrm{e}^{-at}\sin\omega_0 tu(t)$	$\frac{\omega_0}{(s+a)^2+\omega_0^2},\ \mathrm{Re}\{s\}>-a$	$a^n\sin\Omega_0 nu[n]$	$\frac{(a\sin\Omega_0)z^{-1}}{1-(2a\cos\Omega_0)z^{-1}+z^{-2}}$
$\mathrm{e}^{-a\|t\|}\ \mathrm{Re}\{a\}>0$	$\frac{-2a}{s^2-a^2},\ \mathrm{Re}\{a\}>\mathrm{Re}\{s\}>\mathrm{Re}\{-a\}$	$a^{\|n\|},\ \|a\|<1$	$\frac{(a-a^{-1})z^{-1}}{(1-az^{-1})(1-a^{-1}z^{-1})},\ \|a\|<\|z\|<\|1/a\|$
$\mathrm{e}^{-a\|t\|}\mathrm{sgn}(t),\ \mathrm{Re}\{a\}>0$	$\frac{2s}{s^2-a^2},\ \mathrm{Re}\{a\}>\mathrm{Re}\{s\}>\mathrm{Re}\{-a\}$	$a^{\|n\|}\mathrm{sgn}[n],\ \|a\|<1$	$\frac{1-z^{-2}}{(1-az^{-1})(1-a^{-1}z^{-1})},\ \|a\|<\|z\|<\|1/a\|$

参考文献

[1] 燕庆明.信号与系统[M].北京:高等教育出版社,2004.
[2] 郑君里,杨为理,应启珩.信号与系统[M].北京:高等教育出版社,2000.
[3] 杨育霞.信号与系统[M].北京:人民邮电出版社,2005.
[4] 管致中,夏恪属.信号与线性系统[M].北京:人民教育出版社,1982.
[5] 王宝祥.信号与系统[M].哈尔滨:哈尔滨工业大学出版社,1997.
[6] 朱钟霖,周宝珀.信号与线性系统分析[M].北京:中国铁道出版社,1980.
[7] 陈后金,胡健,薛健.信号与系统[M].北京:清华大学出版社,2003.
[8] OPPENHEIM A V.信号与系统[M].刘树棠,译. 西安:西安交通大学出版社,1998.
[9] 佐藤幸男.信号处理入门[M].宋伟刚,译.北京:科学出版社,2000.

读者反馈表

尊敬的读者：

您好！感谢您多年来对哈尔滨工业大学出版社的支持与厚爱！为了更好地满足您的需要，提供更好的服务，希望您对本书提出宝贵意见，将下表填好后，寄回我社或登录我社网站（http://hitpress.hit.edu.cn）进行填写。谢谢！您可享有的权益：

☆ 免费获得我社的最新图书书目　　☆ 可参加不定期的促销活动

☆ 解答阅读中遇到的问题　　☆ 购买此系列图书可优惠

读者信息

姓名________ □先生　□女士　年龄______ 学历______

工作单位________________ 职务________

E-mail ________________ 邮编________

通讯地址____________________

购书名称______________ 购书地点______________

1. 您对本书的评价

内容质量　□很好　□较好　□一般　□较差

封面设计　□很好　□一般　□较差

编排　□利于阅读　□一般　□较差

本书定价　□偏高　□合适　□偏低

2. 在您获取专业知识和专业信息的主要渠道中，排在前三位的是：

①________ ②________ ③________

A. 网络 B. 期刊 C. 图书 D. 报纸 E. 电视 F. 会议 G. 内部交流 H. 其他：______

3. 您认为编写最好的专业图书（国内外）

书名	著作者	出版社	出版日期	定价

4. 您是否愿意与我们合作，参与编写、编译、翻译图书？

____

5. 您还需要阅读哪些图书？

____

网址：http://hitpress.hit.edu.cn

技术支持与课件下载：网站课件下载区

服务邮箱 wenbinzh@hit.edu.cn　duyanwell@163.com

邮购电话 0451－86281013　0451－86418760

组稿编辑及联系方式　赵文斌（0451－86281226）　杜燕（0451－86281408）

回寄地址：黑龙江省哈尔滨市南岗区复华四道街 10 号　哈尔滨工业大学出版社

邮编：150006　传真 0451－86414049